高等学校规划教材

电子技术实验

郝国法　梁柏华　编著

北　京
冶金工业出版社
2013

内 容 提 要

本书分上下两篇共 9 章。上篇为实验基础知识与电子实验技术。主要包括:绪论,电子元器件,常用电子仪器,电子电路的基本测量技术,常用电子电路的设计和调试方法,电子电路的计算机仿真实验技术。下篇为电子技术基础实验。主要包括:基础实验,设计性实验、综合性实验,EDA 技术实验。

本书除可作为高等学校相关专业教材外,还可作为技术人员的参考用书和培训教材。

图书在版编目(CIP)数据

电子技术实验/郝国法,梁柏华编著. —北京:冶金工业
出版社,2007.4(2013.8 重印)
高等学校规划教材
ISBN 978-7-5024-4238-5

Ⅰ.电… Ⅱ.①郝… ②梁… Ⅲ.电子技术—实验—
高等学校—教材 Ⅳ.TN-33

中国版本图书馆 CIP 数据核字(2007)第 043519 号

出 版 人 谭学余
地 址 北京北河沿大街嵩祝院北巷 39 号,邮编 100009
电 话 (010)64027926 电子信箱 yjcbs@cnmip.com.cn
责任编辑 俞跃春 美术编辑 李 新 版式设计 张 青
责任校对 刘 倩 李文彦 责任印制 牛晓波
ISBN 978-7-5024-4238-5
冶金工业出版社出版发行;各地新华书店经销;三河市双峰印刷装订有限公司印刷
2007 年 4 月第 1 版,2013 年 8 月第 3 次印刷
787mm×1092mm 1/16;16.25 印张;436 千字;245 页
30.00 元

冶金工业出版社投稿电话:(010)64027932 投稿信箱:**tougao@cnmip.com.cn**
冶金工业出版社发行部 电话:(010)64044283 传真:(010)64027893
冶金书店 地址:北京东四西大街 46 号(100010) 电话:(010)65289081(兼传真)
(本书如有印装质量问题,本社发行部负责退换)

前　言

　　电子技术实验是高等工科院校电类专业实践教学环节的一个重要组成部分,是培养学生理论联系实际、独立分析问题和解决问题的能力,以及创新思维能力和工程实践能力的有效方法和途径。为了适应国民经济的发展,满足社会主义市场经济对人才的需求,不断提高电子技术实验的水平,是需要我们探索和实践的重要课题。

　　本教材根据教学大纲的要求为适应人才培养的需求以及当前教学改革的需要,在总结近几年教学改革的经验和《电子技术基础实验》(1999年冶金工业出版社出版)的基础上,重新编写而成。本书既保留了电子元器件的基本知识,正确选用电路性能测试方法,实验数据的记录、处理、分析、综合,实验报告的撰写等。又以设计实验、综合实验为主要内容,重新编写了实验题目。同时,考虑到教学规律和效果,以循序渐进的教学方法培养学生,按照仪器使用＋实验方法＋验证实验→设计实验→综合实验的模式,培养学生基本实践能力。EDA技术作为当今电子技术发展的重要成果,为电子技术设计注入了新的活力,EDA技术普及之迅速,应用之广泛,已引起人们的关注。考虑到将其单独作为一本教材显得单薄(受学时限制),又考虑到把EDA技术实验与常规的数字电路实验进行融合(大部分常规的数字电路实验可以用EDA技术实验完成),将自上而下的设计方法、仿真、测试一体化的手段和方法融入实验教学,本教材将利用CPLD/FPGA和VHDL进行数字电路系统设计作为电子技术实验中的一章。

　　全书共分两篇:上篇为实验基础知识与电子实验技术,分为6章。第1章绪论。第2章电子元器件,从使用的角度出发,介绍电阻器、电容器、电感器和集成电路元件的基本知识、技术指标、特点、选用方法和不同类型集成电路元件的连接方法。第3章常用电子仪器,介绍模拟、数字示波器、函数信号发生器等常用电子仪器的工作原理、操作使用方法。第4章电子电路的基本测量技术,介绍电子电路的基本测量方法,误差分析,减小误差的一般方法,数据处理,曲线绘制方法。第5章常用电子电路的设计和调试方法,介绍电子电路的一般调试方法和步骤、调试模拟电子电路和数字逻辑电路的特殊性。第6章电子电路的计算机仿真实验技术,介绍目前广泛应用的电子仿真软件Electrons Workbench(电子工作台)。下篇为电子技术实验,分为3章。第7章基础实验,重点是通过一些验证性实验,训练学生掌握常用电子仪器的使用方法、技巧,掌握常用的电子电路实验方法、技能，写出一份合格的实验报告，训练学生撰写技术文件的能力。第 8 章设计性实验、综合性实验，其中每个实验均可作为一个模块，根据要求，进行组合即可成为一个完整的电子电路系统，最后的两个实验是综合实验。第 9 章 EDA 技术实验，包括 QuartusⅡ的基本使用共 8 个实验。

　　本书的宗旨是：对学生进行系统的科学实验基础训练，培养学生综合运用知识的能力、动手实践能力，创造性思维能力，使学生在校期间就具备高级电子技术人才的基本素质。学生通过本课程的学习，除能够加深理论知识的理解和掌握外，更重要的是学习和掌握科学实验的研究方法，学会运用理论和实验两种方法分析、解决实际问题，牢固树立"工程"的观念。在教学过程中，可以根据学生的实际情况和客观条件，有选择地进行实验项目的安排。每个教学实验的课内学时一般为 3 个学时。

　　全书由郝国法总纂和定稿。郝国法编写了上篇中的第 1、第 2、第 4、第 5、第 6 章，以及下篇和附录。梁柏华编写了上篇中的第 3 章。书中的插图由郝国法、梁柏华在王金忠老师指导下合作完成。

　　在本书编写过程中，得到程耕国教授、宋玉阶教授、吴谨教授、吴建国副教授、潘炼教授和陈和平教授的关心和大力帮助，并提出了大量宝贵的意见和建议。承蒙华中科技大学谢自美教授对本书的主审。武汉科技大学信息科学与工程学院的众多同仁给予了鼓励和支持。在本书出版之际，谨向各位致以最诚挚的谢意。

　　由于编者水平所限，书中不妥之处，恳请读者批评指正。

编　者

2007 年 1 月于武汉科技大学

目　　录

上篇　实验基础知识与电子实验技术

1 绪论 ……………………………………………………………………… 1

1.1 科学实验的意义 …………………………………………………… 1

1.2 实验技术 …………………………………………………………… 1

1.3 电子技术实验的目的 ……………………………………………… 1

1.4 电子技术实验的方法 ……………………………………………… 1

1.5 怎样做好电子技术实验 …………………………………………… 2

2 电子元器件 ……………………………………………………………… 4

2.1 电阻器和电位器 …………………………………………………… 4

2.1.1 电阻器和电位器的型号命名法 ……………………………… 5

2.1.2 电阻器和电位器的主要技术参数 …………………………… 6

2.1.3 电阻器和电位器的符号表示 ………………………………… 7

2.1.4 电阻器的检测和选用 ………………………………………… 9

2.2 电容器 ……………………………………………………………… 10

2.2.1 电容器的分类 ………………………………………………… 10

2.2.2 电容器型号命名法 …………………………………………… 12

2.2.3 电容器的主要性能指标 ……………………………………… 13

2.2.4 电容器的检测和选用 ………………………………………… 14

2.3 电感器 ……………………………………………………………… 15

2.3.1 电感器的分类 ………………………………………………… 15

2.3.2 电感器的性能指标 …………………………………………… 16

2.3.3 电感器的测试和选用 ………………………………………… 16

2.4 晶体管 ……………………………………………………………… 16

2.4.1 晶体管器件型号的命名方法 ………………………………… 16

2.4.2 晶体二极管 …………………………………………………… 18

2.4.3 晶体三极管 …………………………………………………… 20

2.5 集成电路 …………………………………………………………… 23

2.5.1 集成电路的分类 ……………………………………………… 23

2.5.2 我国半导体集成电路的命名方法 …………………………… 24

2.5.3 集成电路外引线的识别 ……………………………………… 25

　　　2.5.4　模拟集成电路 ……………………………………………… 26

　　　2.5.5　数字集成电路 ……………………………………………… 29

　　　2.5.6　集成电路的使用 …………………………………………… 37

　2.6　集成电路的连接 …………………………………………………… 38

　　　2.6.1　几个主要性能指标 ………………………………………… 39

　　　2.6.2　常用集成电路的连接 ……………………………………… 40

3　常用电子仪器 ………………………………………………………… 44

　3.1　电子示波器 ………………………………………………………… 44

　　　3.1.1　模拟示波器波形显示原理 …………………………………… 44

　　　3.1.2　示波器的工作原理 ………………………………………… 48

　　　3.1.3　电子示波器的使用方法 …………………………………… 51

　3.2　TFG2006DDS 函数信号发生器 …………………………………… 58

　　　3.2.1　TFG2006DDS 函数信号发生器原理框图 ………………… 58

　　　3.2.2　TFG2006DDS 函数信号发生器前面板和用户界面 ……… 59

　　　3.2.3　TFG2006DDS 函数信号发生器的使用 …………………… 61

　　　3.2.4　TFG2006DDS 函数信号发生器的技术指标 ……………… 63

　3.3　TH1911 型数字式交流毫伏表 …………………………………… 65

　　　3.3.1　TH1911 型数字式交流毫伏表面板布置 ………………… 65

　　　3.3.2　TH1911 型数字式交流毫伏表的工作原理 ……………… 65

　　　3.3.3　TH1911 型数字式交流毫伏表使用方法 ………………… 66

　　　3.3.4　TH1911 型数字式交流毫伏表的技术参数 ……………… 66

　3.4　直流稳压电源 ……………………………………………………… 67

　　　3.4.1　SS1792F 可跟踪直流稳定电源 …………………………… 67

　　　3.4.2　SS1792F 可跟踪直流稳定电源的使用方法 …………… 68

　3.5　万用表的使用 ……………………………………………………… 69

　　　3.5.1　模拟万用表 ………………………………………………… 69

　　　3.5.2　数字万用表 ………………………………………………… 70

4　电子电路的基本测量技术 …………………………………………… 73

　4.1　电子电路中几种常用物理量的测量 ……………………………… 75

　　　4.1.1　电压的测量 ………………………………………………… 75

　　　4.1.2　阻抗的测量 ………………………………………………… 77

　4.2　误差分析与测量结果的一般处理方法 …………………………… 77

　　　4.2.1　误差的表示方法 …………………………………………… 78

　　　4.2.2　误差来源与分类 …………………………………………… 78

　　　4.2.3　处理系统误差和测量结果的一般方法 …………………… 79

5　常用电子电路的设计和调试方法 …………………………………… 81

　5.1　常用电子电路的设计方法 ………………………………………… 81

5.1.1　明确系统设计任务的要求 ·· 81

5.1.2　总体方案的选择 ·· 81

5.1.3　单元电路的设计、参数计算和器件选择 ························ 81

5.1.4　实验 ·· 82

5.1.5　工艺设计 ··· 83

5.1.6　样机制作与调试 ··· 83

5.1.7　总结鉴定 ··· 83

5.2　电子电路的一般调试方法 ··· 84

5.2.1　调试使用的电子仪器 ·· 84

5.2.2　模拟电子电路调试时的特殊性和调试步骤 ······················ 84

5.2.3　数字电子电路的调试方法和步骤 ····································· 85

6　电子电路的计算机仿真实验技术 ··· 86

6.1　EWB简介 ··· 87

6.1.1　菜单栏 ··· 87

6.1.2　工具条 ··· 91

6.1.3　元件库与仪器 ·· 91

6.1.4　仪表库 ··· 92

6.2　举例说明EWB的使用方法 ··· 96

下篇　电子技术基础实验

7　基础实验 ·· 99

7.1　常用电子仪器的使用及电子元件 ·· 99

7.1.1　实验目的 ··· 99

7.1.2　预习要求及思考 ·· 99

7.1.3　实验原理及参考电路 ·· 99

7.1.4　实验内容 ·· 100

7.1.5　注意事项 ·· 100

7.1.6　实验报告要求 ·· 100

7.1.7　实验仪器、元件 ·· 100

7.2　单级共射极放大器 ·· 101

7.2.1　实验目的 ·· 101

7.2.2　预习内容及思考 ·· 101

7.2.3　实验原理及参考电路 ·· 101

7.2.4　实验内容及步骤 ·· 102

7.2.5　分析与思考 ··· 102

7.2.6　实验报告要求 ·· 103

7.2.7　实验设备 ·· 103

7.3　结型场效应管放大器 ……………………………………… 103

　7.3.1　实验目的 …………………………………………… 103

　7.3.2　预习内容及思考 …………………………………… 103

　7.3.3　实验原理及参考电路 ……………………………… 103

　7.3.4　实验内容及步骤 …………………………………… 104

　7.3.5　实验报告要求 ……………………………………… 105

　7.3.6　实验设备与所用元器件 …………………………… 106

7.4　负反馈放大器 ……………………………………………… 106

　7.4.1　实验目的 …………………………………………… 106

　7.4.2　预习要求与思考 …………………………………… 106

　7.4.3　实验原理及参考电路 ……………………………… 106

　7.4.4　实验内容 …………………………………………… 108

　7.4.5　实验报告要求 ……………………………………… 109

　7.4.6　实验设备及元器件 ………………………………… 109

7.5　差动式放大器 ……………………………………………… 109

　7.5.1　实验目的 …………………………………………… 109

　7.5.2　预习要求与思考 …………………………………… 109

　7.5.3　实验原理及参考电路 ……………………………… 109

　7.5.4　实验内容及步骤 …………………………………… 110

　7.5.5　实验报告要求 ……………………………………… 111

　7.5.6　实验设备及所用元器件 …………………………… 111

7.6　集成运算放大器的基本应用 ……………………………… 111

　7.6.1　实验目的 …………………………………………… 111

　7.6.2　预习要求和思考 …………………………………… 111

　7.6.3　实验原理及参考电路 ……………………………… 112

　7.6.4　实验内容及步骤 …………………………………… 114

　7.6.5　注意事项 …………………………………………… 115

　7.6.6　实验报告要求 ……………………………………… 115

　7.6.7　实验设备及元器件 ………………………………… 115

7.7　集成功率放大器及其应用 ………………………………… 115

　7.7.1　实验目的 …………………………………………… 115

　7.7.2　预习要求与思考题 ………………………………… 115

　7.7.3　实验原理及参考电路 ……………………………… 115

　7.7.4　实验内容 …………………………………………… 117

　7.7.5　实验报告要求 ……………………………………… 117

　7.7.6　实验设备及元器件 ………………………………… 118

7.8　数字电路基础实验 ………………………………………… 118

7.8.1　实验目的 …………………………………………………………… 118

7.8.2　预习要求与思考 ……………………………………………………… 118

7.8.3　逻辑门电路测试原理 ………………………………………………… 118

7.8.4　实验内容和步骤 ……………………………………………………… 120

7.8.5　实验报告要求 ………………………………………………………… 121

7.8.6　实验器材 ……………………………………………………………… 121

8　设计性实验、综合性实验 ………………………………………………… 122

8.1　单级放大器电路设计 ……………………………………………………… 122

8.1.1　实验目的 ……………………………………………………………… 122

8.1.2　预习要求 ……………………………………………………………… 122

8.1.3　单级放大器电路设计 ………………………………………………… 122

8.1.4　电路搭接调试及性能指标的测试 …………………………………… 124

8.1.5　问题分析和讨论 ……………………………………………………… 124

8.1.6　实验设备与所用元器件 ……………………………………………… 124

8.2　差分放大器设计 …………………………………………………………… 124

8.2.1　实验目的 ……………………………………………………………… 124

8.2.2　预习要求与思考 ……………………………………………………… 124

8.2.3　差分放大器电路设计 ………………………………………………… 124

8.2.4　实验内容及步骤 ……………………………………………………… 126

8.2.5　实验报告要求 ………………………………………………………… 126

8.2.6　实验设备与所用元器件 ……………………………………………… 126

8.3　OTL 低频功率放大器设计 ……………………………………………… 126

8.3.1　实验目的 ……………………………………………………………… 126

8.3.2　预习要求 ……………………………………………………………… 126

8.3.3　OTL 低频功率放大器设计 …………………………………………… 127

8.3.4　电路搭接调试及性能指标的测试 …………………………………… 129

8.3.5　实验报告要求 ………………………………………………………… 129

8.3.6　实验仪器和元器件 …………………………………………………… 129

8.4　有源滤波器设计 …………………………………………………………… 130

8.4.1　实验目的 ……………………………………………………………… 130

8.4.2　预习要求与思考 ……………………………………………………… 130

8.4.3　滤波器电路设计及参考电路 ………………………………………… 130

8.4.4　实验步骤及内容 ……………………………………………………… 132

8.4.5　实验报告要求 ………………………………………………………… 132

8.4.6　实验设备及元器件 …………………………………………………… 132

8.5　正弦波信号发生器 ………………………………………………………… 132

8.5.1　实验目的 ……………………………………………………………… 132

8.5.2　预习要求和思考 ………………………………………………………………… 132

8.5.3　电路设计及参考电路 …………………………………………………………… 132

8.5.4　实验内容和步骤 …………………………………………………………………… 134

8.5.5　实验注意事项 ……………………………………………………………………… 134

8.5.6　实验报告要求 ……………………………………………………………………… 134

8.5.7　实验设备和元器件 ………………………………………………………………… 134

8.6　函数信号发生器 ……………………………………………………………………… 135

8.6.1　实验目的 …………………………………………………………………………… 135

8.6.2　预习要求和思考 …………………………………………………………………… 135

8.6.3　电路设计原理及参考电路 ………………………………………………………… 135

8.6.4　实验内容和步骤 …………………………………………………………………… 136

8.6.5　实验报告 …………………………………………………………………………… 137

8.6.6　实验设备及元器件 ………………………………………………………………… 137

8.7　模拟乘法器的应用 …………………………………………………………………… 137

8.7.1　实验目的 …………………………………………………………………………… 137

8.7.2　预习要求 …………………………………………………………………………… 137

8.7.3　实验原理 …………………………………………………………………………… 137

8.7.4　实验步骤及内容 …………………………………………………………………… 141

8.7.5　注意事项 …………………………………………………………………………… 141

8.7.6　实验报告要求 ……………………………………………………………………… 141

8.7.7　实验设备及元器件 ………………………………………………………………… 141

8.8　直流稳压电源电路设计 ……………………………………………………………… 142

8.8.1　实验目的 …………………………………………………………………………… 142

8.8.2　实验要求 …………………………………………………………………………… 142

8.8.3　实验电路 …………………………………………………………………………… 142

8.8.4　实验内容和步骤 …………………………………………………………………… 145

8.8.5　实验设备及元器件 ………………………………………………………………… 145

8.9　用 SSI 构成的组成逻辑电路分析、设计与调试 …………………………………… 145

8.9.1　实验目的 …………………………………………………………………………… 145

8.9.2　预习要求与思考 …………………………………………………………………… 145

8.9.3　实验原理及参考电路 ……………………………………………………………… 146

8.9.4　实验内容和步骤 …………………………………………………………………… 148

8.9.5　实验报告要求 ……………………………………………………………………… 148

8.9.6　实验设备及元器件 ………………………………………………………………… 149

8.10　MSI 组合逻辑电路的分析、设计 …………………………………………………… 149

8.10.1　实验目的 ………………………………………………………………………… 149

8.10.2　预习要求与思考题 ……………………………………………………………… 149

8.10.3 实验原理及参考电路 …………………………………………………… 149

8.10.4 实验内容和步骤 ………………………………………………………… 152

8.10.5 注意事项 ………………………………………………………………… 152

8.10.6 实验报告要求 …………………………………………………………… 152

8.10.7 实验设备与元器件 ……………………………………………………… 152

8.11 触发器及应用 …………………………………………………………………… 152

8.11.1 实验目的 ………………………………………………………………… 152

8.11.2 预习要求及思考题 ……………………………………………………… 152

8.11.3 实验原理及参考电路 …………………………………………………… 153

8.11.4 实验原理 ………………………………………………………………… 153

8.11.5 实验步骤 ………………………………………………………………… 156

8.11.6 注意事项 ………………………………………………………………… 156

8.11.7 实验报告要求 …………………………………………………………… 156

8.11.8 实验仪器设备与元器件 ………………………………………………… 156

8.12 寄存器 …………………………………………………………………………… 157

8.12.1 实验目的 ………………………………………………………………… 157

8.12.2 预习要求与思考题 ……………………………………………………… 157

8.12.3 实验原理及参考电路 …………………………………………………… 157

8.12.4 实验内容 ………………………………………………………………… 158

8.12.5 注意事项 ………………………………………………………………… 158

8.12.6 实验报告要求 …………………………………………………………… 158

8.12.7 实验用设备及元器件 …………………………………………………… 158

8.13 中规模集成计数器、译码器及显示器的应用 ………………………………… 159

8.13.1 实验目的 ………………………………………………………………… 159

8.13.2 预习要求及思考题 ……………………………………………………… 159

8.13.3 实验原理及参考电路 …………………………………………………… 159

8.13.4 实验内容和步骤 ………………………………………………………… 162

8.13.5 注意事项 ………………………………………………………………… 163

8.13.6 实验报告要求 …………………………………………………………… 163

8.13.7 实验所用元器件 ………………………………………………………… 163

8.14 传输门和数据选择器的应用 …………………………………………………… 163

8.14.1 实验目的 ………………………………………………………………… 163

8.14.2 预习要求及思考 ………………………………………………………… 163

8.14.3 实验原理和参考电路 …………………………………………………… 163

8.14.4 实验内容 ………………………………………………………………… 167

8.14.5 实验元器件 ……………………………………………………………… 167

8.15 A/D 转换器 …………………………………………………………………… 167

8.15.1　实验目的 ………………………………………………………… 167

8.15.2　预习要求及思考 …………………………………………………… 168

8.15.3　A/D 转换器件说明 ………………………………………………… 168

8.15.4　实验原理 …………………………………………………………… 170

8.15.5　实验内容和步骤 …………………………………………………… 172

8.15.6　注意事项 …………………………………………………………… 172

8.15.7　实验报告要求 ……………………………………………………… 172

8.15.8　实验用元件及仪器 ………………………………………………… 172

8.16　D/A 转换器 ……………………………………………………………… 172

8.16.1　实验目的 …………………………………………………………… 172

8.16.2　预习要求及思考参考电路 ………………………………………… 172

8.16.3　D/A 转换电路的基本原理 ………………………………………… 173

8.16.4　器件说明 …………………………………………………………… 175

8.16.5　实验内容 …………………………………………………………… 176

8.16.6　注意事项 …………………………………………………………… 176

8.16.7　实验报告要求 ……………………………………………………… 176

8.16.8　实验元器件 ………………………………………………………… 176

8.17　通用集成定时器 555 的原理及应用 ………………………………… 176

8.17.1　实验目的 …………………………………………………………… 176

8.17.2　预习要求及思考 …………………………………………………… 176

8.17.3　实验原理及参考电路 ……………………………………………… 177

8.17.4　实现内容及步骤 …………………………………………………… 179

8.17.5　注意事项 …………………………………………………………… 179

8.17.6　实验报告要求 ……………………………………………………… 179

8.17.7　实验元器件与设备 ………………………………………………… 179

8.18　电子技术综合设计实验 A:智力竞赛抢答器设计 …………………… 179

8.18.1　任务和要求 ………………………………………………………… 179

8.18.2　设计参考电路及原理 ……………………………………………… 180

8.18.3　主要器件及安装调试 ……………………………………………… 183

8.18.4　设计及调试提示 …………………………………………………… 183

8.18.5　实验报告要求 ……………………………………………………… 183

8.18.6　思考题 ……………………………………………………………… 183

8.19　电子技术综合设计实验 B:温度测量系统设计 ……………………… 183

8.19.1　温度传感器 ………………………………………………………… 184

8.19.2　传感器常用电路 …………………………………………………… 184

8.19.3　信号处理电路 ……………………………………………………… 184

8.19.4　温度测量电路系统设计 …………………………………………… 186

8.19.5　设计要求 ……………………………………………… 190

9　EDA 技术实验 …………………………………………………… 191

9.1　QuartusⅡ基本使用 ………………………………………… 191

9.1.1　实验目的 ……………………………………………… 191

9.1.2　QuartusⅡ的基本功能简介 …………………………… 191

9.1.3　实验内容和步骤 ……………………………………… 197

9.1.4　练习题 ………………………………………………… 215

9.2　用 EDA 技术完成组合逻辑电路设计 ……………………… 216

9.2.1　实验目的 ……………………………………………… 216

9.2.2　实验原理 ……………………………………………… 216

9.2.3　实验要求 ……………………………………………… 217

9.3　设计 74162 计数器功能模块 ……………………………… 218

9.3.1　实验目的 ……………………………………………… 218

9.3.2　设计分析 ……………………………………………… 218

9.3.3　实验内容 ……………………………………………… 218

9.3.4　实验报告要求 ………………………………………… 218

9.4　半整数分频器设计 …………………………………………… 218

9.4.1　实验目的 ……………………………………………… 218

9.4.2　设计分析 ……………………………………………… 218

9.4.3　实验内容 ……………………………………………… 219

9.4.4　实验报告要求 ………………………………………… 220

9.5　模数可变的加法计数器设计 ………………………………… 220

9.5.1　实验目的 ……………………………………………… 220

9.5.2　实验内容 ……………………………………………… 220

9.5.3　设计任务 ……………………………………………… 221

9.5.4　实验要求 ……………………………………………… 222

9.6　数字钟设计 …………………………………………………… 222

9.6.1　实验目的 ……………………………………………… 222

9.6.2　设计分析 ……………………………………………… 222

9.6.3　实验内容 ……………………………………………… 222

9.6.4　实验报告要求 ………………………………………… 222

9.7　脉宽数控调制信号发生器设计 ……………………………… 222

9.7.1　实验目的 ……………………………………………… 222

9.7.2　设计分析 ……………………………………………… 223

9.7.3　实验内容 ……………………………………………… 223

9.7.4　实验报告要求 ………………………………………… 223

9.8　高速 A/D 采样控制电路设计 ……………………………… 223

9.8.1　实验目的 ……………………………………………………………… 223

9.8.2　设计分析 ……………………………………………………………… 223

9.8.3　实验内容 ……………………………………………………………… 224

9.8.4　实验报告要求 …………………………………………………………… 225

附　　录

附录 A　常用电子元件及特性 …………………………………………………… 227

附录 B　SOPC 实验开发系统 …………………………………………………… 241

参考文献 ………………………………………………………………………… 245

上篇

实验基础知识与电子实验技术

1 绪 论

1.1 科学实验的意义

纵观科学技术发展的历史,可以看出,科学实验是发现科学真理的基础,是检验科学真理的标准。在科学研究过程中,实验研究是理论研究的基础,先进的科学理论指导实验研究,两者相辅相成共同推动科学技术向前发展。因此,科学技术的发展离不开科学实验,实验方法、实验条件的进步加速了科学技术的发展,科学实验是促进科学技术发展的主要手段之一。

随着科学技术的发展,实验的理论、手段也在发展变化,并且互相依存、互相渗透。在科学研究过程中,科学的理论以实验为基础,并受实验的启示和检验,任何科学实验均以理论为指导,用理论引导实验思路、分析实验结果。

1.2 实验技术

实验技术是人类根据生产实践、科学实验和自然科学原理而发展形成的各种实验作业、操作方法与技能。其中,它包括相应的实验工具等物质条件,实验的技术过程、方法、实验的基本准则、规则和实验数据在内的技术知识。当然,对于那些尚未形成理论和规律以经验的形式存在的一些实验知识和技能技巧也一样属于实验技术。

实验技术是根据一定的实验目的,运用所掌握的知识和能力,利用已有的物质条件,在人工控制下,应用科学的实验方法,深化对自然界的认识或解释自然现象。

1.3 电子技术实验的目的

电子技术实验的目的是:根据国家教育部批准的《高等工业学校电子技术基础课程教学基本要求》,使学生通过做实验学习基本知识、基本理论,学习常用仪器的使用和学习实验方法,验证器件、电路的功能,测试器件、电路的性能指标,学习设计、制作、调试分析电子电路。通过学习,掌握基本的实验方法、实验技能,培养学生动手实践能力和创新能力。电子技术实验是对学生进行专业技能训练,提高和培养学生的工程实践能力和科技创新能力的一个重要的教学环节,电子技术是一门实践性很强的课程。学习这门课程应在基本理论、基本知识、基本技能、分析问题和解决问题的能力方面都得到培养,应加强工程训练,特别是技能的培养,这对学生后续课程的学习以及走上工作岗位后适应工作环境都具有十分重要的作用。

1.4 电子技术实验的方法

电子技术理论研究的一般方法是应用物理学、数学、电子学、网络理论研究来解决电子技术的分析和设计方法;电子技术的实验方法是应用实验科学、近代实验技术、逻辑学、数学理论等,采用观察与实验的方法来研究电子线路的有限特征——物理现象,是一种技术方法。电子技术的实验内容较多,它包含电子产品,又涉及到成品的各个过程和各种实用技术。例如,元器件的测试和鉴别、仪器仪表的正确使用、工程设计、电路组装和工艺、电路测量和调试、屏蔽、接地、实验数据的采集、处理。要做好每一步,既需要一定的理论指导,更需要一定的动手实践能力。电子线路的实验研究通常采用两种方法:一种是传统的直接电路实验方法,这种实验方法是根据设计者给定的技术指标,对所设计的各种电路功能、性能进行检验、验证,或者对已有的功能电路特性进行分析。对于这两种需求,根据实验原理、目的和具体的实验技术要求,借助于各种实验手段和实验技术设备,构建实验系统,对目标电路进行实验、分析、验证。另一种是现代计算机仿真实验方法,它是采用数学模拟的方法,利用计算机速度快、存储容量大的特点,在计算机这一现代化"实验装置"上,根据电路理论,采用较精确的元器件模型,直接模拟和仿真电子电路的功能,而不需要任何实际的元器件,即可进行各种仿真分析和实验。

1.5　怎样做好电子技术实验

实验的一个重要任务是培养学生勤奋、进取、严肃、认真的科学态度,理论联系实际和勤俭节约的优良作风。因此,要做好实验必须做到以下几方面要求:

(1) 充分认识电子技术实验课程的重要性。要认识到电子技术实验是理工科电类专业学生理论联系实际、不断培养和提高动手实践能力、科研创新能力必需的实践性教学环节。

(2) 不断培养和提高电子技术实验的兴趣,发挥学生的积极主动性,要独立思考、严肃认真、独立完成实验。

(3) 实验前做好充分准备。实验前要结合教材学懂实验内容有关的理论和基本原理,搞清楚本次实验要做什么和怎么做;对于设计性实验,要先进行电路设计,并写出设计思路、有关电路参数计算、选择和具体步骤;对于验证性实验,要具体计算出电路各项指标的理论值,或估计其输出逻辑结果;实验前要进行实验方案设计,根据实验室的现有条件构思选用的实验方法、选用仪器仪表和测试条件(需要输入的信号种类、频率、幅度等);写出实验操作的具体步骤;列出记录数据所需的表格;列出自己想到的可能出现的问题及准备了解的一些问题,对需要在实验中加深理解的要做好记录。查阅有关资料,对实验所用元器件、仪器仪表的功能、使用方法要了解清楚,对实验思考题作出回答,最后要写出预习报告。

在实验过程中需要做到以下几点:

(1) 自觉遵守实验室规则。

(2) 实验操作步骤:

1) 根据电路图选择元器件,并首先检测元器件的好坏。

2) 组装连接电路,连接完毕认真检查是否与电路图完全一致。

3) 构建测试系统,认真检查电源连接是否正确,系统接地是否"共地"。

4) 打开已调节好的电源,先观察有无异常现象,再检查各单元电源是否正确。

5) 电路调试、测试,测试的各项性能指标与理论值比较,误差是否在 10% 以内。

6) 对于题目较大的实验,先进行单元调试、测试,再进行级联,最后进行整个系统的调试、测试。

在实验过程中,根据实验内容,合理布置实验设备,以使用、操作方便,不影响他人为原则。搭接实验线路时要注意:合理布局,元器件的摆放要紧凑、不重叠、符合习惯位置(输入端在左侧,输出端在右侧);认真接线,除保证实验线路与原理图、接线图一致外,接线要牢固可靠,走线应越短越好,避免长线、虚接;查线,接好线后同组人员要相互认真检查。

(3) 认真、真实记录实验数据、实验条件,有异常现象时应进行思考,分析原因,自己解决不了的问题要请教指导教师,并记录异常现象的原因和解决方法。

(4) 遇到冒烟、发热、有异常响声等情况应立即切断电源,排除故障后再继续进行。

(5) 实验做完后,自己认为结果正确并经指导教师审阅签字后再拆除线路,清理现场。

(6) 认真撰写实验报告。这是锻炼自己撰写技术文件能力的一个重要方面,也是总结的一个好机会,切不可轻视。若想在实验过程中得到进一步提高,就必须在做好实验的基础上,按以下要求写好完整的科学的实验报告:将原始记录的数据、波形、现象进行整理;记录使用的仪器、仪表;进行误差的分析、计算;千万不要为了接近理论数据,而有意修改原始记录,如果实验结果与理论数据差别较大时,应该找出原因,必要时可重做实验,确认取得的原始数据,或采取必要措施使误差减小;对实验中出现的故障现象,分析其原因,写出解决的方法及其效果;根据实验指导书的要求,写出本次实验的各项具体内容、达到的目的和对本次实验的心得体会,以提高自己的综合能力。撰写实验报告时要注意:文理通顺,书写简洁,符号标准,图表齐全,讨论深入,结论简明。

通过电子技术基础实验的学习,希望同学们能在基本实验技能,实验方法,元器件的正确识别、选用等方面得到培养,在动手实践能力方面得到较大的提高;通过实验丰富自己的知识、实验技巧,提高分析实际问题、解决实际问题的能力;希望同学们能在创新意识的培养和创新能力的提高方面有较大的进步。

2　电子元器件

电子电路主要是由电子元器件组成的,这些电子元器件包括电阻器、电容器、电感器、晶体管和集成电路等。电子元器件种类繁多,新的品种不断涌现,原有产品的性能不断提高,对应器件资料也在不断更新。因而,只有经常查阅近期有关资料,经常到电子元器件市场了解情况,才能及时熟悉最新元器件,不断丰富自己的电子元器件知识。学习电子技术基础,只有在掌握了电子电路的基本理论和设计方法后,在熟悉电子元器件的性能价格比的基础上,才能正确分析电子电路,才能设计出合理的电路,只有正确的选择和使用电子元器件,才能保证电路良好的运行,制作出价廉物美的合乎要求的电子产品。

2.1　电阻器和电位器

电阻器是电子电路中应用最广泛的一种。据统计,电阻器占电子电路使用元件的 30% 以上。电阻器质量的好坏对电子电路的影响很大。电阻器的作用是调节电路的电压、电流、分压、分流、阻容滤波和作为负载。这是一种耗能元件。按电阻器的结构划分,可以分为两大类:薄膜电阻和线绕电阻。薄膜电阻又分为炭膜电阻和金属膜电阻,炭膜电阻的精度稍差,但价格便宜。金属膜精度较高,可达 0.001%。几种常用电阻的结构和特点见表 2-1。

表 2-1　几种常用电阻的结构和特点

电阻种类	电阻结构和特点
炭膜电阻	气态碳氢化合物在高温和真空中分解,碳沉积在瓷棒或瓷管上,形成一层结晶炭膜。改变炭膜的厚度和用刻槽的方法变更炭膜的长度,可以得到不同阻值。炭膜电阻成本较低,性能一般
金属膜电阻	在真空中加热合金,合金蒸发,使瓷棒表面形成一层导电金属膜。刻槽和改变金属膜厚度可以控制阻值。与炭膜电阻相比,体积小,噪声低,稳定性好,但成本较高
炭质电阻	把炭黑、树脂、黏土等混合物压制后经热处理制成。在电阻上用色环表示它的阻值。这种电阻成本低,阻值范围宽,但性能较差
线绕电阻	用康铜或者镍铬合金电阻丝,在陶瓷骨架上绕制。这种电阻分固定和可变两种。它的特点是工作稳定,耐热性能好,误差范围小,适用于大功率的场合,额定功率一般在 1 W 以上
金属玻璃釉电阻器	金属玻璃釉电阻器的特点是耐湿、耐高温、功率大、温度系数小($<5\times10^{-5}/℃$)易制成高阻,高压功率式半精密型产品阻值,允许误差为 1% ~0.1%,阻值可达 10^{14} Ω,耐压达 30 kV
敏感电阻	敏感电阻器以半导体为材料,可用于将某些非电量转变为电量,如光敏、热敏、压敏、湿敏电阻器等
炭膜电位器	它的电阻体是在马蹄形的纸胶板上涂上一层炭膜制成。它的阻值变化和中间触头位置的关系有直线式、对数式和指数式三种。炭膜电位器有大型、小型、微型几种,有的和开关一起组成带开关电位器。还有一种直滑式炭膜电位器,它是靠滑动杆在炭膜上滑动来改变阻值的。这种电位器调节方便
线绕电位器	用电阻丝在环状骨架上绕制成。它的特点是阻值变化范围小,功率较大

电位器是一种具有三个端子的可变电阻器,其阻值可在一定范围内变化。电位器按电阻材料划分,可分为薄膜和线绕式两种。薄膜电位器又分为:WTX 型小型炭膜电位器;WTH 型合成炭膜电位器;WS 型有机实芯电位器;WTH 型精密合成膜电位器和 WHD 型多圈合成膜电位器等。按调节机构的运动方式可分为:旋转式和直滑式。按结构可分为:单联、多联、带开关和不带开关等,带开关的可分为旋转式和推拉式。按用途划分:有普通电位器、精密电位器、功率电位

器、微调电位器和专用电位器等。按输出特性的函数关系划分:有线性电位器和非线性电位器。非线性电位器又分为对数式和指数式两种。

线性电位器(X 式),常用于精密仪器、示波器、万用表等,其线性精度为 ± 2% , ± 1% ,± 0.3% , ± 0.1% , ± 0.05% 。

对数式电位器(D 式),特点是先粗调后细调。常用于电视机的对比度调节。

指数式电位器(Z 式),特点是先细调后粗调,常用于收音机的音量调节。电位器输出特性如图 2-1 所示。电位器在出厂时一般都印有 X、D 和 Z 符号,使用时注意。

特殊电阻器,在自动化、电子仪表等领域里广泛使用,诸如光敏电阻、热敏电阻、压敏电阻和气敏电阻等,这类电阻器是利用相应材料的电阻率随物理量的变化而变化的特性制成的。它不同于一般的电阻,因此,称之为特殊电阻器。近几年,市场流行一种称之为"3296"的电位器。它的全称是 3296 型玻璃釉预调电位器,标称阻值范围:50 Ω ~ 2 MΩ;阻值允许偏差: ± 10% ;额定功率:0.5 W/70℃ ;温度范围: - 55 ~ 125℃ ;温度系数: ± 250 × 10^{-6} 。

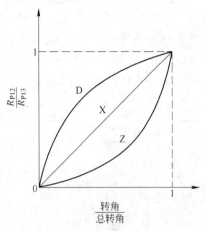

图 2-1　电位器输出特性

贴片电阻器,也称表面安装元件,它是由陶瓷基片、电阻膜、玻璃釉保护层和端头电极组成的无引线结构电阻元件。这种新型的电阻元件具有体积小、质量轻、性能优良、温度系数小、阻值稳定和可靠性强等优点,被广泛应用在计算机、电子仪表等众多电子产品。这种电阻的最大缺点是功率不大。

2.1.1　电阻器和电位器的型号命名法

电阻器和电位器的命名一般由四部分组成,第一部分用字母表示主称,第二部分用字母表示材料,第三部分用数字或字母表示分类,第四部分用数字表示序号。其命名法和意义如表 2-2 所示。

表 2-2　电阻器和电位器的命名法及意义

第 一 部 分		第 二 部 分		第 三 部 分		第 四 部 分
用字母表示主称		用字母表示材料		用数字或字母表示分类		用数字表示序号
符号	意　义	符号	意　义	符号	意　义	
R W	电阻器 电位器	T P U H I J Y S N X R G M	炭　膜 硼炭膜 硅炭膜 合成膜 玻璃釉膜 金属膜(箔) 氧化膜 有机实心 无机实心 线　绕 热　敏 光　敏 压　敏	1 2 3 4 5 7 8 9 G T X L W D	普通 普通 超高频 高阻 高温 精密 高压或特殊函数 特殊 高功率 可调 小型 测量用 微调 多圈	

注:第三部分数字 8,对于电阻器来说表示高压,对于电位器来说表示特殊函数。

2.1.2　电阻器和电位器的主要技术参数

标称电阻器和电位器的主要技术参数有标称阻值、额定功率、允许误差、最高工作电压等。

2.1.2.1　标称阻值

工厂生产的电阻器的电阻值是标准化的。这种电阻器的电阻值称为标称电阻,标称阻值组成的系列称为标称系列。常用电阻器的标称系列如表 2-3 所示。除特殊用途、专门生产的电阻器外,任何固定电阻值的电阻器都符合表 2-3 的数值或在此基础上乘以 10^n,其中 n 为正、负整数。电阻器的标称系列有:E6(容许误差为 ±20%),E12,E24,E48,E96,E192。由于制造技术的发展,电阻器的精密程度越来越高,E6,E12 系列已很少使用。使用较多的是 E24,E48 系列。

表 2-3　常用固定电阻器的标称系列

允许误差	系列代号	系　列　值
±2%	E48	100;105;110;115;121;127;133;140;147;154;162;169;178;187;196;205;215;226;237;249;261;274;287;301;316;332;348;365;383;402;422;442;464;487;511;536;562;590;619;649;681;715;750;787;825;866;909;953
±5%	E24	1.0;1.1;1.2;1.3;1.5;1.6;1.8;2.0;2.1;2.2;2.4;2.7;3.0;3.3;3.6;3.9;4.3;4.7;5.1;5.6;6.2;6.8;7.5;8.2;9.1
±10%	E12	1.0;1.2;1.5;1.8;2.2;2.7;3.3;3.9;4.7;5.6;6.8;8.2

2.1.2.2　额定功率

额定功率是在标准大气压和规定的环境温度、湿度和不通风的条件下,电阻器长期连续负荷运行而不改变其性能所允许消耗的最大功率。一般情况下,要选取比实际消耗功率大 1~2 倍的功率。常用的有 $\frac{1}{16}$ W, $\frac{1}{8}$ W, $\frac{1}{4}$ W, $\frac{1}{2}$ W,1 W,2 W,4 W,5 W…。一般情况下,薄膜电阻器功率较小,常用的有 $\frac{1}{8}$ W, $\frac{1}{4}$ W, $\frac{1}{2}$ W,1 W,2 W 等。线绕电阻器功率较大,常用的有 2 W,3 W,4 W,5 W…。

2.1.2.3　允许误差

允许误差是指电阻器和电位器的阻值,相对于标称阻值的最大误差范围。它表示产品精度,允许误差有两种表示方法:一种用等级表示,如例 2-1、例 2-2 所示,另一种是色环电阻器用色环表示(一般最后一个环表示允许误差),如表 2-4 所示。

表 2-4　允许误差等级级别

级　　别	005	01	02	Ⅰ	Ⅱ	Ⅲ
允许误差	±0.5%	±1%	±2%	±5%	±10%	±20%

2.1.2.4　最高工作电压

当电阻器的工作电压过高时,虽然电阻器的功率未超过额定功率,但电阻器内部因其电流密度过大,电阻体结构击穿等原因,会发生电弧火花放电,导致电阻器损坏,一般 $\frac{1}{8}$ W 的薄膜电阻器的最高工作电压不能超过 150~200 V。

例 2-1　RJ71-0.125-5.1kI 电阻器

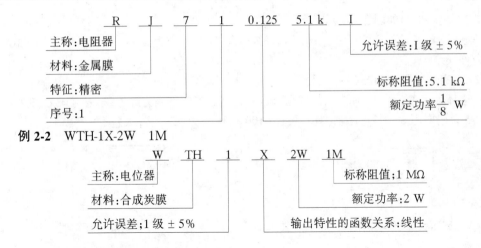

例 2-2 WTH-1X-2W 1M

2.1.3 电阻器和电位器的符号表示

电阻器和电位器的符号如图 2-2 所示。图 2-2 中(a)、(b)、(c)为国际符号,其中(a)为一般符号,(b)为一般电位器符号,(c)为可变电阻符号(如热敏、压敏电阻),(d)、(e)为常用符号,在 EDA 工具和国外文献中常用符号,(d)为电阻符号,(e)为电位器符号。

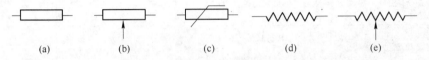

图 2-2 电阻器和电位器的符号表示

在工程图纸上需要标明电阻器的功率,一般可用两种方法表示电阻器的功率,一种方法是直接在元件表或图纸上标明电阻器的额定功率,另一种方法是在电阻上用符号表示,如图 2-3 所示。

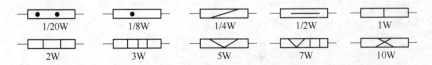

图 2-3 电阻器的功耗表示方法

目前,市场出售的电阻器有的是把电阻值和允许误差数字标印在电阻器上,很直观,而大量的电阻器则是用色环来表示的,有四环、五环和六环的。六环电阻器市场上货源不多。四道环的电阻器第一、二道环(从左数起)表示电阻器的有效数字,第三道环表示二位数后零的个数,第四道环表示电阻值的允许误差。五道环的电阻器的第一、二、三道环表示有效数字,第四道环表示三位数后零的个数,第五道环表示电阻值的允许误差。显然,五道环的电阻器的精度高于四道环的电阻器。各种颜色代表的意义如表 2-5 所示。

表 2-5 色环颜色的意义

颜 色	黑	棕	红	橙	黄	绿	蓝	紫	灰	白	金	银	无色
代表数值	0	1	2	3	4	5	6	7	8	9			
代表倍数	1	10	10^2	10^3	10^4	10^5					0.1	0.01	
允许误差($\pm$)/%	1	1	2			0.5	0.25	0.1			5	10	20

例 2-3　色环电阻如图 2-4 所示。

第一道环为红色；第二道环为黄色；第三道环为橙色；第四道环为金色。则该电阻为 $24 \times 10^3 = 24$ kΩ，允许误差 5%。

例 2-4　有一电阻器如图 2-5 所示。

第一道环为棕色；第二道环为黑色；第三道环为黑色；第四道环为红色；第五道环为棕色。

图 2-5 色码电阻表示该电阻器的电阻值为 $100 \times 10^2 = 10$ kΩ，允许误差 1%。

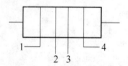

图 2-4　四道环电阻举例

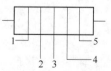

图 2-5　色码电阻表示示例

电阻器、电位器还有其他一些技术特性需要了解，表 2-6 列出了部分电阻器、电位器的某些技术特性。

表 2-6　部分电阻器、电位器的某些技术特性

电阻类别	额定功率/W	标称阻值范围/Ω	温度系数/℃	噪声电势 (μV/V)	运用频率
RT 型炭膜电阻	0.05	$10 \sim 100 \times 10^6$	$-(6 \sim 20) \times 10^{-4}$	$1 \sim 5$	10 MHz 以下
	0.125	$5.1 \sim 510 \times 10^6$			
	0.25	$5.1 \sim 910 \times 10^6$			
	0.5	$5.1 \sim 2 \times 10^6$			
	1.2	$5.1 \sim 5.1 \times 10^6$			
RU 型硅炭膜电阻	0.125,0.25	$5.1 \sim 510 \times 10^3$	$\pm(7 \sim 12) \times 10^{-4}$	$1 \sim 5$	10 MHz 以下
	0.5	$10 \sim 1 \times 10^3$			
	1.2	$10 \sim 10 \times 10^3$			
RJ 型金属膜电阻	0.125	$30 \sim 510 \times 10^3$	$\pm(6 \sim 10) \times 10^{-4}$	$1 \sim 4$	10 MHz 以下
	0.25	$30 \sim 1 \times 10^6$			
	0.5	$30 \sim 5.1 \times 10^6$			
	1.2	$30 \sim 10 \times 10^6$			
RXYC 型线绕电阻	$2.5 \sim 100$	$5.1 \sim 56 \times 10^6$			低　频
WTH 型炭膜电位器	$0.5 \sim 2$	$470 \sim 4.7 \times 10^6$	$\pm(10 \sim 20) \times 10^{-4}$	$5 \sim 10$	几百千赫以下
WX 型线绕电位器	$1 \sim 3$	$10 \sim 20 \times 10^3$			低　频

由表 2-6 可以看出几种电阻的不同特性：

(1) 炭膜电阻。温度系数为较大负值（$-6 \times 10^{-4} \sim -20 \times 10^{-4}$）。因此，这类电阻不适用于要求温度稳定性较高的精密用途，而这类电阻的频率特性好，噪声小且尺寸小，因而广泛用于数字电路和对温度稳定性要求不高的模拟电路。

(2) 金属膜电阻。该类电阻的温度特性、频率特性、噪声特性以及经过时间变化特性等都较

好,外形尺寸也小,常用于温度稳定性高、高频、低噪声、高可靠性,精密等用途。近年来由于工艺技术的提高、价格接近于炭膜电阻。在制造工艺方面可以把温度系数控制在 $\pm 5 \times 10^{-6} \sim \pm 150 \times 10^{-4}$。

(3) 氧化金属膜电阻。特性与金属膜电阻相似,特点是具有高功率而小尺寸,主要用于大功率消耗的设备中。

(4) 线绕电阻。特点是噪声小、温度系数小、频率特性差、外形尺寸大。主要用于高精度、低频、低噪声、低漂移要求的电路中。

(5) 固体电阻。这是一种碳质固态电阻。特点:温度系数大、低频范围内噪声大,而高频范围内噪声小,频率特性好,外形尺寸小,适用于高频放大电路。

2.1.4　电阻器的检测和选用

2.1.4.1　电阻器的检测

A　用万用表测量

a　用模拟万用表测量电阻值

万用表的电阻挡就是方便大家测量电阻的,这是大家熟知的,但是,使用万用表测量电阻时要注意:万用表的电阻挡有 $R \times 1$, $R \times 10$, $R \times 100$, $R \times 1k$, $R \times 10k$ 等,每更换一次挡次,就要调一次零;模拟仪表是以中心刻度为基准的,因此在使用过程中,要选合适的挡次,尽量使指针在表头的中间;不同挡次的模拟万用表的精度也不一样,例如 MF-47 型万用表 $R \times 1$ 中心刻度的精度为指示值的 10% 的误差,我国《电气测量指示仪表通用技术条例》规定,准确度分 7 级:0.1, 0.2,0.5,1.0,1.5,2.5,5.0 级,目前 0.05 级的仪表也已大量涌现,各准确度的误差如表 2-7 所示。

表 2-7　各级仪表的误差

仪表的准确等级	0.1	0.2	0.5	1.0	1.5	2.5	5.0
基本误差/%	± 0.1	± 0.2	± 0.5	± 1.0	± 1.5	± 2.5	± 5.0

b　用数字万用表测量电阻值

数字万用表有 $3\frac{1}{2}$ 位、$4\frac{1}{2}$ 位和 $5\frac{1}{2}$ 位。目前市场上尤以 $3\frac{1}{2}$ 位、$4\frac{1}{2}$ 位为多数,当然,显示位数越多,测量的精度越高,例如 DT-890 型的 $3\frac{1}{2}$ 数字万用表的电阻挡的精度为 $\pm 0.5\% \pm 3\frac{1}{2}$ $\sim \pm 1.0 + 2\frac{1}{2}$,VC9807 型 $4\frac{1}{2}$ 数字万用表的电阻挡的精度为 $\pm 0.2\% \pm 5 \sim \pm 0.5\% \pm 5$。显然,数字万用表的精度均高于模拟表的精度。

B　用其他仪表检测

可以用来检测电阻的仪表很多,而且,随着电子技术的不断发展,检测仪表精度越来越高。传统的方法是用电桥检测。电桥分直流、交流两大类,又分单臂、双臂电桥,由于电桥测量在 $0.02 \sim 2$ 级范围之内,可测 $1\ \Omega$ 以下的至 10^6 的电阻值,测量范围很大,一般可以满足需要,加上电桥的维护简单,所以,在很多地方,它仍然是一种常用的工具。如 GDM-8034($3\frac{1}{2}$ Digits)的测量范围为 $-0.2 \sim 20\ \mathrm{M\Omega}$(分六挡)测量精度达 $\pm 0.018\%$。GOM-801G 电阻表有 $20\ \mathrm{m\Omega} \sim 20\ \mathrm{k\Omega}$ 7 挡分辨率为 $10\ \mu s$,测量精度为 $\pm 0.2\%\,\mathrm{rdg} + 6\mathrm{digits}$。国产 DH9018RLC 智能测试仪的电阻测量范围为 $0.000\ \Omega \sim 200\ \mathrm{M\Omega}$,误差范围 $0.4\ \Omega \sim 4\ \mathrm{M\Omega}$,基本误差为 $\pm 0.25\%$。

特别要注意的是:无论用哪种仪表,哪种方式测量电阻器的阻值,都不能把两只手分别同时抓住电阻器测量,这样测量出来的电阻是人体电阻和电阻器电阻值的并联值。测量时,可以用一只手捏住电阻器的一只脚进行。

2.1.4.2　电阻器的选用

在电子产品的设计过程中,电子元器件的选用是非常重要的一个环节,它将影响到电子产品的功能和性能指标。电阻器的选用一般遵循三条原则:一是保证电子线路的设计要求,在电阻器种类选择方面,一般电路选用炭膜电阻即可;对于环境较恶劣或精密仪器使用时选用金属膜电阻;在要求电阻可调或电压可调的情况下,一般用固定电阻串接可调电阻来实现,在此情况下,可调电阻不能太大,否则不容易调节。二是正确选择电阻的阻值、允许误差、额定功率和耐压这些基本参数,选择电阻的阻值不仅要考虑电路中电压、电流,而且要考虑前后级电路的影响。运算放大器的输入电阻一般都在 1 MΩ 以上,如果把运算放大器的外接输入电阻选择在欧姆级就不对了。电阻的允许误差选择,一般电路选择误差为 ±5% 即可,对于一些精密仪器或者一些要求精度比较高的电路,应该选用精度比较高的电阻器,例如,±1%、±0.1%。三是电阻额定功率的选择,应保证电路长期连续工作条件下,阻值不能因发热而引起阻值发生较大变化,更不能烧坏电阻器。一般选择其额定功率是实际承受功率的 2～3 倍。电阻器耐压值的选择,一般情况下,电子电路中的电压都不高,100 V 以内为大多数,可以不考虑电阻器的耐压值。但是,对于一些高压电路和有可能产生高电压的电子电路,必须慎重选择相应耐压值的电阻器。

2.2　电容器

理想的电容器是一种储能元件,在电路中存储电荷。电容器也是电子电路中用得较多的一种电子元器件,用于电路中的滤波、耦合、调谐、隔直、延时、交流旁路和能量转换。

2.2.1　电容器的分类

2.2.1.1　按电容器容量调节情况划分

按电容器容量调节情况划分,可以分为固定电容器,可变电容器和微调电容器。

(1) 固定电容器。这是数量最多规格齐全介质种类多的一种电容器。因其容量是固定的,不可调的,故称为固定电容器。常用的几种固定电容器的外形及符号如图 2-6 所示。

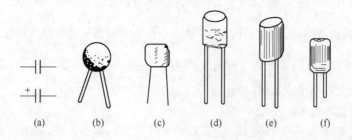

图 2-6　几种固定电容器外形及符号

(a) 电容器符号(带"＋"号为电解电容器);(b) 瓷介电容器;(c) 云母电容器;
(d) 涤纶薄膜电容器;(e) 金属化纸介电容器;(f) 电解电容器

(2) 可变电容器。容量可以在一定范围内(通常为几百皮法)变化的电容器,称之为可变电容器。其介质为空气、塑料薄膜等。它由若干形状相同的金属片接成一组动片、一组定片、介质和框架组成。可变电容器有"单联"和"双联"之分,单联为一组定片一组动片。"双联"为两组动片和一组定片。通过转轴转动动片插入定片内的面积来改变电容器的容量。空气介质的介电系数较小,损耗小,电性能较好,但其体积大。其外形及符号如图 2-7 所示。

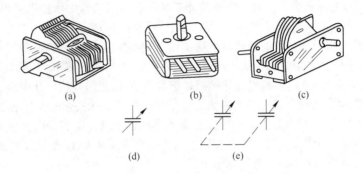

图 2-7　单、双联可变电容器外形及符号
(a) 空气双联;(b) 密封双联;(c) 空气单联;(d) 单联符号;(e) 双联符号

(3) 微调电容器。微调电容器是指电容量能在小范围内(小于 100 pF)变化的一种电容器。其外形及符号如图 2-8 所示,这类电容器主要用于电路中电容量的补偿或调整,适用于整机调整后电容量不需要大的改变或不需要经常改变的场合。微调电容器的介质以陶瓷、云母和聚苯乙烯为主。

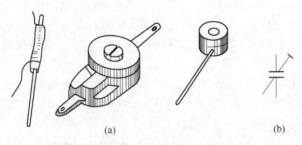

图 2-8　微调电容器外形及符号
(a) 拉线和瓷介微调电容器外形;(b) 半可变电容器符号

2.2.1.2　按电容器的介质材料分类

常用的不同介质电容器的种类、特点和应用场合如下:

(1) 电解电容器。电解电容器以很薄的铝、钽、钛、铌等金属氧化膜作介质。而以铝的氧化膜作介质的电解电容器应用得最广、最多。它的优点是:容量大、体积小、耐压高(一般在 500 V以下,要求耐压较高,体积大的场合)。缺点是:容量误差较大,绝缘电阻小、损耗大,性能受温度变化的影响大。例如在温度为 70℃ 时,漏电流达常温时的 10 倍,而在 30℃ 时,漏电流则又减小很多。电解电容器的特点是:由于氧化膜具有单向导电的特性,因而电解电容器的外引线有“＋”“－”极性之分(一般“＋”极外引线长,“－”极外引线短),在使用过程中,电解电容器的极性不能接反,否则,氧化膜很快变薄,漏电流急剧增大。如果电解电容器施加的电压过大(与额定耐压值比较),电容器很快就会发热,很容易引起爆炸。钽、铌、钛氧化膜作介质的电解电容器的漏电流小,体积小,但价格较昂贵,通常用于要求较高的地方。

(2) 云母电容器。以云母作介质的电容器。它的特点是:损耗小($\tan\delta < 0.0017$)精度高(允许误差可达 ±1%),稳定性好,耐压高(耐压达几百至几千伏),容量小(几十至几万皮法)。广泛用于高频电子电路中,并可作为标准电容器使用。

（3）瓷介电容器。以陶瓷作介质的电容器。根据陶瓷材料和应用情况不同又有高频瓷介电容器与低频瓷介电容器之分，高频瓷介电容器的损耗小（$\tan\delta < 0.0015$），稳定性好，温度系数小，耐压性稍差，但容量易做得大。独石电容器的介质是一种多层结构的陶瓷电容器，具有体积小、容量大（低频独石电容容量可达 $0.47\ \mu F$）、耐高温和性能稳定的特点。

（4）玻璃釉电容器。玻璃釉电容器以玻璃釉作介质，它具有瓷介电容器的特点，但其容量为 $4.7\ pF \sim 4\ \mu F$，介电常数在很宽的频率范围之内保持不变，可以应用在 125℃ 高温下。

（5）纸介电容器。纸介电容器以浸蜡的纸作绝缘介质，用铝箔或锡箔作电极，两者相叠卷成圆柱体，外包防潮物质，外壳用铁壳密封。大容量的纸介电容器在铁壳里装有电容器油或变压器油，用于提高耐压强度，这种电容器被称为油浸纸介电容器。纸介电容器的优点是结构简单、价格低廉，在一定体积内可以获得较大的电容量。缺点是介质损耗大、温度系数大、稳定性差，有较大的固有电感，适用于要求不高的低频电子电路。

（6）金属化纸介电容器。金属化纸介电容器是新发展的一个电容器品种，它是采用蒸发的方法，使金属附着于纸上，作为电极，其体积比纸介电容器小，其性能与纸介电容器相仿。它的最大特点是纸介质被高压击穿后有自愈作用。

（7）有机薄膜电容器。有机薄膜电容器又有极性介质和非极性介质之分。极性介质电容器的耐热、耐压性能好。非极性介质电容器损耗小，介质吸收系数小，绝缘电阻高，其性能随温度和频率变化小。与纸介电容器相比较，有机薄膜电容器的体积小，耐压高，损耗小，绝缘电阻大，稳定性好，但温度系数大，表 2-8 列出了几种常用的有机薄膜电容器的性能。聚苯乙烯电容除耐热稍差（<70℃）外，其他性能优良，稳定性好，可以作为标准电容器使用，常用于高频电路，对容量要求较精确的电路和要求定时间常数 RC 较精确的定时电路中。聚丙烯电容除稳定性稍差外，其他性能与聚苯乙烯电容相似。聚四氟乙烯电容具有耐高温（<250℃）、耐化学腐蚀、电参数的温度和频率特性好的特点，常用于高温、高绝缘和高频场合，但成本高。涤纶电容具有耐热、损耗较大的特点，不易用在高频电路中。聚碳酸酯电容的性能优于涤纶电容、损耗和容量随频率变化小，工作温度可达 130℃。

表 2-8　几种有机薄膜介质电容器的性能

名　　称	介质极性	容量范围/μF	允许误差等级范围/%	损耗角正切值	直流工作电压/V	绝缘电阻/Ω
聚苯乙烯电容器	非极性	$10^{-6} \sim 2$	$\pm 0.1 \sim \pm 20$	$< 15 \times 10^{-4}$	$40 \sim 30000$	10^{11}
聚丙乙烯电容器	非极性	$10^{-3} \sim 5$	$\pm 2 \sim \pm 20$	$< 10 \times 10^{-4}$	$63 \sim 1600$	10^{11}
聚四氟乙烯电容器	非极性	$10^{-4} \sim 0.5$	$\pm 5 \sim \pm 20$	$< 10 \times 10^{-4}$	$250 \sim 25000$	10^{12}
涤纶电容器	极性	$4.7 \times 10^{-4} \sim 10$	$\pm 5 \sim \pm 20$	$< 100 \times 10^{-4}$	$63 \sim 24000$	
聚碳酸酯电容器	极性	$10^{-4} \sim 5$	$\pm 5 \sim \pm 20$	$< 15 \times 10^{-4}$	$50 \sim 25000$	

2.2.1.3　贴片电容器

贴片电容是目前用量比较大的常用元件，贴片电容有多种不同的规格，不同的规格有不同的用途。不同的规格的贴片电容的主要区别是它们的填充介质不同。在相同的体积下由于填充介质不同所组成的电容器的容量就不同，随之带来的电容器的介质损耗、容量稳定性等也就不同。所以在使用电容器时应根据电容器在电路中作用不同来选用不同的电容器。

2.2.2　电容器型号命名法

电容器的型号命名法见表 2-9。

表 2-9 电容器型号命名法

第 一 部 分		第 二 部 分		第 三 部 分		第 四 部 分
用字母表示主称		用字母表示材料		用字母表示特征		用字母或数字表示序号
符 号	意 义	符 号	意 义	符 号	意 义	
C	电容器	C	瓷介	T	铁 电	包括品种、尺寸代号、温度特性、直流工作电压、标称值、允许误差、标准代号
		I	玻璃釉	W	微 调	
		O	玻璃膜	J	金属化	
		Y	云 母	X	小 型	
		V	云母纸	S	独 石	
		Z	纸 介	D	低 压	
		J	金属化纸	M	密 封	
		B	聚苯乙烯	Y	高 压	
		F	聚四氟乙烯	C	穿心式	
		L	涤纶(聚酯)			
		S	聚碳酸酯			
		O	漆 膜			
		H	纸膜复合			
		D	铝电解			
		A	钽电解			
		G	金属电解			
		N	铌电解			
		T	钛电解			
		M	压 敏			
		E	其他材料电解			

例 2-5 CJX-250-0.33-±10％电容器

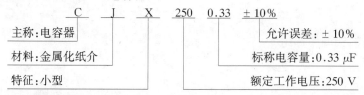

主称:电容器
材料:金属化纸介
特征:小型

允许误差:±10％
标称电容量:0.33 μF
额定工作电压:250 V

2.2.3 电容器的主要性能指标

2.2.3.1 电容量

电容量是指电容器加上电压后,储存电荷的能力。常用单位是:法(F)、微法(μF)和皮法(pF)。皮法也称微微法。三者的关系为:

$$1 \text{ pF} = 10^{-6} \text{ μF} = 10^{-12} \text{ F}$$

一般,电容器上都直接写出其容量。也有的是用数字来标志容量的。如有的电容上只标出"332"三位数值,左起两位数字给出电容量的第一、二位数字,而第三位数字则表示附加上零的个数,以 pF 为单位,因此"332"即表示该电容的电容量为 3300 pF。

2.2.3.2 标称电容量

标称电容量是标志在电容器上的"名义"电容量。我国固定式电容器标称电容量系列为 E24、E12、E6。电解电容的标称容量参考系列为 1,1.5,1.2,3.3,4.7,6.8 乘以 10^n(n 为正、负整数),单位为 μF。

2.2.3.3 允许误差

允许误差是实际电容量对于标称电容量的最大允许偏差范围。固定电容器的允许误差分 8

级,如表 2-10 所示。

表 2-10　允许误差等级

级 别	01	02	Ⅰ	Ⅱ	Ⅲ	Ⅳ	Ⅴ	Ⅵ
允许误差	±1%	±2%	±5%	±10%	±20%	+20%～－30%	+50%～－20%	+100%～－10%

2.2.3.4　额定工作电压

额定工作电压是电容器在规定的工作温度范围内,长期、可靠地工作所能承受的最高电压。常用固定式电容器的直流工作电压系列为:6.3 V, 10 V, 16 V, 25 V, 35 V, 50 V, 68 V, 100 V, 160 V, 250 V 和 400 V。

2.2.3.5　绝缘电阻

绝缘电阻是加在其上的直流电压与通过它的漏电流的比值。绝缘电阻一般应在 5000 MΩ 以上,优质电容器可达 TΩ(10^{12} Ω,称为太欧)级。

2.2.3.6　介质损耗

理想的电容器应没有能量损耗。但实际上电容器在电场的作用下,总有一部分电能转换成为热能,所损耗的能量称为电容器的损耗,它包括金属极板的损耗和介质损耗两部分,小功率电容器主要是介质损耗。

所谓介质损耗,是指介质缓慢极化和介质电导所引起的损耗。通常用损耗功率和电容器的无功功率之比,即损耗角的正切值来表示:

$$\tan\delta = \frac{损耗功率}{无功功率}$$

在同容量、同工作条件下,损耗角越大,电容器的损耗也越大。损耗角大的电容不适于高频情况下工作。

2.2.4　电容器的检测和选用

2.2.4.1　电容元件的测量

一般电容元件标称值的误差较大。若需知道电容量的准确度,就需要进行测量。通常可使用模拟万用表、数字万用表、交流电桥、R、L、C 参数测试仪等。

A　用模拟万用表测试电容容量

以 MF-47 型万用表为例,说明电容容量的测试方法,测试电路如图 2-9 所示。音频信号发生器的信号频率为 50 Hz,电压有效值为 10 V。MF-47 型万用表电容容量的测试范围为 0.001～0.3 μF。

B　用数字万用表测试电容容量

以 $4\frac{1}{2}$ 位 VC9807 型数字万用表为例,说明电容容量的测试方法。VC9807 型万用表的电容测量有 2 nF、20 nF、200 nF、2 μF 和 200 μF 共 5 挡,测量精度为 ±2.5% ±10。表面上有两个 CX 插孔。测量时,首先根据电容元件选择合适的挡次。然后,打开电源开关,等待数秒,在显示屏上出现,0.000 为止,将电容器的两引脚插入 CX 插孔,等待 1～2 s,即可读出电容的容量的数值。

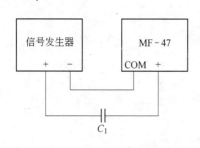

图 2-9　电容测量的连接图

C　用电子仪表测试电容器的容量

GDM-8034 的电容测量范围为 4 nF～40 μF,测量精度为 ±2%；GDM-035 的测量范围为 2 nF～20 μF 分五挡,测量精度为 ±1%；DH9018RLC 智能测试仪的电容测量范围为 0.0 pF～100 μF,基本误差为 ±0.25%。

2.2.4.2　电容器元件的选用

对电路中电容器元件的选用应考虑以下几个因素:

(1) 耐压选择。电容器的耐压是一个很重要的参数,在选用电容器时,元件的耐压一定要高于实际电路中的工作电压,尤其值得注意的是在电子电路中要考虑到可能产生的高压。

(2) 电容量的选择。对于一定的电子电路,电容量是根据某些性能指标确定的。在确定电容的容量时要根据标称系列来选择。如果在标称系列找不到该电容器容量的数值,可以通过串并联的方法解决或者通过修改设计方案中其他参数加以解决。在更换电子电路中的电容器时最好选用原参数的电容器或性能指标优于原电路电容器的电容器。

(3) 介质选择。电容器的介质不同,其特性差异较大,用途也不完全相同,在选用电容的介质时,要首先了解各介质电容器的特性,适用场合再做决定。

2.3　电感器

理想的电感器是一种储能元件,主要用来调节电路的频率特性、振荡、耦合、滤波等。在高频的电路中,电感器元件应用较多。电感器一般由导线或漆包线绕成,为了增加电感量,提高品质因数和减小电感器的体积,通常在线圈中加入铁心或软磁材料的磁心。

2.3.1　电感器的分类

(1) 按电感量是否可调,分为固定电感、可变和微调电感。

可调电感器是利用铁心或磁心在线圈内移动而在一定范围内实现电感量的调节,它与固定电容器配合使用,可以实现谐振电路的调谐作用,微调电感是一种调节范围很小的电感器,用于满足整机调试的需要和补偿电感器电感量的分散性,实际上,一个由线圈构成的电感器,如果匝间距离可变的话,它也是一个微调电感。

(2) 根据电感器的结构划分,分为带磁心、铁心和磁心有间隙的电感器,其外形和符号如图 2-10 所示。

图 2-10　电感器的外形和符号

(a) 电感器线圈；(b) 带磁心、铁心的电感器；(c) 磁心有间隙电感器；(d) 带磁心连续可调电感器；
(e) 有抽头电感器；(f) 步进移动触点的可变电感器；(g) 可变电感器

为了满足电子设备的小型化需要,还有平面电感器和集成电感器。

2.3.2 电感器的性能指标

电感器的主要性能指标是电感量 L、品质因数 Q 和电阻。

2.3.2.1 电感量 L

电感量的物理含意是,电感器通过变化电流而产生感应电动势的能力。电感量的大小与磁导率 μ、线圈单位长度中的匝数 n 及电感的体积 V 有关,当线圈的长度远大于直径时,

$$L = \mu n^2 V$$

电感量的单位 H(亨利),mH(毫亨),μH(微亨)。

2.3.2.2 品质因数

品质因数反映电感器传输能量的一个性能指标,Q 值越大,传输能量的本领越大,损耗越小,一般要求 $Q = 50 \sim 300$。

$$Q = \frac{\omega L}{R}$$

式中　ω——通过电感器电流的角频率;

　　　L——电感器本身的电感量;

　　　R——电感器的电阻。

2.3.2.3 额定电流

对于如直流调速系统中的平波电抗器,正常工作时通过的电流为几十安培至几百安培,这样的大功率电感器和高频设备功率输出部分的大功率电感器,对电流值有一定的额定值,电流超过额定值时,电感器将发热,严重时会烧坏。

2.3.3 电感器的测试和选用

2.3.3.1 电感器的测试

电感量的几个物理量:L、Q、R 和 I_e,I_e 可由其线径和导线材质来确定,直流电阻可用万用表的欧姆挡来测试,由此可以初步判断电感器是否断路或短路,电感量 L 可用模拟万用表测试电容的方法测试电感。如果条件许可,最好用电桥测试,尤其是数字电桥可以直接测试出电感器的 L、Q 和 R,基本误差在百分之零点几。

2.3.3.2 电感器的选择

在电子电路的设计、调试过程中,电感器的选择除了必须考虑电感量的几个物理量:L、Q、R 和 I_e 外,还必须考虑其使用频率范围,如铁心电感只能用于低频电路中,空心线圈、铁氧体等用于高频电路。

2.4 晶体管

晶体管是现代电子技术的基础。虽然随着电子技术的发展,在电子技术应用领域里,集成电路应用日益广泛,分立元件(包括晶体管)的应用日趋减少,但目前晶体管作为现代电子技术的基础,仍然没有动摇,而且,在电子技术应用的很多方面,仍然不得不采用晶体管。

2.4.1 晶体管器件型号的命名方法

我国是按照晶体管的材料、性能、类别等来命名的,如表 2-11 所示,其中,第一部分:用阿

拉伯数字表示器件的电极数目;第二部分:用汉语拼音字母表示器件的材料和极性;第三部分:用汉语拼音字母表示器件的用途和类别;第四部分表示序号;第五部分:用汉语拼音字母表示规格号。

表 2-11　半导体器件型号各部分的意义

第 一 部 分		第 二 部 分		第 三 部 分		第 四 部 分		第 五 部 分
用数字表示器件的电极数目		用汉语拼音字母表示器件的材料和极性		用汉语拼音字母表示器件的类型		用数字表示器件序号		用汉语拼音字母表示规格号符号
符号	意 义	符号	意 义	符号	意 义	符号	意 义	
2	二极管	A	N 型,锗材料	P	普通管	D	低频大功率管 $(f_a<3\ \text{MHz},P_c\geq1\ \text{W})$	
		B	P 型,锗材料	V	微波管			
		C	N 型,硅材料	W	稳压管	A	高频大功率管 $(f_a\geq3\ \text{MHz},P_c\geq1\ \text{W})$	
		D	P 型,硅材料	C	参量管			
		A	PNP 型,锗材料	Z	整流器	T	半导体闸流管	
		B	NPN 型,锗材料	L	整流堆			
3	三极管	C	PNP 型,硅材料	S	隧道管	Y	(可控整流器)体效应器件	
		D	NPN 型,硅材料	N	阻尼管	B	雪崩管	
		E	化合物材料	U	光电器件	J	阶跃恢复管	
				K	开关管	CS	场效应器件	
				X	低频小功率管 $(f_a<3\ \text{MHz},P_c<1\ \text{W})$	BT	半导体特殊器件	
						FH	复合管	
				G	高频小功率管 $(f_a\geq3\ \text{MHz},P_c<1\ \text{W})$	PIN	PIN 型管	
						JG	激光器件	

目前,世界各国对晶体管型号的命名方法各不相同,例如日本对普通晶体管的命名方法如表 2-12 所示。美国、欧洲的晶体管没有统一的命名方法,而且同一公司生产的晶体管的型号也不相同,例如美国、摩托罗拉公司生产 M(MA×××、MC×××、MF×××、MJE××××…)系列的晶体管,也生产 2N×××× 系列的晶体管,遇到这类晶体管只有查阅有关手册了解情况。

表 2-12　日本对普通晶体管的命名方法

第一部分	第二部分	第三部分	第四部分	第五部分
数 字	字 母	字 母	数 字	字 母
1——二极管 2——三极管	用 S 表示已在某协会登记	A——PNP 型高频管 B——PNP 型低频管 C——NPN 型高频管 D——NPN 型低频管	登记号数字不同其参数亦不相同	以 A、B、C、D 表示同类改进型

需要注意的是各类晶体管手册给出的有关晶体管参数是指工作环境温度为 20℃ 时的参数,当晶体管的实际环境温度大于 25℃ 时,手册中的参数值应作修正,其极限参数值应往下调整。

2.4.2　晶体二极管

晶体二极管简称二极管,是由一个 PN 结外加引线及封装构成的,它的正向电流随着正向电压的增大而增大,随着温度的升高而下降。反向漏电流随着温度的升高而按指数规律增大。普通二极管一般由硅、锗半导体制成。硅二极管的死区电压约为 0.5～0.7 V,锗二极管的死区电压约为 0.1～0.3 V。锗二极管的反向漏电流随温度的变化量约为 10%/℃,硅二极管的反向漏电流随温度的变化量约为 7.5%/℃。

各生产厂商针对二极管的不同作用,制造出性能各异的二极管。例如,用一根很细的金属丝和一块半导体(如锗、硅)的表面接触,然后在正向方向通以较大的瞬时电流、使金属丝和半导体牢固地熔接在一起,构成 PN 结,制成的二极管称为点接触型二极管。由于其 PN 结的面积很小,所以它的特点是结电容较小、功率损耗小,工作电压、电流小,频率特性好,适用高频电路的检波,数字电路中的开关元件,小电流整流,或电路中的限幅。例如附录 A.1 中的 2AP9,最高反向电压为 15 V,最大整流电流为 5 mA,最高工作频率为 500 MHz。按二极管的结构划分的另一类二极管是面接触型二极管,它的 PN 结是用合金法或扩散法做成的。这类二极管的 PN 结面积大,可以承受较大的电流,但极间电容也大,这类二极管适用于整流。这类二极管的正向电压降为 0.8～2 V,整流电流几百毫安到几百安培,最高反向电压达 1000 V 以上。

2.4.2.1　二极管的主要参数

(1) 最大整流电流 I_F。I_F 是指二极管长期连续工作时,允许通过的最大正向平均电流。使用时注意通过二极管的平均电流不能大于这个值。否则将把二极管烧坏。

(2) 最高反向工作电压 U_{RM}。U_{RM} 是指为避免二极管击穿,能够施加于二极管的反向电压最大值。通常为了安全起见,U_{RM} 取反向击穿电压的 $1/3$～$1/2$。

(3) 最高工作频率 f_M。由于二极管的 PN 结具有电容,因而当使用的频率过高时,它的性能将变差。f_M 是二极管能够正常使用时的最高工作频率。二极管的结电容(极间电容)越小,f_M 越高。点接触二极管的结电容小,f_M 值较大(达 1000 MHz 以上),面接触二极管的结电容大,f_M 值较小。

2.4.2.2　几种特殊用途的二极管

根据用途不同,生产厂商生产出性能各异、用途不同的二极管通常称特殊二极管。

A　稳压二极管

稳压二极管是一种面接触型二极管,它采用特殊的工艺制造,这类二极管的杂质浓度较大,空间电荷区内的电荷密度大,当二极管的反向电压到某一值时,反向电流急剧增加,即产生反向击穿,反向击穿后,即使反向电流变化很大,反向电压也变化不大,即这种二极管有一稳定的电压值,稳压二极管的稳压值低的 2 V 多,高的达 300 V。

在使用稳压二极管时,需要注意:

(1) 二极管的电压值为 0.6 V 左右,使用时二极管的极性不能接错,否则,很容易损坏;

(2) 需要串接限流电阻,限流电阻阻值为 $R = \dfrac{U - U_Z}{I_Z}$,式中,U 为电路中某端的电压值;U_Z 为稳压管的稳压值;I_Z 为稳定电流,一般手册会给出稳定电流 I_Z 和最大稳定电流 I_{Zm},可在两者之间选择。

B　发光二极管

国产发光二极管的命名方法如下:

FGX1X2X3X4X5X6

其中,FG 为发光二极管,X1 表示材料,X1 = 1 时表示材料为 GaAsP;X1 = 2 时是表示材料 GaAsAl;X1 = 3 时表示材料为 GaP;X2 表示发光颜色,X2 分别取 1～6 时,分别表示发光颜色为红、橙、黄、绿、蓝和复色;X3 表示封装形式;X4 表示封装外形,X4 取 0～6 时分别表示发光二极管的圆形,长方形,符号形,三角形,正方形,组合形和特殊形;X5 和 X6 为序号。

目前市场上出售的发光二极管除有颜色之分外,还有普通型、高亮型、超高亮型、聚光型、非聚光型发光二极管其参数各异。一般发光二极管的正向电压约 2 V,正向电流在 5～20 mA 之间。目前,发光二极管的功率可达数瓦。华中科技大学已研制出 1500 W 的 LED 发光源技术。

根据需要生产厂商还生产出七、八段数码型,米字型数码管、点阵发光二极管组合体,像素管等。数码型发光二极管有共阴极、共阳极之分,其引脚如图 2-11 所示。

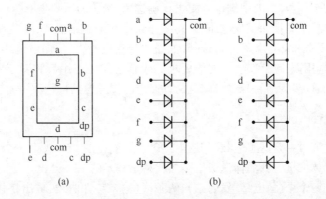

图 2-11　数码管引脚图

(a) 外引脚排列;(b) 共阳极内部示意/共阴极内部示意

像素二极管内几个二极管组成一个整体和点阵发光二极管模块一样可用于屏幕显示等场合。

C　变容二极管

二极管 PN 结的结电容除与本身的结构工艺有关外,还与外加电压有关。变容二极管是采用特殊工艺制作,结电容对外加反向电压极为敏感,结电容随外加电压的增加而减小,例如,变容二极管 2CC1C 当外加反向电压在 0～25 V 变化时,结电容在 240～42 pF 之间变化。变容二极管在使用过程中要注意:

(1) 电压变化量的最大值不能超过给出的最高反向工作电压;

(2) 变容二极管的反向电流受温度的影响也很大,例如 2CC1C 在 $t = 20 \pm 5℃$ 时,反向电流小于或等于 1 μA,在 $t = 125 \pm 5℃$ 时,反向电流小于或等于 20 μA。

D　光电二极管

用特殊工艺制造的光电二极管的反向电流随光照度的增加而上升,反向电流与光照度成正比,光电二极管一般用作光电传感器,卫星上用大面积的光电二极管作为能源——光电池。

2.4.2.3　二极管的检测和选用

A　普通二极管的检测

a　二极管极性的判别

一般二极管外壳上有箭头、色点、色环或引脚长短不一作为标记。箭头所指或靠近色环的一端为阴极,靠近色点或引脚长的为阳极。如果标记不清,则可用万用表进行判别。在万用表的电阻挡,红表笔和黑表笔之间可以等效为带有内阻的电压源,对于模拟万用表黑表笔是电压源的正极,红表笔是电压源的负正极,数字万用表则相反。如果我们用数字万用表 $R \times 1k$ 挡(或 $R \times 10k$ 挡) 测试二极管的阴阳极,如果二极管导通,电阻约为几千欧姆;两表笔反向,电阻很大(超量程表头最左位为 1),二极管导通时,红表笔一端为二极管的正极,黑表笔一端为二极管的负极。

　　b　二极管好坏的判别

　　用万用表的两表笔正反向测量,均显示超量程,则表明二极管已损坏或接触不良;如果两表笔正反向测量的阻值均很小甚至 0 Ω,表明二极管短路或已烧坏;如果两表笔正反向测量的阻值差别不大,表明二极管已不宜使用。二极管的正反向测量的阻值差别越大,二极管的质量越好。

　　B　二极管的选用

　　二极管的应用范围很广,要根据电路要求正确选用,选用的原则是不能超过二极管的极限参数,即最大整流电流、最高反向工作电压、最高工作频率和最高结温等,并且要留有一定的余量。此外,要根据技术要求和环境条件进行选择,如需要导通电流大、反向电流小、反向电压高、工作结温高的情况下,选用面接触型硅管;对于要求低导通电压的选用锗管,对于要求工作频率高的,选用点接触型二极管(多为锗管)。特殊二极管的选择,要考虑其特殊功用和特有的参数指标。

2.4.3　晶体三极管

　　晶体三极管是通过一定的工艺技术使两个 PN 结结合在一起,成为一个电流控制电流的电流放大器件。从晶体二极管到晶体三极管是当代科学技术的一次飞跃。

　　晶体三极管的两个结(集电结、发射结)、两条线(输入特性曲线、输出特性曲线)、三条腿(b、c、e)和三个区(截止区、放大区和饱和区)是晶体三极管的精髓,正是由于晶体三极管的这些特性,才能有今天数字计算机、数字电视等现代化的产品,因此,学习电子技术必须掌握这些东西。在很多教科书中对晶体管都有详尽的描述,这里仅从使用角度出发,概述晶体三极管的有关特性。常用晶体三极管外形如图 2-12 所示。

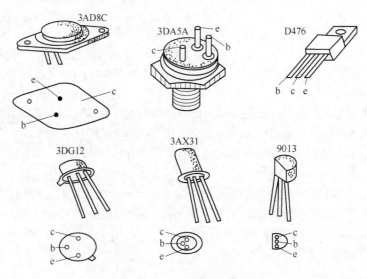

图 2-12　晶体三极管的外形图

2.4.3.1　晶体三极管的分类
　　按晶体三极管工作频率划分,有高频管和低频管。

　　低频管的管芯通常采用合金法生成。低频管截止频率低于几兆赫兹,易做成大功率管,工作电流可达数百安培,耐压可达一千多伏。高频管的管芯采用合金扩散法生成,截止频率,可达 9 GHz ($1\ G=10^9$),工作电流可达几十安培,耐压一般为几十伏。

　　按半导体材料划分,有硅管、锗管。

　　锗管的输入曲线的死区电压值小,即用较小的 V_{BE} 可以得到较大 i_B,锗管的输出曲线的上升部分初始一段较陡,即 $i_B=0$ 的曲线较硅管高。

　　按功率大小划分,有小、中、大功率管。

　　大功率管的控制功率可达一千多瓦特,例如:2SD648,工作电流可达 400 A、耐压 300 V、功率 1000 W。小功率管的功率只有毫瓦级,例如 2SC75,耐压为 15 V、工作电流为 5 mA,功率只有几毫瓦。

2.4.3.2　晶体三极管的主要参数

　　(1) 电流放大系数。晶体三极管的电流放大系数是其放大能力的一个重要指标,电流放大系数有直流电流放大系数和交流电流放大系数之分。

　　直流电流放大系数是指晶体管工作在直流工作状态下的放大系数。

$$\overline{\beta}=\frac{I_C-I_{CEO}}{I_B}\approx\frac{I_C}{I_B}$$

　　交流电流放大系数是指在有信号输入下,基极电流的变化量 Δi_B 与集电极电流的变化量 Δi_C 之比,即

$$\beta=\frac{\Delta i_C}{\Delta i_B}$$

　　在工作电流不太大的情况下,可以认为 $\overline{\beta}=\beta$。

　　(2) 集电极最大允许电流 I_{CM}。I_{CM} 是晶体三极管的允许最大电流,电流超过此值时,晶体管的特性变坏,甚至可能烧坏管子,这是一个极限值。

　　(3) 集电极最大允许功率损耗 P_{CM}。$P_{CM}=I_C U_{CE}$ 是指消耗在集电结上允许的最大损耗功率,超过此值就可能烧坏管子。一般手册上给的 P_{CM} 是在一定的散热条件下的极限值,因此,使用大功耗管,如果接近该值一定要按手册要求加散热装置。

　　(4) 反向击穿电压。如果施加在三极管两个 PN 结的反向电压超过某一规定值,该三极管就会被电压击穿,这一反向电压值被称之为反向击穿电压。反向击穿电压与三极管本身的特性和外部接法有关。常用的三极管反向击穿电压如下:

　　1) $U_{(BR)EBO}$:三极管的集电极开路时,发射极与基极之间的反向击穿电压。

　　2) $U_{(BR)CBO}$:三极管的发射极开路时,集电极与基极之间的反向击穿电压。

　　3) $U_{(BR)CEO}$:三极管基极开路时,集电极与发射极之间的反向击穿电压。

2.4.3.3　晶体三极管的检测与选用

A　晶体三极管的检测

a　管形与管脚的判别

　　常用三极管的外形如图 2-12 所示,金属封装的小功率三极管管壳上一般都带有定位销,将管底朝上,从定位销起,按顺时针方向,三个电极依次分别为 e、b、c。如果管壳上无定位销,三根电极在半圆内,将有三根电极的在半圆上方,按顺时针方向,三个电极依次分别为 e、b、c。塑料封装的小功率三极管,面对平面,三根电极置于下方,从左至右三根电极依次为 e、b、c。大功率三极管有带散热器塑料封装的,有金属封装的。这里就不一一说明了。现在有很多晶体管手册,网上也有很多的相关资料。我们可以从手册或网上得到有关晶体管的详细资料。

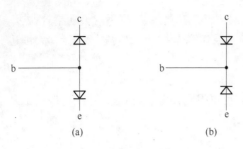

图 2-13　三极管等效电路图

(a) NPN 三极管等效图；(b) PNP 三极管等效图

b　用万用表辨别二极管的三个脚

对三极管而言，因为它实际上是两个 PN 结，它可以等效成两个反向串联的二极管，如图 2-13 所示。我们可以根据三极管的基本结构和它的电流放大原理，利用万用表辨别出三极管的三个极和它的好坏。辨别步骤如下：

(1) 确定基极和管子类型。找出三极管的基极 b，确定是 NPN 还是 PNP 型管。将数字万用表的欧姆挡置于"$R \times 100$"或"$R \times 1k$"处。先将三极管的三个极中的一个假设为基极，将一只表笔接假设的基极，分别测量与另外两极之间的电阻。如果两次测量的电阻值一大一小，而且差别较大，则假设的基极是错误的。如果两次测量的电阻值都很小，而将表笔反过来接后的两次测量的电阻值都很大，则表明三极管是好的，假设是正确的。两次电阻值都很小的那一次，表笔固定不动接触的那个极就是三极管的基极。如果固定不动的表笔是红表笔，则该三极管是 NPN 型的；如果固定不动的表笔是黑表笔，则该三极管是 PNP 型的。

(2) 分辨出集电极 c 和发射极 e。以 NPN 型三极管为例，如果把三极管接成一个放大器，如图 2-14(a)所示串接的电流表就会有一定的读数。如果把放大电路中的集电极和发射极反接，如图 2-14(b)所示电流表的读数就会小得多。对于一个没有任何标记的三极管在找出基极后，可以将剩下的两极之一作为集电极，将万用表的红表笔接假设的集电极，黑表笔接假设的发射极，用一手捏住基极和假设的集电极，如图 2-15 所示(可以把一个 100 kΩ 跨接在已知的基极和假定的集电极之间)，相当于在 b、c 之间跨接了一只电阻。等效电路图如图 2-16 所示，这时，可测量出集电极与发射极之间电阻值。用同样的方法，把另一个三极管的管脚假设为集电极，重复测 c、e 之间的电阻值，若第一次所测电阻值小(电流值大)，说明第一次假设正确。第一次红表笔接的是三极管的集电极，等效电路如图 2-14(a)所示。

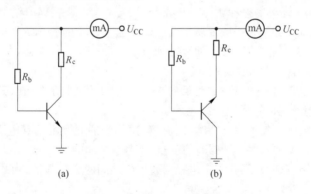

图 2-14　晶体管放大电路

(a) 正常的单管放大电路；(b) c、e 反接的单管放大电路

(3) 检查晶体管穿透电流 I_{∞} 的大小。检查 I_{∞} 大小的方法是：将基极开路，测量 c、e 间电阻，对于 NPN 型晶体管，万用表的"－"极接晶体管的集电极(c)，"＋"极接晶体管的发射极"e"，若 c、e 间的电阻较大(例如几十千欧)，则说明穿透电流较小，管子能正常工作。

(4) 检查电流放大系数 β 的大小。对于小功率的晶体管，可以用万用表粗测电流放大系数 β 的大小，具体方法是：第一步测基极开路时的 c、e 间的电阻；第二步，在基极和集电极之间接入 100 kΩ 的电阻，再测集电极和发射极之间的电阻，两次测得的电阻值相差愈大，说明 β 越大。

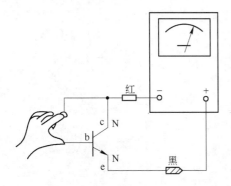
　　　　　　图 2-15　判别晶体管 c、e 示意图

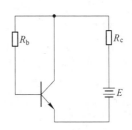
　　　　　　图 2-16　图 2-15 的等效电路图

　　(5) 需要说明的是:晶体管在出厂时,管壳上有标志符号,查有关手册,即可知道管子三个极的排列;目前市场上出售的万用表,大多数都有检测晶体管 h_{fe} 的功能,只要分辨出晶体管的基极,将晶体管管脚试插入测试插座,即可辨别出另外两个极。

　　B　晶体三极管的选用

　　晶体三极管对电路的性能指标影响很大,需要认真选择。由于硅管稳定性比锗管好。目前多数电子电路用硅管,但并非全部,要视具体情况而定。选择晶体管可从以下几方面考虑:

　　(1) 根据电路要求选择 β 值。一般情况下,β 值越大,温度稳定性越差,一般在 $\beta = 50 \sim 100$,达林顿管达几百。

　　(2) 根据放大器通频带的要求,使管子的截止频率 f_β 要高于上限频率 f_h,一般要 f_β 大于 $(2\sim3)f_h$。一般晶体管手册中,多为特征频率 f_T,$f_T > f_\beta$。

　　(3) 集电极电流。晶体管手册给定的多为 I_{CM},一般取 $I_C < \frac{1}{2} I_{CM}$ 为宜。

　　(4) 击穿电压。晶体管手册中给定的是 $U_{(BR)CEO}$ 一般选 $U_{(BR)CEO} > E_{CC}$,要视电路形式而定。

　　(5) 最大管耗。在考虑晶体管的最大管耗时,原则上应该是晶体管的最大允许管耗大于晶体管实际管耗,但应用条件不同,选择晶体管的最大管耗也不相同。例如,在一般电压放大器中晶体管的最大管耗应满足 $P_{CM} > (1.5\sim2)P_{OM} = (1.5\sim2)I_{CQ} \times \frac{E_C}{2}$,在 OCL 中则 $P_{CM} > 0.2 P_{OM}$ 即可。尤其要注意,在功率放大电路中晶体管的散热问题。

2.5　集成电路

　　集成电路(Integrated Circuit,缩写 IC):通过一系列特定的加工工艺,将晶体管、二极管等有源器件和电阻、电容等无源器件,按照一定的电路互联,"集成"在一块半导体单晶片(如硅或砷化镓)上,封装在一个外壳内,执行特定电路或系统功能。

　　集成电路是现代电子技术研究一个重要成果,是电子电路的重要组成部分。由于它具有体积小、功耗小、工作性能稳定可靠等一系列优点,得到了广泛的应用。

2.5.1　集成电路的分类

　　集成电路的分类主要有:双极型集成电路、MOS 集成电路、BICMOS 集成电路、低电压双极型集成电路和低电压 CMOS 集成电路。

　　按照应用类型来划分:

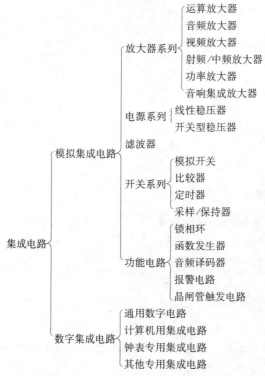

按照应用情况来划分：

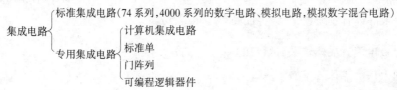

按集成度划分：有小规模集成电路(SSI、集成度小于 10 门电路)、中规模集成电路(MSI，集成度 10~100 门电路)、大规模集成电路(LSI、集成度 100~1000 个门电路)和超大规模集成电路(VCSI、集成度大于 1000 个门电路)。

按封装形状划分：有圆形(金属圆外壳)、扁平型(稳定性好、体积小)和双列直插型(品种多、价格便宜、应用广泛)。

2.5.2　我国半导体集成电路的命名方法

我国半导体集成电路型号的命名由五部分组成(见例 2-6)，其中的符号和意义如表 2-13 所示。目前，国内外生产集成电路的厂家很多，各厂家都在产品上标印自己公司的标志，在型号前加自己公司的代号(国外部分厂家的 IC 代号及标志见附录)，例如有两芯片如图 2-17 所示。图 2-17(a)中的 M 为美国摩托拉公司的标志，MC 是该公司的代号。图 2-17(b)中 CD 是美国仙童公司、得克萨斯仪器公司的产品。两芯片的外引线功能完全一样，工作特性也基本一致。

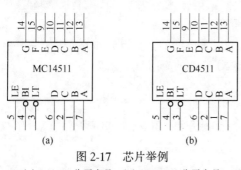

图 2-17　芯片举例

(a) MOTA 公司产品；(b) RCA、NS 公司产品

表 2-13 　我国半导体集成电路型号的命名法

第零部分 用字母表示器件 符合国家标准		第一部分 用字母表示器件的 类型		第二部分 用阿拉伯数字表示 器件的系列和 品种代号	第三部分 用字母表示器件的 工作温度范围		第四部分 用字母表示器 件的封装	
符号	意义	符号	意义	TTL 分为	符号	意义	符号	意义
C:	中国国标产品	T:	TTL	54/74××	C:	0~70℃	F:	多层陶瓷扁平封装
		C:	CMOS	54/74H×××	G:	−25~70℃	B:	塑料扁平封装
		E:	ECL	54/74L×××	L:	−25~85℃	H:	黑瓷扁平封装
		M:	存储器	54/74LS×××	E:	−40~85℃	D:	多层陶瓷双列直插封装
		F:	线性放大器	54/74ALS×××	R:	−55~85℃	J:	黑瓷双列直插封装
		μ:	微机电路	54/74F×××	M:	−55~125℃	P:	塑料双列直插封装
		D:	稳压器	CMOS 分为			S:	塑料单列直插封装
		B:	非线性电路	4000 系列(包括			T:	金属圆形封装
		J:	接口电路	4500 系列)			K:	金属菱形封装
		AD:	ADC	54/74HC×××				
		DA:	DAC					
		SC:	通讯专用					
		SS:	敏感电路					
		SW:	钟表电路					
		SJ:	机电仪表电路					
		SF:	复印机电路					

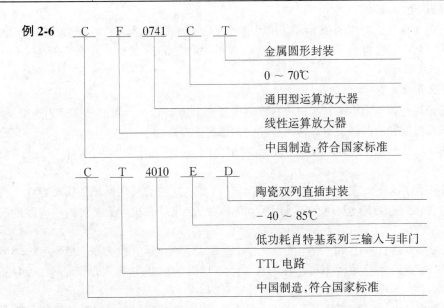

2.5.3 集成电路外引线的识别

在使用集成电路之前,必须识别集成电路的引脚,查阅手册确认各引脚的功能、使用方法,以免损坏部件。集成电路的引脚一般规律为:

(1) 圆形封装(多为金属壳)。面向引脚正视,从定位锁开始顺时针方向依次为 1,2,3,4…,如图 2-18(a)所示,圆形封装的集成电路多数为模拟集成电路。

(2) 扁平和双列直插集成电路。一般元件上有一圆点,竖线或一半圆形的缺口作为记号,将圆点、竖线或缺口置于左方,由顶部俯视,由左下脚起逆时针方向依次为 1,2,3,4,…,如图

2-18(b)所示。

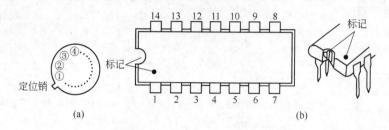

图 2-18　集成电路外引线的识别
(a)圆形；(b)扁平或双列直插型

2.5.4　模拟集成电路

在电气设备中，有大量的模拟信号需要进行处理。模拟集成电路则是处理模拟信号的集成电路。模拟集成电路品种多、型号多、用途广泛，常用的模拟集成电路分以下几种。

2.5.4.1　音频放大器

音频放大器是一种电路结构简单而特性要求不太高的放大器，因此，这类放大器较早实现了集成化。音频放大器分电压放大和功率放大两种类型，由于品种较多，且型号更改非常频繁，很难找到一个标准的有代表性的例子。

2.5.4.2　差分放大器

差分放大器是线性集成电路的基本结构，作为单个差分放大器：有射频/中频放大器、视频放大器等。如 CA（美国无线电公司）的 CA3004，CA3006 和 CA3028 等，其频率范围为 DC～100 MHz（指工作频率）。

2.5.4.3　运算放大器

运算放大器最初是为模拟电子计算机进行直流电压运算而设计的。目前已广泛用于交、直流放大、线性检波、振荡和有源滤波等。常用运算放大器类型简介如下：

（1）通用双极型单运放。这类产品应用量大，应用面广，是优先选用产品。代表产品是 741 型和 301 型。

（2）通用双极型双运放。这类产品失调可调，而且具有良好的交流特性和低噪声特性。代表产品是 747 型、1458 型、4558 型，还有为适用于立体声放大、收录音机放大需要的一些改进产品，如 LM833 等。

（3）通用双极型四运放。这类产品是在一块芯片上集成了四个运算放大器。批量生产较早的产品是 324。741 型四运算放大器是 348、349。性能较好的四运算放大器产品有 RC4136（RTN），HA（日本日立公司）的 HA4605、HA4626、HA4741 以及 OP-0911（PMI）等。

（4）单电源运算放大器。单电源运算放大器成本低，因而应用广泛。单电源运算放大器有如下特点：

1）零伏输入。通常运算放大器只有双电源时，输入电压范围才能达到零伏。单电源运算放大器，也可以从零伏输入起工作。

2）多种电源电压。一般运算放大器的电源为 ± 15 V、± 18 V、± 30 V、± 70 V 和 ± 140 V 等。单电源运算放大器各产品的电源范围各不相同，如 324 为 32 V，2902 为 26 V，TA75902 为 30 V。

3）交越失真小。如 324 这类产品输出级无静态电流，交流放大输出会产生交越失真。单电源四运放 3403 输出级工作在甲乙类状态,大大减小了交越失真。

(5) 低噪声双极型运算放大器在音频范围(30 Hz～30 kHz)内,标准型通用运放的噪声一般为 20 μV_{rms} 以上。而低噪声双极型运放可降低到 2.5 μV_{rms} 以下。代表产品有 μPC(日本电气公司)的 $\mu PC4556,\mu PC4557,\mu PC4559,\mu PC4560$;TA(日本 TOSHIBA 公司)的 TA75557,TA75558,TA75559 等。

(6) 结型场效应管输入级运算放大器。这类产品的输入级采用结型场效应管,其输入阻抗高达 10^{10} Ω,输入电流小至 1 nA,而其转换速率比一双极型场运放高十倍以上,高达 5～50 V/μs。典型产品为 TL(美国 TEXAS 公司)公司的 TL06X、TL07X、TL08X 系列;NS(美国 NATLONAL SEMICONDUCTOR)公司的 LF347、LF351、LF353;FC(美国 FAIRCHILD 公司)公司的 $\mu A771$、$\mu A772$、$\mu A774$;国产 5G28、BG313 等产品。

(7) MOS 场效应管输入级型运算放大器。这类运算放大器的输入级采用 MOS 场效应管,其输入阻抗更高(达 10^{12} Ω 以上)。输入电流比结型场效应管输入级型运放还低一个数量级,可达 1 pA。这类器件特别适用于光敏传感电路和长时间积分电路。但必须注意,在使用过程中,低频段等效输入噪声较大,还要注意输入端保护。典型产品为 RCA(美国无线电公司)的 3130、3140、3160 和 3240 等。

(8) 高精度运放。这类运算放大器失调电压、失调电流、漂移以及换算到输入端的噪声都很小,适宜用于热电偶、应变传感器等微弱信号的前置放大。这类放大器产品有 FC(美国 FAIRCHILD)的 $\mu A725$;(美)国家半导体公司的 AD504、AD510、AD517;OP(OPAMPLABSLNC)的 OP-07、OP-08、OP27、OP37;LT(线性技术)的 LT1007、LT1037、308;HA(日本日立公司)的 HA2900、HA2905;ICL(日本富士通)的 ICL7600、ICL7601、ICL7650、ICL7652 等。

(9) 大电流输出运算放大器。一般用 ±15 V 电源的运算放大器。输出电压范围为 ±10 V,输出电流范围为 ±5～±10 mA。单片大功率输出运算放大器的输出电压可达 ±30～±40 V;输出电流,有的产品可达 250 mA。代表产品有:1436(±30 V/17 mA),343,344(±30 V/20 mA),13080(±1.5～±7.5 V/250 mA),3582(±145 V/15 mA)。

(10) 高速、宽带型运放。这类运算放大器的转换速率:$S_R \geqslant 10$ V/μs,带宽:$BW \geqslant 10$ MHz。代表产品有:NS318、HA2500 系列、HA2600 系列、AD509、MC1520 等,国产 3554:$S_R = 1000$ V/μs,带宽增益为 90 MHz。

2.5.4.4　模拟乘法器

模拟运算电路是用电子电路的形式模仿数学运算方程。电路工作过程就是解题过程,加、减、乘、除、积分、微分等运算利用运算放大器很容易实现了,对于乘除运算现在已经生产出多种型号的乘法器电路。

模拟乘法器是进行模拟乘法运算的器件,外加运算放大器后还可用于除法,平方根运算……可用于倍频、调幅波的调制与解调,相位检波,自动增益控制等。代表产品有 MC(美国摩托罗拉公司)的 MC1494、MC1495、3091、3402 等,3402 的带宽交流输入为 10 Hz～50 MHz。

2.5.4.5　电源用集成电路

一切电子设备离不开直流电源,直流电源是电子设备的能源,如同人体的血液系统。电源性能的优劣直接影响电子设备的运行状况。因此,直流电源是一切电子设备的必备的基本单元。集成技术使电源电路实现了集成化。电源用集成电路分为稳压电源和稳流电源。应用较为广泛的是稳压电源。稳流电源是使负载电流不变的调整器,使用较少,通常用稳压源来实现稳流。稳压电源可按以下几种情况分类:按调整方式不同可分为连续调整式和开关调整式;按调整管子与负载的相对位置可分为串联调整式和并联调整式。并联式仅适用于小功率或负载电流变化不大的稳压电源,效率低,适应范围小,较少使用;按工艺不同可分为单片型和混合集成模块型。混合型功率大、功耗小、性能好,但成本高,应用广泛的是单片型。常用电源用集成电路如表 2-14 所示。

表 2-14　电压调整器 IC

性　能 型　号	最大输入 电压 U_{IN}/V	输入输出 最小电压差 $\Delta U_{min}/V$	输出电流 I_o/A	输出电压 U_o/V	备　注
5G14	50	4	0.01	3.5~40	$R_o \leqslant 1\ \Omega$; $U_R = 3.5$ V; $S_V = 0.1\%/V$
W104 LM104 μPC142	8~50	2	0.02	-15 m~-40	$S_R = 74$ dB; $S_1 = 0.1\%$; $S_V = 0.02\%/$V; $TC_{UR} = 10 \times 10^{-6}/(\text{℃}\cdot\text{V})$
W723 μA723 CA723	40	4	0.05	2~36	$S_R = 74$ dB; $U_R = 7.5$ V; $S_V = 0.03\%/V$
WA7224A/B	20~36	4	0.03	4.5~24	$S_R = 40$ dB; $U_R = 4.5$ V
WB7224A/B	36	4.5	2	4.5~24	$S_R = 40$ dB; $U_R = 4.5$ V
W3085 CA3085	36	4	0.1	1.6~30	$S_R = 50$ dB; $U_R = 4.5$ V
W1468/1568 MC1468/1568	± 30	2	0.1	± 8~± 20	$S_R = 75$ dB; $U_R = 7.5$ V; $S_V = 0.1\%$; $R_o = 0.2\ \Omega$
W1511 SG1511	-40	3	0.03	-2~-37	$S_R = 74$ dB; $U_R = 7.5$ V; $S_V = 0.03\%/V$; $S_1 = 0.2\%$
MC1560 MC1561	9.7~19 8.5~40	2.1	0.5	2.5~17	$S_V = 0.002\%/V$; $R_o = 0.02\ \Omega$
W117/W217 W317 LM117/LM217 LM317	35	3	1.5/0.5(M) 0.1(L) 1.5	0.25~24 -1.25~-24	$S_R = 80$ dB; $U_R = 1.25$ V; $S_V = 0.02\%/V$; $I_{omin} = 5$ mA
W137 W237 W337 LM137 LM237 LM337	35	3	0.5(M) 0.1(L)		$S_R = 80$ dB; $U_R = -1.25$ V; $S_V = 0.02\%/V$; $I_{omin} = 5$ mA
LM340	14~35	2	1	5~24	$S_R = 72$ dB; $U_R = 3$ V; $S_V = 0.05\%/V$; $S_1 = 0.1\%$; $R_o = 0.02\ \Omega$
W78/79 μA78/79 LM78/79	± 35	1.5~2	1.5 0.5(M) 0.1(L)	5~24/ -5~-24	$S_R = 35/40$ dB; $U_R = 4/-3, -7.5$ V; $S_V = 0.7\%/V$; $S_1(R_0) = 0.1/0.4/1\ \Omega$; $P_d = 3.5$ W, 1.5 W(M), 0.7 W(L)
W3420/3520 MC3420/3520	10~30		0.04		3400 用于 0~$+70$℃ 3500 用于 -55~$+125$℃

性能 型　号	最大输入 电压 U_{IN}/V	输入输出 最小电压差 $\Delta U_{min}/V$	输出电流 I_o/A	输出电压 U_o/V	备　　注
W1524/2524/3524 SG1524/2524/3524	10～40		0.05		
LM293X		0.32<0.6	0.15		低耗电型
MZG900		<0.7	3	4～24	厚膜块,低耗电型,SIP-7
AD7560	+5		$P_o=50\ mW$	$-5/-10/-15/\pm15$	CMOS 直流变换
5G7660 ICL7660	+10		$P_o=100\ mW$	$-U_{IN}$	CMOS 直流变换
5G1403	4.5～15	2	0.01	+2.5	
MC1403	4.5～40	2	0.01	+2.5	电压基准源;20×10^{-6}/℃
F1403	4.5～40	2	0.01	+2.5	

2.5.5　数字集成电路

2.5.5.1　数字集成电路的发展概况及趋势

自 20 世纪 60 年代初的 30 多年来,数字集成电路的发展速度非常快,几经更新换代,已形成多种系列产品并存发展,互相竞争的局面,标准逻辑集成电路分为三类:

TTL 型、CMOS 型和 ECL 型。TTL 型:自 60 年代初期 DTL、TTL 实用化以来,TTL 系列器件的发展推动了计算机技术。1971 年美国 TI(德州仪器公司)开发了与标准 TTL(7400 系列)引脚相容的"低功耗肖特基 TTL"74LS 系列,1978 年美国 TI 和 FC(仙童公司)分别开发了"先进超高速肖特基(advanced Schottky)"TTL 的 74AS 系列和"先进低功耗肖特基(advanced Law-power Schottky)"TTL 的 74ALS 系列和"高速(Fast)"TTL 的 74F 系列。沿着 74→74LS→74ALS 系列向低功耗高速化发展。ECL 型:1971 年由美国的 MC(MOTORLA 摩托罗拉)公司开发了 ECL-10K 系列,打开了超高速集成电路的新局面,被广泛用于高速计算机中。1973 年美国 FC,开发了 ECL-100K 系列,速度比 ECL-10K 系列提高了一个数量级。CMOS 型:1971 年美国的 RCA(无线电公司)首创 CD4000A 系列,接着该公司又与 MC 公司协作开发了 4000B/4500B 系列;1979 年日本 TOSHIBA(东芝公司)采用短沟道、高密度铝栅技术初步实现了 CMOS 的高速化,生产了 TC40H 系列;1981 年美国 MC 和 NS(国家半导体公司)联合开发、生产出 MC74HC/54HC 系列和 MM74HC/54HC 系列。沿着 4000A→4000B/4500B→74HC 系列向高速化发展,同时又保持了低频下低功耗的优势。

2.5.5.2　数字集成电路的性能特点

各类数字集成电路性能,特点各异,用户必须熟悉,才能用得好。

A　TTL 类型

TTL 类的数字集成电路品种多,互换性强、除美国 FSC 的 TTL 外其余系列均源自美国 TI,中国和美国几家公司的命名规则见表 2-13。

美国得克萨斯公司(TEXAS)和美国其他公司、日本、韩国、新加坡等公司的产品除前缀的公司代号外,其他类同。

国产 TTL 器件和对应系列的 74 族器件的性能基本相同,一般可以互换使用,但早期的国际产品 CT000 系列,其性能与 CT1000 或 CT2000 基本类同但不能和 74 族器件互换,国产 TTL 与美国得克萨斯公司的 74 族对应关系如表 2-15 所示。

表 2-15　国产 TTL 与美国得克萨斯公司的 74 族对应关系

美国得克萨斯公司 74 族	国产 TTL
7400	CT1000
74H00	CT2000
74S00	CT3000
74LS00	CT4000
74L00	

　　7400 系列(又称通用系列、标准系列)典型电路如图 2-19 所示,多发射极晶体管 T_1 和电阻 R_1 构成与门电路。T_2 和集电极电阻 R_2、发射极电阻 R_3 组成分相级,可获得"非"功能。上拉晶体管 T_4、集电极电阻 R_4、二极管 D_3 和下拉晶体管 T_5 组成图腾柱输出极。

　　74H00 系列(又称高速系列)典型电路,如图 2-20 所示。与 7400 系列相比较,74H00 系列为了提高电路的工作速度,减小了电阻值,采用达林顿 – 图腾柱输出结构,从而加强了输出驱动能力,提高了工作速度,但电路功耗增加了一倍以上。

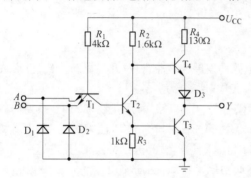

图 2-19　7400 系列 2 输入与非门电路图　　　　图 2-20　74H00 系列 2 输入与非门电路图

　　74S00 系列(肖特基系列)与 7400 系列、74H00 系列相比较,74S00 系列在电路结构上,采用了肖特基晶体管、电阻 R_3^B、R_3^C 和 T_6 构成的有源泄放回路,提高了电路的开关速度(见图 2-21)。

　　74L00 系列(低功耗系列)与 7400 系列、74H00 系列相对比较,74L00 系列电路电阻值较大,因而功耗较小速度也较慢,由于 CMOS 系列的功耗更小,速度已接近 TTL 类型,因此,74L00 系列已属被淘汰系列(见图 2-22)。

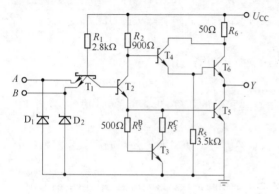
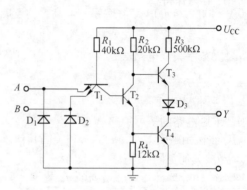

图 2-21　74S00 系列 2 输入与非门电路图　　　　图 2-22　74L00 系列 2 输入与非门电路图

74LS00 系列(低功耗肖特基系列)典型电路如图 2-23 所示。

74LS00 系列的输入电路采用肖特基二极管,这样使输入电路在输入信号变化时瞬间响应快,同时因肖特基二极管击穿电压高、漏电流小,是较理想的接口电路之一,为了加快电路的响应,74LS00 系列电路在 T_2 分相级和达林顿输出级之间加入了两个肖特基二极管 D_3 和 D_4,在输出由高电平变换到低电平时,负载回路的电流经 D_4、T_2 加速启动 T_5,而 D_3 通过 T_2 加速了 T_4 中存储电荷的泄放,此外,74LS00 系列电路还采用了薄外延和精细光刻加工技术,减小了晶体管的几何尺寸,加宽了金属连线的宽度。

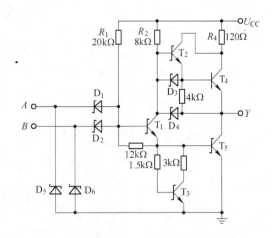

图 2-23　74LS00 系列(低功耗肖特基系列)典型电路

74ALS00 系列(先进的低功耗肖特基系列)是 74LS00 系列的后继产品,采用介质隔离,离子注入等新技术,因此,产品寄存电容小,f_T 高,速度快,典型的传输时间值为 4 ns,功耗为 1 mW。

74AS00 系列(先进的肖特基系列)是 74S00 系列的后继产品,速度,功耗均比 74S00 系列有所提高,典型的传输时间值为 1.5 ns,功耗为 8 mW。

74F00 系列,是美国 FSC 公司采用介质隔离,离子注入等新技术开发的类似于 74ALS00 和 74AS00 系列的高速 TTL 产品,性能介于 74ALS00 系列和 74AS00 系列之间。

B　CMOS 类型

目前,流行于国内外的 4000B 系列的 CMOS 器件与我国 CC4000B 系列完全一样,前缀 CD(RCA)、MC(MOTA)…均为各公司代号。

CMOS 类型的数字电路器件属于单极型器件,即器件基本上是单一极性的"多数载流子"导电,它的特点如下:

(1) 输入阻抗高。因为栅极和电流通道之间有 SiO_2 绝缘材料隔离,阻抗高达 10^{14} Ω 以上,输入电流很小很小,因此,直流扇出能力也非常高。

(2) 偏置简单。对于增强型 MOS-FET,U_{GS} 在 0 V 就可以保持 OFF 状态,而不需任何电平位移电流。

(3) 容易保持状态。利用栅极保持电容电荷的能力,很容易长时间保持电路的 ON 或 OFF 状态。

(4) 双向导通。由于 FET 的 D 极和 S 极相对于中间的沟道是对称的,D、S 可以互换工作,因此,电流可以正、反两个方向工作。

(5) 易构成有源电流负载。只要把 G 和 S 短路,即作为有源负载用,CMOS 集成电路用 N 型和 P 型互补 MOS-FET 构成的电路,静态下只有互补管的半边导通。

CMOS 电路的工作电压范围较宽(1.5~20 V)、噪声容限大、功耗低,特别适用于制作 LSI、VLSI。除通用数字 IC 产品外,还广泛用于制作电子钟表,电子音乐等集成电路(见图 2-24)。

HCMOS 是 CMOS 类型电路的一个品种,除具备了 CMOS 电路的优点外,还有接近 74LS00 系列的速度(高达 10 ns,比 4000B 系列快 10 倍左右),并具有大驱动电流的优点。多晶硅电阻作为限流保护用,因此,输入端允许出现超过电源电压 ±2 V 的高电压(见图 2-25)。

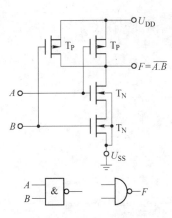

图 2-24　CMOS 基本门电路

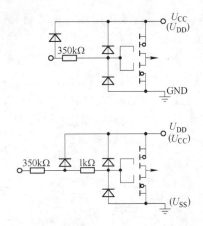

图 2-25　CMOS 与 HCMOS 输入电路

C　ECL 类型

TTL 类型的晶体管工作在饱和状态,而 ECL 的晶体管工作在放大状态,因此 ECL 电路的速度最高,典型的 ECL 电路如图 2-26 所示。图 2-26 ECL 电路图中,输入级电流开关 T_1 与 T_3 是差动工作,中间是基极偏置电路产生基准电压 U_{BB},输出是射极缓冲形式。ECL 电路的缺点是功耗大,电源电压和逻辑电平特殊,与其他类型的器件连接时,需要电平转换电路。详细的工作电压范围,适用工作频率范围、速度、功耗积、扇出能力、驱动能力、输入电压抗干扰能力。见表 2-15至表 2-17 和图 2-27、图 2-28。

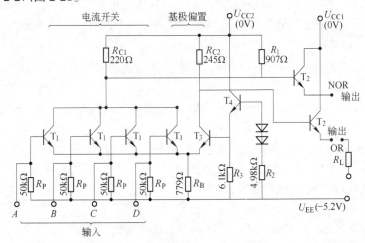

图 2-26　典型的 ECL 电路

2.5.5.3　各种数字集成电路性能比较

A　工作电源电压范围

人们普遍熟悉的 TTL 类型,标准工作电压是 + 5 V,其他逻辑器件的工作电源电压大都有较宽的允许范围。尤其是 MOS 器件,如 CMOS 中的 4000B 系列可以工作在 3～18 V,PMOS 一般可工作在 9～24 V。我国早期按部标生产的 C××× 系列属特有的产品,规定了三种工作电压类别:8～12 V;7～15 V;3～18 V。PMOS 中的 5G600 系列规定工作电压 24V±10％。

各类常用逻辑器件的工作电压范围见表 2-16。当然在同一系统中相互连接工作的器件必须使用同一电源电压,或者,在同一系统器件中使用不同的电源电压,附加电平转换电路,否则就可能不满足器件的逻辑"0"、"1"(或"L"、"H")电平的定义范围而不能保证正常工作。

表 2-16　各种逻辑器件工作电压范围

系　列	工作电压范围	备　注
4000B	3～18 V	按 3～20 V 考核
40H-	2～8 V	
74-	2～6 V	按 2～10 V 考核
74LS,S,F	5 V±5%	
74ALS,AS	5 V±5%	
74LV	1～5.5 V	1.0～3.6 V
74LVC	-0.5～6.5 V	2.0～3.6 V
ECL-10K	-5.2 V±10%	
ECL-100K	-4.2～-5.7 V	-4.5 V±7%保证特性

B　工作频率

工作频率参数有最高频率 f_{max} 和实用最高工作频率 f_m 之分。一般后者取前者的一半,即 $f_{max} \approx 2f_m$。在逻辑器件中,通用 CMOS 即 4000B 系列的工作频率自然是较低,一般用于 1 MHz 甚至 100 kHz 以下。在 1～50 MHz 范围,适于使用 LS-TTL、HCMOS 以及 ALS 等类型。在 50～100 MHz,多使用 S-TTL 和 AS-TTL。在 100 MHz 以上,通常不得不使用 ECL。一般来说,各类逻辑器件的工作频率适用范围归纳如表 2-17 所示。

表 2-17　各类器件的适用频率范围

系列类型	适用工作频率范围	备　注
CMOS	100 Hz 以下	频率均可低至直流,但输入脉冲上升/下降时间不能太慢
N-TTL		
LS-TTL	30 MHz 以下	
HCMOS		
ALS-TTL	50 MHz 以下	
S-TTL	80 MHz 以下	
AS-TTL	100 MHz 以下	
ECL	100～1000 MHz	

为以 D 型触发器(D-FF)为例,各类型 D-FF 的 f_{max} 如图 2-27 所示。实际上工作在 f_{max} 是不太可靠的,因此常取半值以下作为可用工作频率范围。输入频率虽然可低至直流,也就是工作周期时间可以无限长。但是,各类元器件对输入脉冲的上升/下降时间都有规定的极限值,如 4000B 系列中的 C4013B 规定时钟的上升/下降最长时间为 15 μs(U_{DO} =5 V 时)、4 μs(U_{DO} = 10 V 时)、1 μs(U_{DO} = 15 V 时)、HCMOS 中的 74HC74 规定时钟上升/下降最长时间 500 ns。超过这种极限值工作,也可能不正常。

C　工作温度范围

硅材料作为半导体的温度极限范围大致是 -100～+200℃。在半导体 IC 中,CMOS 的实用工作温度范围大都很宽,一般均要在 -40～+85℃ 环境中工作。双极型器件

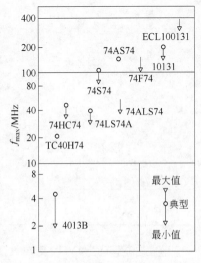

图 2-27　各类 D-FF 的 f_{max}

如 TTL、ECL 的工作温度范围较小,通用型可在 0～＋70℃ 范围内工作。关于半导体器件的工作温度范围(在参数表中又称"全温度范围")的规定,各厂家略有差异,并且与封装形式、材料等因素有关,我国规定分成 Ⅰ～Ⅲ 类:

Ⅰ 类：－55～＋125℃

Ⅱ 类：－40～＋85℃

Ⅲ 类：－10～＋70℃

美国以 TI 公司为代表生产的 TTL 类型,全温度范围分为两种:

军用品类如 54 系列：－55～＋125℃

民用品类如 74 系列：0～＋70℃

上述 Ⅰ 类或军用品类(M),可靠性极高,但成本、价格也很高,售价大约是民用品或Ⅲ类的5～15 倍以上,一般情况下是不使用的,通用或民用品(C)各种逻辑电路的适用温度范围大致如下:

　　　　CMOS：－40～＋85℃　　　　　TTL 类：0～70℃

　　　　ECL-10K：－30～＋85℃　　　　ECL-100K：0～＋85℃

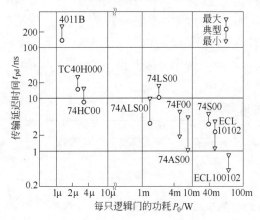

图 2-28　速度、功耗积(S·P)

这些温度规定值是一种极限值,并非可在此温度界限下长期工作,实用中需要在可能限度范围内降低使用温度,有利于延长使用寿命,提高设备可靠性。

以门电路(NAND 或 NOR)IC 为例,各类 IC 中每一门电路(一般一只 IC 中有数只门电路)的功耗与传输延迟时间 t_{pd} 大致如图 2-28 所示。

在图 2-28 的各种逻辑门比较中,只有 ECL 用 NOR(用得最广、功耗最小),其余各类均用 NAND(也是功耗最小、用得最广)。同时考虑到各类 IC 输入输出性能的差别,故分别采用了较为合理的如表 2-18 所示的不同工作条件。

表 2-18　各类 IC 工作条件

型　号	所属系列	条　件		
		电　源	温度 T_A	负　荷
4011B	4000B	5 V	25℃	50 pF
40H000	40H	5 V	25℃	15 pF
74HC00	74HC	6 V(Pd)　5 V(t_{pd})	25℃	15 pF
74LS00	74LS	5 V	25℃	15 pF
74S00	74S	5 V	25℃	15 pF
74ALS00	74ALS	5 V±10%	0～70℃	50 pF
74AS00	74AS	5 V±10%	0～70℃	50 pF
74F00	74F	5 V±5%	0～70℃	50 pF
10102	10K	－5.2 V_{EE}	25℃	
100102	100K	－4.5 V±7%		

　　图 2-29 是 HCMOS 以及 ALS、AS 每一只器件(一只外壳即一只 IC)动态功耗随工作频率的变化曲线。CMOS 的动态功耗 P_{dcoms} 与工作频率 f 有明显的线性依存关系,大致可用下式估算:

$$P_{\text{dcoms}} = 1.3 f U_{DD}^2 C_1$$

可见随 f 升高而 P_{dcoms} 增大,这是因为 CMOS 的功耗主要出现在高低电平翻转期间,翻转时间长、次数多,则功耗也就大。

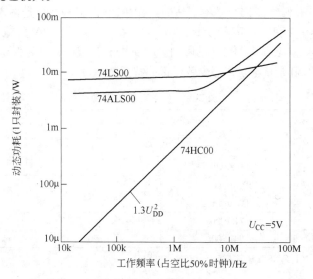

图 2-29   动态功耗与频率关系

CMOS 的低功耗优点,只有在工作频率很低时才有实际意义。由图 2-29 可见,当工作频率达到 50 MHz 时,HCMOS 的功耗就将要超过 LS-TTL 的功耗了。LS-TTL 的功耗较为稳定,随工作频率改变不大;ALS-TTL 在 10 MHz 以上也会随工作频率升高,功耗略有增大,并且超过 LS-TTL 的功耗。当然,在实用系统中,工作在数十兆赫的器件不会很多,大多数器件是工作在较低的频率上,所以 CMOS 的低功耗特点还是吸引人的。

D   扇出(FO)能力

扇出(Fan Out,缩写为 FO)能力也就是输出驱动能力,具体评价扇出能力的方法是根据输出可以驱动同类型器件输入端数目的多少,扇出和扇入(FI)都是用扇子打开收拢的形象比喻的说法。表 2-19 是各种数字 IC 中门电路的直流 FO 能力。对于 CMOS 来说,静态时 FO 很大,尽管输出电流一般仅限于 0.5 mA 以内,但因其输入电流仅在数纳安(nA)上下,所以直流扇出能力可达 1000 以上甚至上万。但是 CMOS 的交流(动态)扇出能力就没有这样高,要根据工作频率(速度)和输入电容量(一般约 5 pF)来考虑决定。

表 2-19   数字 IC 扇出(直流)

类　型	型　号	FOH	FOL
CMOS (四 NAND)	4011B	很大	>1000
	TC40H000	很大	>1000
	74HC00	很大	>1000
TTL (四 NAND)	74LS00	20	20
	74S00	20	10
	74ALS00	20	80
	74AS00	100	40
	74F00	50	33
ECL (四 NAND)	10102	>100	>100
	100102	>100	>100

CMOS(HCMOS)电路用于驱动 TTL 类 IC,常见在微机系统的接口中,表 2-20 是 CMOS 驱动 LS-TTL 和 S-TTL 的输入端数目的比较。其中,C4049UB 因内部无输出缓冲级(型号尾带 U 的是仅一级 CMOS 反相器),虽对直流来说也能驱动一个 S-TTL 的输入端,但由于 CMOS 上升╱下降延迟时间长,用于驱动 S-TTL 是不合适的。4049UB 的另一特点是输入电压范围与 U_{DD} 的大小无关,在 $U_{DD} = +3\sim18\ V$ 情况下都可以允许输入 $-0.5\sim+18\ V$ 的输入电压,没有像其他 CMOS 器件只许输入 $\Delta U_{I} \leqslant U_{DD} - U_{SS}$ 的限制。顺便指出,TC50H000 相似于 4049,TC50H001 相似于 4050(同相),TC50 是日本东芝等少数厂家的特有产品。

表 2-20　CMOS 驱动能力

驱动源　　　　接收端		LS-TTL	S-TTL
4000B 系列	4011B	1	0
	4049UB	8	1[①]
TC40H 系列	TC40H000	2	0
CC40H 系列	TC50H000	5	1
74HC 系列	74HC00	10	2
LS-TTL	74LS00	20	4

①直流可以驱动,但因上升╱下降延迟不适合驱动 S-TTL。

从表 2-20 中还可看出,74HC 的驱动能力接近 LS-TTL,40H 系列的驱动能力较次。

关于 74HC 和 74LS 等系列 DC(直流)电平特性的比较列于表 2-21,电源电压均用 + 5 V,表 2-22 是各种数字 IC 互相连接时的扇出能力——即驱动接收对方的输入端数目。

表 2-21　74HC 与 74LS 的 DC 电平比较

参　　数	74HC	4000B	74LS	ALS,F
I_{OH} (U_{OH})	$>\lvert-4\rvert\ mA$ (4.2 V)	$\approx-0.4\ mA$ (4.6 V)	$>\lvert-0.4\rvert\ mA$ (2.7 V)	$>\lvert-0.4\rvert\ mA$ (−2 V)
I_{OL} (U_{OL})	$>4\ mA$ (0.4 V)	$\approx4\ mA$ (0.4 V)	$>4\ mA$ (0.4 V)	$>4\ mA$ (0.4 V)
U_{IH}	$\geqslant3.5\ V$	$\geqslant3.5\ V$	$\geqslant2.0\ V$	$\geqslant2.0\ V$
U_{IL}	$\leqslant1.0\ V$	$\leqslant1.5\ V$	$\leqslant0.8\ V$	$\leqslant0.8\ V$
I_{IH}	$\leqslant1\ \mu A$	$\leqslant1\ \mu A$	$\approx400\ \mu A$	$\approx200\ \mu A$
I_{IL}	$\leqslant1\ \mu A$	$\leqslant1\ \mu A$	$\approx20\ \mu A$	$\approx20\ \mu A$

表 2-22　数字 IC 互联驱动输入端数

驱动源　　　　接收端	STD-TTL	H-TTL	L-TTL	S-TTL	LS-TTL	AS-TTL	F-TTL	ALS-TTL
标准 TTL(STD-TTL)	10	8	88	8	44	8	26	40
高速型(H-TTL)	12	10	111	10	55	10	33	50
低功耗型(L-TTL)	2	1	20	1	10	1	6	9
肖特基型(S-TTL)	12	10	111	10	55	10	33	50
低功耗肖特基(LS-TTL)	5	4	44	4	22	4	13	20
高速肖特基(AS-TTL)	12	10	111	10	55	10	33	50
高速肖特基(F-TTL)	12	10	111	10	55	10	33	50
高速低耗肖特基(ALS-TTL)	5	4	44	4	22	4	13	20

E　输入电压抗干扰能力(容限)

抗干扰程度又称"噪声容限",该电压值常用 U_{NM} 表示或 U_{NL} 及 U_{NH} 表示。这是指逻辑电路输入与输出各自定义"1"(或"H")电平和"0"(或"L")电平的差值大小,TTL 类型只能用 5 V 电源,输入"1"电平定义为大于或等于 2 V、"0"电平定义为小于或等于 0.8 V,输出电平定义是"1"电平大于或等于 2.7 V、"0"电平≤0.4 V,所以"1"电平的 $U_{NH}=0.7$ V、"0"电平的 $U_{NL}=0.4$ V。对 ECL 来说,电源多用 -5.2 V,$U_{NH}\approx-1-(-1.1)=0.1$ V,$U_{NL}=-1.5-(-1.6)=0.1$ V,实际使用时注意受温度和电源电压的影响。CMOS 及 HCMOS 可以在很宽的电源电压范围内工作,输出电平接近电源电压范围,而输入电平范围不论"1"电平还是"0"电平均可达到 45% E_{CC},也就是 $U_{NM}\approx45\%E_{CC}$,最低限度可以达到 $U_{NL}\geqslant19\%E_{CC}$,$U_{NH}\geqslant29\%E_{CC}$,$E_{CC}$ 越高则噪声容限也就愈大,也就是 E_{CC} 高则抗干扰能力强,图 2-30 是电源电压为 4.5~5.5 V 情况下,LS-TTL 与 HCMOS 的输入输出电压及抗干扰阈值。

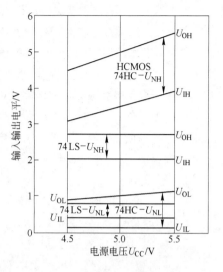

图 2-30　噪声容限(74LS,74HC)

另一方面还应注意到,TTL 类是低阻抗器件,MOS 类是高阻抗器件。阻抗愈高,所接收的感应干扰电压也就会愈大,所以还不能笼统地说双极型 TTL 类容易受干扰。

2.5.6　集成电路的使用

(1) 选择合适型号的集成电路。集成电路的型号较多,性能各异。在选择集成电路时,在满足电路要求的功能、动态指标、静态指标的前提下,选择货源多、价格低的合适的器件。

如果无原则的追求高性能的产品,不但会使成本提高,而且,高性能的器件比通用型器件在电源滤波、组装、布线等方面要求也较高,搞得不好,反而满足不了要求。

(2) 运放的选择。在设计电子电路时,首先应对电路中的运放提出要求,如,输出电压的幅值、电源电压、频带宽,开环电压放大倍数、输入电阻,温漂输入失调电压,输入失调电流等应大约有多大,再通过查阅手册,了解哪些型号的集成运放满足这些要求,最后到市场上了解它们的货源、价格等情况,最后,综合考虑确定集成运放的具体型号。

(3) 集成稳压电源的选择。集成稳压电源选择的根据是集成运放,集成数字电路器件和功放部分的要求,例如,数字集成电路中 TTL 电路用 5 V 稳压电源,CMOSB 系列的数字集成电路电源电压范围为 3~18 V,如果与运放共用电源,可用 12~15 V 的稳压集成块;如果与 TTL 数字集成电路共用电源就必须用 5 V 稳压集成电路,功放部分的稳压电源,视功放输出电压的幅值加上一定裕量就可以决定其电压值。

稳压集成电路的输出电流有 100 mA,500 mA,1 A,1.5 A,3 A,5 A 等,在选用稳压集成块时,一定要考虑稳压集成电路的最大输出电流,如果选用的集成稳压电路的最大输出电流 I_{OM} 比实际工作电流大得多,稳压集成器件可以不加散热器。当然如果 I_{OM} 选择过大,例如,本来实际工作电流只有 100 mA,5 V 电压,如果选用 78H05(输出电压 5 V,$I_{OM}=5$ A),因其价格贵,安装不方便,就不合算了。具体选择,就要视情况而定了。

（4）在 TTL、CMOS、ECL 等数字集成电路中，要注意工作电压、电平匹配，特别注意：CMOS集成电路在低工作电压情况下，性能指标（参考书、手册给定的）如传输延迟时间等有所降低。

（5）尽量选用同一类型（TTL、CMOS、ECL 等）的集成电路，这样的电路、电源简单。

（6）在拆装集成电路时，要断开电源进行。否则，容易损坏元器件。

（7）电源滤波：在电子电路中，电源滤波是一个非常重要的问题。为了防止寄生振荡，而使其能稳定工作，必须在集成电路附近加滤波电容。当然，没有必要给每一个集成电路都加上滤波电容。可以根据电路板上集成电路的安排情况，把它们中的几个分成一组，每一组加上滤波电容。对于工作电流不大的集成电路，最好用钽电容或聚酯树脂电容；对于低频电子电路，可以采用电解电容；对于高频电子电路，采用电解电容器滤波不合适，可采用频率特性较好的电容器，如瓷介质电容器、玻璃釉介质电容器等。实践证明：并联多只不同容量的电容比采用同一容量的电容器效果更好。

（8）CMOS 电路使用的特殊问题。由于 MOS 管的栅极和源极、漏极之间的电阻极高（一般在 $10^{12} \sim 10^{14}$ Ω 以上）很容易被击穿，造成永久性的损坏，应特别引起注意，在存放、使用过程中，要屏蔽。使用 CMOS 电路时，可以从以下几个方面考虑予以保护：

1）电源电压的极性不可接反。U_{DD} 最多比 U_{SS} 低 0.5 V，否则，将有大电流流过保护二极管，致使保护电路损坏。

2）输入信号的电压：U_i 应在 $U_{DD} + 0.5$ V $\sim U_{SS} - 0.5$ V 之间，否则，容易损坏保护电路，在输入信号源和 CMOS 电路采用两组电源供电时，加电压的顺序应该是：先加 CMOS 电路的工作电压，再加信号源的工作电压；在切断电源时，其顺序应该是：先切断信号源，再切断 CMOS 的工作的电源电压。

3）多余的输入端不能悬空，应接 U_{DD} 或 U_{SS}。否则，由于悬空输入端的电位不定，破坏电路的逻辑关系，而且，由于 CMOS 电路的输入阻抗较高，易受外界干扰，引起元器件的损坏。

4）如输入端接有较大容量的电容时，在切断电源时，可能因电容器上的电荷通过保护回路而释放，而使保护电路损坏，在使用过程中，可以在输入端串接一个限流电阻，其限值可按 $U_{DD} /$ 1 mA 来选择。

5）CMOS 电路的输出端不能短路。否则容易损坏 CMOS 输出电路。另外，CMOS 的负载电容也不能太大，否则，也会因其损坏输出电路。

6）CMOS 电路的工作电流较小，其输出端一般只能驱动一只晶体管。若需较大的负载电流，一种方法是加驱动电路，或采用复合管，另一种方法是在输出端并联几个反相器或驱动器，来降低对 CMOS 输出电流的要求。但并联的反相器或驱动器必须是在同一块集成芯片上。

（9）对于功率元器件，要充分考虑元器件的散热问题，如果加散热器，要选择足够尺寸的散热器。否则，功率元器件会因工作温度太高影响工作性能，甚至损坏元器件。

2.6　集成电路的连接

数以万计、型号各异和不同系列的集成电路的静态特性和动态特性都有一定的差异。在电子电路中，往往需要把不同型号、不同序列的电子元件组成的电路连接起来达到某种目的。如果按同一方法把不同型号不同系列的集成电路连接起来，势必影响系列的性能、功能甚至根本无法达到设计目的；另一方面，在更换集成电路时，换一个不同型号不同系列的集成电路芯片，可能无法正常工作，严重时还会损坏其他芯片。因此，在使用集成电路之前，需要认真了解所选用的集成电路的动态特性、静态特性。诸如工作电源电压范围、工作频率、工作温度范围、速度、功耗积等性能指标是使用过程中必须考虑的。

2.6.1　几个主要性能指标

2.6.1.1　输入阻抗

双极型运算放大器的输入阻抗约为几百千欧左右,例如 LM741 的输入阻抗为 500 kΩ。单极型运算放大器的输入阻抗较高,例如,结型场效应管输入级运算放大器的输入阻抗高达 10^{10} Ω,绝缘栅场效应管输入级运算放大器的输入阻抗高达 10^{12} Ω。

2.6.1.2　输入电流

一般运算放大器的输入电流较小,为微安级,小的可达 1 pA。DTL 和 TTL 的直流输入电流,"0"态时,为 − 2.0 mA 左右;"1"态时为 40 μA 左右。CMOS 数字集成电路输入电流的典型值为 10 μA 左右。

2.6.1.3　输出电流

一般用 ±15 V 电源电压的运算放大器的输出电流为(±5∼ ±10) mA,功率运算放大器的输出电流可达十几安培,在逻辑电路中,不同型号不同系列的输出电流差别很大,例如,CMOS 系列的输出电流限于 0.5 mA 以内,TTL 系列的一般电路的输出电流为 1 到几毫安,带缓冲器/驱动器的集成电路输出电流为 20∼60 mA,在使用过程,需要查阅有关手册逐一确认。

2.6.1.4　输入、输出电平

CMOS 电路用单正电源供电,容易与 TTL 电路连接,CMOS 电路在不同供电电压下输入输出电平如表 2-23 所示。

表 2-23　CMOS 电路在特定电源电压下电平表

名　　称	符　号	U_{DD}/V	输出电平/V
输出高电平	U_{OH}	5	>4.95
		10	>9.95
输出低电平	U_{OL}	5	<0.05
		10	
输入高电平	U_{IH}	5	>3.5
		10	>7
输入低电平	U_{IL}	5	<1.5
		10	<3.0

TTL 电路的输入/输出电平关系,如表 2-24 所示(74LS××系列)。

表 2-24　74LS××系列输入输出电平表

名　　称	符　　号	最大值/V	最小值/V
输出高电平	U_{OH}		2.4
输出低电平	U_{OL}	0.4	
输入高电平	U_{IH}		2.0
输入低电平	U_{IL}	0.8	

CMOS 电路和 TTL 电路的逻辑电平范围如图 2-31 所示。

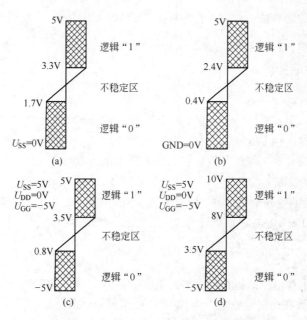

图 2-31　CMOS 和 TTL 的逻辑电平范围

(a) CMOS 逻辑电平；(b) TTL 逻辑电平；(c) 低 V_TPMOS 逻辑电平；(d) 高 V_TPMOS 逻辑电平

2.6.2　常用集成电路的连接

不同集成电路的连接,首先要保证电平匹配,即前级输出电平必须在后级输入电平的有效范围内。如果不能满足就必须串接电平转换电路。

2.6.2.1　OP 驱动 TTL 的转换

一般运算放大器在 ±15V 的供电电压下,输出高电平超过 10 V,低电平小于 −10 V。OP 与 TTL 的连接如图 2-32(a)所示,图中 R_2 取 15 kΩ 左右。

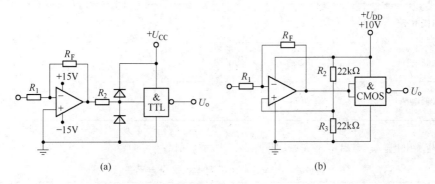

图 2-32　运算放大器驱动 TTL、CMOS 的接口电路

2.6.2.2　OP 驱动 CMOS 的转换

如果 CMOS 数字集成电路采用接近 OP 工作电源供电。作为 CMOS 器件输入信号,运算放大器输出的正电压,一般可以直接耦合。OP 输出的负电压一般不能直接加在 CMOS 的输入端,因为 CMOS 的最低输入电压范围为 $U_\mathrm{SS} - 0.5$ V。

常见的 TTL 驱动器有集电极开路驱动器,TTL 图腾柱驱动器,TTL 三态驱动器和推拉式驱动器如图 2-33 所示,CMOS 驱动器一般是一对互补的 CMOS 管如图 2-33(e)所示。TTL 集电极开路驱动器能实现正输入的"线或非"功能。但其阻抗变化较大,输出为"1"时,为高阻抗,输出为"0"时为低阻抗,它的输出电平从高跳到低变化很快,而输出电平从低向高跳变化时上升缓慢,图腾柱驱动器和推拉式驱动器的输出阻抗都较低,但这种驱动器没有"线或"功能,使用时,不允许多个输出端并接。TTL 三态驱动器兼有输出低阻抗,高阻抗的能力,CMOS 电路驱动能力变化范围较大,例如,4-2 输入与非门 CD4011A,驱动电流为 $0.1\sim0.4$ mA,六反相缓冲器 CD4049 的驱动电流为 $3\sim6.6$ mA。

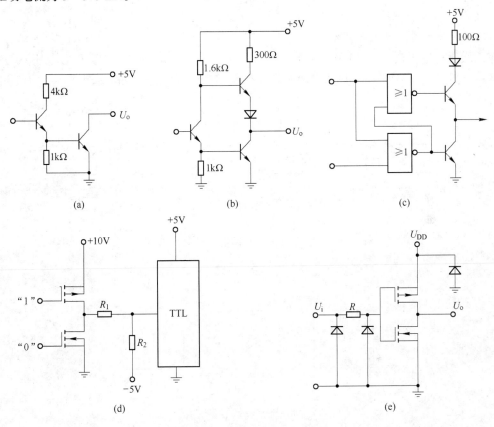

图 2-33　TTL 和 CMOS 驱动器

(a) 集电极开路驱动;(b) 图腾柱驱动;(c) TTL 三态驱动;(d) TTL 推拉式驱动;(e) CMOS 互补驱动

2.6.2.3　TTL 驱动 CMOS 的转换

CMOS 用单正电源供电时,容易与 TTL 电路连接。在逻辑低电平时,TTL 可以直接驱动 CMOS 电路,但逻辑高电平时,电平范围差距较大,必须采取一定的措施。

A　用上拉电阻解决电平范围差距大的问题

一个电路的上拉电阻的选择需要考虑输出低电平时最大允许集电极电流 I_{OLmax},输出高电平时,集－射极漏电流 I_{CEX}、功耗、电源电压和传输时间。在 TTL 输出高电平和低电平时,CMOS 的输入电流近似为 10 pA,可以忽略不计,因此,上拉电阻可取值范围为:

$$R_1 = 600\ \Omega\sim1.6\ k\Omega$$

$$R_2 = 288\ \Omega\sim1.6\ k\Omega$$

$$R_3 = 163\ \Omega\sim1.6\ k\Omega$$

如果要考虑传输延迟时间,R_X 最好小点,然而 R_X 在 1000 Ω 以下时,功耗较大。因此,上拉电阻的最终选择将决定于应用中的侧重面,高速或者低功耗。

B　采用集电极开路的 TTL 电路

用集电极开路的 TTL 电路驱动 CMOS 电路时,选择上拉电阻应重点考虑,上拉电阻不能太小,否则 TTL 的驱动管在输出低电平时将脱离饱和区,使输出电平升高。R_X 可按下式计算。I_{CEXL} 为 74LS06,7416,7426 输出端输出低电平时最大允许电流(见图 2-34)。

$$R_X = \frac{U_{DD} - 0.4}{I_{CEXL}}$$

C　采用低到高电平转换器

因低到高电平转换器 CD40109 有 U_{CC} 和 U_{DD} 两个工作电源,输入为 TTL 电平,输出为 CMOS 电平,利用 CD40109 可以实现两种集成电路的电平匹配问题(见图 2-35)。

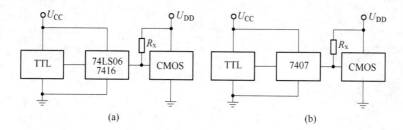

图 2-34　TTL 的 OC 门电路驱动 CMOS

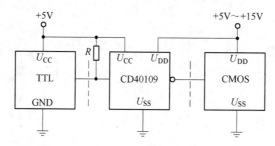

图 2-35　利用电平转换器实现电平匹配

R 在 1~4.7 kΩ 范围内选择。

D　CMOS 驱动 TTL 的转换

CMOS 驱动 TTL 很方便,4000 系列 CMOS 可以直接驱动 74LS 系列的 TTL 电路。但需注意 CMOS 电路的驱动电流较小,可以采用以下方法解决:

(1) 采用几个 CMOS 的输出多端并联驱动 TTL 电路。4000 系列的 CMOS 电路驱动 74LS 系列以外的电路时,逻辑高电平没有问题,在低电平状态时,CMOS 电路的输出电流较小($I_{OL} = 0.25$ mA),不能直接驱动 TTL 电路,这时,可以采用多端并联方式增大驱动电流。

(2) 利用六缓冲器 CD4049 和 CD4050 驱动 TTL 电路。在 $U_{DD} = 10$ V 时,CD4049 和 CD4050 的低电平电流 $I_{OL} \approx 8$ mA,$U_{DD} = 5$ V 时,$I_{OL} \leqslant 3$ mA,直接驱动 TTL 电路是没有问题的,如图 2-36 所示。

(3) 利用双电源的六缓冲器 CD4009 和 CD4010 驱动 TTL 电路。双电源六缓冲器 CD4009 和 CD4010 由 U_{DD} 和 U_{CC} 供电,输入为 CMOS 电平,输出为 TTL 电平,在 $U_{DD} = 10$ V 时,$I_{OL} \approx 6.4$ mA,$U_{DD} = 5$ V 时,$I_{OL} \approx 2.4$ mA,如图 2-37 所示。

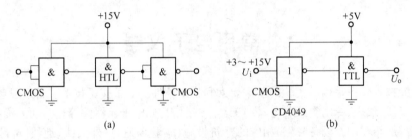

图 2-36　利用缓冲器 CMOS 驱动 TTL 接口电路

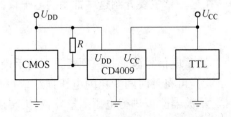

图 2-37　利用双电源 CMOS 驱动 TTL 接口电路

3　常用电子仪器

电子实验技术装备是构成实验的基本要素和物质条件。电子实验技术装备一般包括五个方面:(1)科学仪器、仪表、专用实验装备;(2)工具;(3)材料,如电子元器件等;(4)动力资源(直流电源、交流电源、加热和制冷设备);(5)相应的建筑设施(实验场地、室外天线、地线、屏蔽、照明、安全防火设施等)。实验室常用的电子仪器有示波器、函数信号发生器、直流稳压电源、交流毫伏表、失真度测量仪、万用表等。在这一章主要介绍这些常用的电子仪器的工作原理和使用方法。

3.1　电子示波器

在电子技术领域中,观察和测量电信号波形是一项很重要的手段,而示波器就是完成这个任务的一种很好的测试仪器。示波器可将随时间变化的电压描绘成可见图像,也可用来测量脉冲的幅值、上升时间等过渡特性。示波器除可进行电压测量外,利用转换器还可以将应变、加速度、压力和其他物理量变换成电压进行测量,因此,可将多种动态现象显示成可见的图像。电子示波器种类繁多,分类方法也各不相同。按所用示波管不同可分为单线示波器、多线示波器、记忆示波器等。按其功能不同可分为通用示波器、多用示波器、高压示波器等。按技术原理可分为模拟式通用示波器(采用单束示波管实现显示,当前最通用的示波器)、数字式存储示波器(采用 A/D、DSP 等技术实现的数字化示波器)。

3.1.1　模拟示波器波形显示原理

3.1.1.1　示波管

示波管是示波器的主要器件之一,其作用是把被测电压变换成发光的图形,其结构如图 3-1 所示,它包括电子枪、偏转系统及荧光屏三部分。

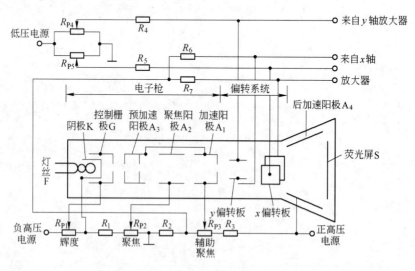

图 3-1　示波器结构及其供电电路示意图

A　电子枪

电子枪的作用是产生和发射高速电子并形成很细的电子束,电子枪由灯丝 F、阴极 K、控制栅极 G、预加速阳极 A_3、聚焦阳极 A_2 和加速阳极 A_1 组成。

灯丝用于加热阴极,阴极是一个表面涂有低逸出功氧化物的金属圆筒,当它受热时,一部分电子脱离金属表面,变成自由电子发射,其密度受相对于阴极的负电位(约 $-30\sim -50\,V$)的控制栅极控制。显然调节电位器 R_{P1}("辉度"调节旋钮)能改变栅极对阴极的电位差,就控制了射向荧光屏的电子流密度,也就可以控制荧光屏上光点的亮度,这就叫做辉度调节。如果从外部控制栅极与阴极之间的电压,使示波器的辉度随外加交流电压而变化,就叫做辉度调制。

阳极 A_1、A_2、A_3 均是一个与阴极同轴的金属圆筒,通常三个阳极的电位(A_3 与 A_1 等电位)均比阴极高很多,加在 A_2 阳极电压一般几百伏,而 A_3、A_1 阳极电位(大于 $1\,kV$)又高于 A_2 阳极。由于各电极电位不同,便产生了图 3-2 所示的电力线分布。它们对电子束的作用,就像光学透镜那样,调节 R_{P2}(即聚焦调节旋钮)能改变 A_2 与 A_3、A_1 之间的电场分布情况,直接影响电子束在荧光屏上的会聚,调节 R_{P3}(即"辅助聚焦")可以补偿偏转板电位变化时,对聚焦性能的影响,使光点在荧光屏上尽可能成为细小亮点,保证显示波形的清晰。

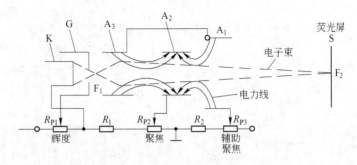

图 3-2　示波器的电子束聚焦

B　偏转系统

偏转系统由两对互相垂直的偏转板组成,其作用是用偏转板所加电压控制电子束在垂直方向水平方向的偏转,靠电子枪的一对垂直(y 轴)偏转板,可控制电子束沿垂直方向运动,后一对水平(x 轴)偏转板,则用来控制电子束沿水平方向运动。电子束在荧光屏上偏转的距离 y(或 x)分别与加在偏转板上的电压 u_y(或 u_x)成正比。以 y 偏转板为例,在垂直方向的偏转距离为

$$y = h_y u_y$$

式中,h_y 称为 y 轴偏转因数,偏转因数的倒数,$S_y = 1/h_y (V/cm)$ 称为 y 偏转板的偏转灵敏度,它表示亮点在荧光屏上偏转 $1\,cm$ 所需偏转电压 u_y 的峰 – 峰值。

同样,水平偏转板也有偏转灵敏度。

$$S_x = 1/h_x (V/cm)$$

在实际电路中,通过电位器 R_{P4}、R_{P5}(即"y 轴位移"、"x 轴位移")来调节亮点的上、下和左、右位置。若在两对偏转板上同时加上直流电压,则光点将按电场的合力方向偏转。

理论分析证明,降低 A_1、A_3 的电位,有利于提高偏转灵敏度,但亮点辉度会减弱。为此,在荧光屏与偏转系统之间设置后加速阳极 A_4,其上有 $10\sim 15\,kV$ 以上的高压,这就提高了电子打在荧光屏上的速度,从而增加亮点辉度。

C　荧光屏

荧光屏内壁涂有一层荧光粉,电子束打在荧光屏上使它发光,显示出被测信号的图形。荧光粉的材料不同,荧光屏的发光颜色及余辉时间也不同。通常有绿、黄、蓝、白等色。从激发停止瞬间亮度到下降为该亮度的 10% 所经过的时间,称为余辉时间。余辉时间划分如下:

大于 1 s	极长
100 ms～1 s	长
1～100 ms	中
10～1000 μs	中短
1～10 μs	短
小于 1 μs	极短

　　一般说来,观察频率高的周期函数图形时,所用示波管余辉时间应短些,相反,研究频率较低的周期性现象及非重复的瞬态现象时,要求余辉时间较长。

　　如果电子束长时间轰击荧光屏上的某一点,电子的一部分动能转变为热能产生高温,会把荧光屏烧坏,形成暗斑,这在使用示波器时应特别注意。

3.1.1.2　波形显示原理

A　电子束在 u_x 与 u_y 作用下的运动

电子束在荧光屏上的位置取决于同时加在垂直和水平偏转板上的电压。

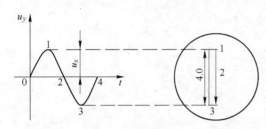

图 3-3　$u_x = 0, u_y = u_m\sin\omega t$,在荧光屏上电子的运动轨迹

　　(1) 当示波管两对偏转板上不加任何信号($u_x = u_y = 0$)或两对偏转板分别为等电位时,则光点出现在荧光屏的中心位置,不产生任何偏转。

　　(2) 垂直偏转板上加电压 $u_y = u_m\sin\omega t$,而水平偏转电压 $u_x = 0$,则光点仅在垂直方向随 u_y 变化而偏转,光点的轨迹为一垂直线,其长度正比于 u_y 的峰－峰值。如图 3-3 所示,反之,$u_y = 0$,$u_x = u_m\sin\omega t$,则荧光屏上显示一条水平线。

　　(3) 如 $u_x = u_y = u_m\sin\omega t$,则电子束同时受两对偏转板电场力的作用,光点沿 x 轴、y 轴合成方向运动,其轨迹为一斜线,如图 3-4 所示。

　　(4) 若 $u_y = u_m\sin\omega t$,而在 x 偏转板上加一个与 u_y 同周期 $T_x = T_y$ 的理想锯齿波电压 u_x,则在荧光屏上可真实地显示 u_y 的波形,如图 3-5 所示。

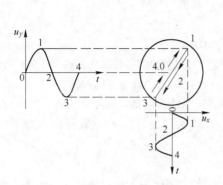

图 3-4　$u_x = u_y = u_m\sin\omega t$ 时,在荧光屏上电子的运动轨迹

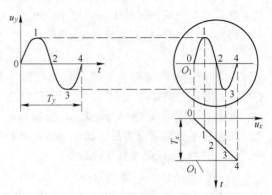

图 3-5　当 $u_y = u_m\sin\omega t$ 时,u_x 为锯齿波电压时,荧光屏显示的电子运动轨迹

由图 3-5 可见,在 x 轴偏转板上加上理想的锯齿波电压 u_x,其正程(从 0 点到 4 点)是一个随时间作线性变化的电压($u_x = kt$),而它的回程(从 4 点到 0 点)则为零。这样使荧光屏的 x 轴就转换成了时间轴。因此,当 $u_y = 0$,仅在 x 轴加上理想的锯齿波电压,将在荧光屏上显示一条水平线(这个过程称为扫描);而当 $u_y = u_m\sin\omega t$,$u_x = kt$ 时,则有

$$u_y = u_m\sin\omega(u_x/k)$$

荧光屏上亮点的轨迹正好是一条与 u_y 相同的正弦曲线。

B 同步概念

前面讨论的是 $T_x = T_y$ 的情况。如果 $T_x = 2T_y$,则可以在荧光屏上观察到两个周期的信号电压波形,如图 3-6 所示,如果波形重复出现,而且完全重叠,就可以看到一个稳定的图像。

如果 T_x 不为 T_y 整数倍情况,荧光屏显示的波形如何呢? 图 3-7 是 $T_x = 7/8T_y$ 时的情况。由图可见,第一个扫描周期显示出 0~4 点间的曲线(正程),并在 4 点迅速跳到 4′点(回程);第二个扫描周期,显示出 4′~8 点间的曲线;第三个扫描周期显示出 8′~11 点间的曲线。由于三次显示的波形不互相重叠,在荧光屏上看到的波形将是不稳定

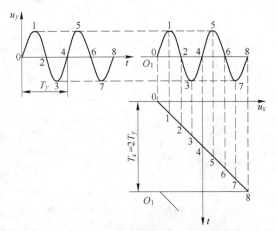

图 3-6 $T_x = 2T_y$ 时荧光屏上显示的波形

的。在 $T_x = 7/8T_y$ 时,荧光屏上显示的波形好像向右跑动一样。同理,当 $T_x = 9/8T_y$ 时,则波形向左跑动。显然,这种显示不利于观测。

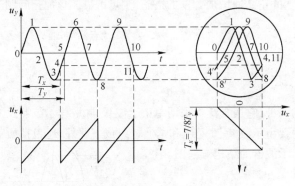

图 3-7 $T_x = 7/8T_y$ 时波形

由此可见,为了在荧光屏上获得稳定的图像,T_x(包括正程与回程)与 T_y 必须成整数倍关系,即 $T_x = nT_y$(n 为正整数),以保证每次扫描的起始点都对应信号电压 u_y 的相同相位点上,这种过程称为"同步"。示波器中,通常利用被测信号 u_y(或用与 u_y 相关的其他信号)去控制扫描电压发生器的振荡周期,以迫使 $T_x = nT_y$。

C 连续扫描与触发扫描

a 连续扫描

连续扫描是扫描电压为周期性锯齿波电压。其特点是,即使没有外加信号,在荧光屏上也能显示一条时基线。前面介绍过的扫描即为连续扫描。

b 触发扫描

触发扫描的特点是,只有在外加输入信号(称为触发信号)的作用下,扫描发生器才工作,荧光屏上才有时基线;反之,无触发信号,荧光屏上只显示一个亮点。

触发扫描不仅可用于观察连续信号波形,而且适用于观测脉冲信号波形,特别是持续时间与重复周期比(t_P/T_y)很小的脉冲波。例如,观测一个脉宽 $t_P = 10\,\mu s$、周期 $T_y = 500\,\mu s$ 的窄脉冲信

号,若采用连续扫描,则可能采用两种方法处理:

(1) 使扫描电压周期 T_x 等于被测信号周期 T_y。设时基线长度 $x = 10$ cm,则脉冲波形在水平方向所占有宽度 $x_1 = 10$ cm $\times t_P/T_y = 0.2$ cm,即图像被"挤成"一条竖线,难以看清被测波形细节,如图 3-8(a)所示。

(2) 使扫描电压周期 T_x 等于被测信号 u_y 的脉宽 t_P,如图 3-8(b)所示,这时波形虽可以展开,但荧光屏上的脉冲部分暗淡,而图像底部横线却非常明亮(被测信号 u_y 原无此横线)。

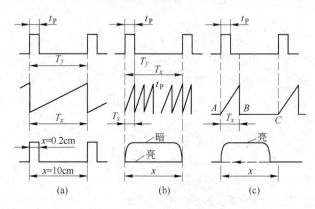

图 3-8　用连续扫描和触发扫描观测窄脉冲波形的比较

(a) 用连续扫描且 $T_x = T_y$ 时;(b) 用连续扫描且 $T_y = t_P$ 时;(c) 用触发扫描且 T_x 稍大于 t_P 时

上述说明,用连续扫描来显示窄脉冲波形是不合适的。采用图 3-8(c)所示触发扫描,便能有效地解决上述问题,由图 3-8 可见,图中只有 AB 段有扫描,而 BC 段停扫。取扫描周期 T_x 等于或稍大于被测信号脉宽 t_P,它既可以将波形展开,又没有底部横线。同时如采取在扫描期间给示波管栅极施加一个与扫描电压 u_x 底部同宽的正脉冲增加辉度的措施,则可解决波形加亮问题。

3.1.2　示波器的工作原理

3.1.2.1　模拟通用示波器

A　通用示波器的组成

通用示波器是示波器中应用最广泛的一种,它通常泛指采用单束示波管,除取样示波器及专用或特殊示波器以外的各种示波器。它主要由示波管、y 通道和 x 通道组成。此外,还包括所需的各种直流电源电路。图 3-9 为一个基本示波器的结构方框图。

B　Y 通道

Y 通道又叫垂直放大系统。它由示波器探头、衰减器、垂直放大器等电路组成。

垂直放大器是由多级直接耦合放大器组成的,其作用是将被测信号放大后,再加到示波管 y 轴偏转板上进行观察。因为 y 轴偏转板的灵敏度较低,每厘米约为几十伏,而被测信号往往较小,有时为毫伏级甚至微伏级,只有经过放大后,才能在荧光屏上显示出足够的幅度,便于观察。

衰减器即 V/div 选择开关。被测信号幅度有时很小(毫伏级),有时又很大(几十伏甚至几百伏)。为使不同大小的信号都能在荧光屏内显示合适的波形,在垂直放大器之前要加入衰减器。它是由多组电阻分压器组成,由波段开关控制,以对不同大小的信号实现不同的分压比。它表示 y 轴灵敏度,即 y 轴方向一格所代表的电压值。

探头是连接在示波器外部的一个输入电路部件。它的基本作用是便于直接在被测源上探测

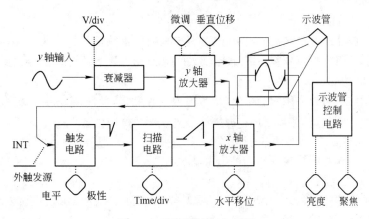

图 3-9　示波器结构方框图

信号和提高示波器的输入阻抗,从而展宽示波器的实际使用频带。示波器的探头按电路原理分为无源和有源两种,按功能分常用的有电压探头和电流探头两种。

C　X通道

X通道主要由扫描发生器、触发电路和 x 轴放大器组成。其作用是产生 x 轴偏转板上所需要的锯齿波电压。

扫描发生器又叫锯齿波发生器,是产生锯齿波的振荡电路。

x 轴放大器的作用与垂直放大器一样,是将扫描发生器产生的锯齿波放大到 x 轴偏转板上所需的值。由于锯齿波幅度固定,所以水平放大器的结构比垂直放大器简单。

触发电路是用于产生触发信号以实现触发扫描的电路。为了扩展示波器应用范围,一般示波器上都设有触发源控制开关、触发电平与极性控制旋钮和触发方式选择开关等。

3.1.2.2　数字示波器

数字示波器通常称为数字存储示波器(DSO, Digital Storage Oscilloscope)。随着微电子技术和计算机技术的飞速发展,数字示波器从低级到高级发展得也很快。

A　数字示波器的组成原理

图 3-10 为数字示波器的简要框图。数字存储示波器的前端电路与模拟示波器基本相同,包括探头、耦合方式、衰减、放大、位置调节等,但后续电路差别极大。

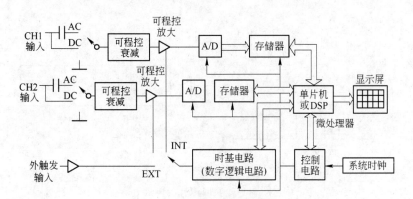

图 3-10　数字示波器的简要框图

a　数据采集功能

数字存储示波器通过模/数变换器(A/D)将放大后的待测信号数字化。A/D 变换芯片完成取样、量化和编码,将模拟信号转换成 0、1 的数字信号,完成数据采集功能,这是关键的一步。

b　数据存储功能

数字存储示波器将数字化后的信号,以数字方式存储,从而使信号得以保存、显示、回放,可供用户长时间地仔细分析,这是模拟示波器所不具备的独特优点之一。

c　点阵式显示方式(非轨迹式)

点阵式显示方式对超低频信号仍可稳定显示。

d　核心是微处理器(CPU)

数字存储示波器中的微处理器(CPU),可以是单片机也可以是 DSP。在微处理器的控制下,各部分电路以“时钟”节拍有序地工作。

e　软件发挥了神奇的作用

现代数字信号处理理论和软件技术为数字存储示波器提供了广阔的发展空间,实现了示波器测试技术的自动化、智能化、综合化和网络化。数字存储示波器可以自动测试数据,自动显示数据(如信号的峰峰值、平均值、频率值等);利用光标可测量波形任意两点之间的幅度差和时间差;如果信号噪声较大,可通过“多点平均”功能消除噪声;如取样点太少,可自动插值使曲线较为平滑;可利用 FFT 分析和显示信号的频谱,可通过 RS232 或 GPIB 接口与计算机通讯;可打印数据和波形。

B　几个需要说明的概念

a　数字存储示波器的带宽(BW)

如果某示波器的带宽为 100 MHz,就是指示波器可观察的待测模拟信号的带宽可达100 MHz。数字存储示波器的带宽主要由示波器前端垂直通道的带宽所决定,包括探头、衰减器、放大器等电路的频率特性必须保证在示波器带宽范围内是平坦的。

b　关于取样率

(1) 实时取样与过取样。“实时取样”是指在一次触发下就能获取全部所需的样本数据,如图 3-11 所示。根据取样定理,实时取样的取样率必须高于被测信号最高频率分量 f_{imax} 的 2 倍,即

$$f_s \geqslant 2f_{imax}$$

f_s 称为奈奎斯特(Nyquist)频率。

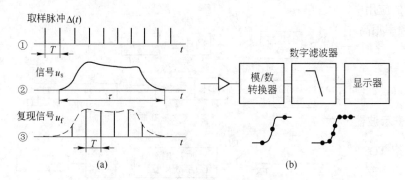

图 3-11　实时取样与内插

(a) 实时取样;(b) 内插示意图

示波器的模拟带宽限制了待测信号的最高频率分量，即 $f_{imax} \leqslant BW$，所以，一般情况下，取样率 f_s 要高出示波器模拟带宽的 $2.5 \sim 10$ 倍左右。称取样率 $f_s \geqslant$ Nyquist 频率的情况为"过取样"。实时取样是"过取样"的一种应用。当信号频率很高，取样率接近 Nyquist 频率时，取样点数很少，此时示波器将启用数字滤波器，在取样点之间加进"内插点"，如图 3-11(b) 所示，将波形进行重建。

实时取样时，取样率与模拟带宽的关系为：

$$BW = f_s/(2.5 \sim 4)$$

为区别取样率与带宽，一般取样率用每秒取样次数(Msa/s)来表示，带宽用 MHz 表示。对正弦波而言，若取样率为 100(Msa/s)，则输入信号最高频率不应高于 $25\,MHz$。如果不采用内插，则输入信号最高频率不应高于 $10\,MHz$。

(2) 等效取样与欠取样。所谓"等效取样"，包括"顺序取样"和"随机取样"，是取样频率 f_s 小于 Nyquist 频率时所采取的一种取样方式。等效取样只适合于稳定重复的周期信号。图 3-12(a) 表示顺序取样情况。对应信号每周(或隔 M 周)只取一个点，而后一个取样点的位置中后一个 Δt，Δt 越小，完成一周重建信号所获取的样本数越多，重建后的波形由许多周的取样点拼合而成，与原信号波形形状一样，但时间轴却被大大展宽了。

顺序取样可以用较低的取样率(低速 A/D)来采集高频重复信号。

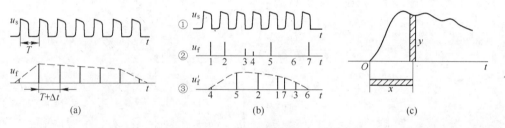

图 3-12　等效时间取样

(a) 顺序取样；(b) 随机取样；(c) 随机取样的两个样本

随机取样比顺序取样具有更多的优点，其关键技术是 CPU 要记住或自动测量每一取样点和触发信号之间的时间，然后根据这一时间重新排序取样点的显示位置，如图 3-12 所示。

等效取样的取样率比待测信号频率要低，属"欠取样"范畴。再次强调，等效取样只适用于稳定的重复信号，对单次信号是无能为力的。

在实际的应用中，同一示波器都将实时取样和等效取样结合起来，信号频率较低时，用实时取样，信号频率很高时，用等效取样，而信号的最高频率受模拟带宽的限制。

c　关于时基电路

数字存储示波器的时基电路与模拟示波器的不同，它不产生锯齿波，而是一组数字逻辑电路和 CPU 一道，根据触发信号与取样点的时间差来确定波形显示次序，以达到重现信号的目的。

3.1.3　电子示波器的使用方法

这里介绍 TDS2002 数字存储示波器的使用方法。

TDS2000 系列数字存储示波器是小型、轻便的台式仪器，可以用地电压为参考进行测量。当它配置了通讯模块后就可以将屏幕数据发送到诸如控制器、打印机和计算机之类的外部设备。

3.1.3.1　TDS2002 数字存储示波器

TDS2002 数字存储示波器前面板如图 3-13 所示。

A　示波器的显示区域

除显示波形外，显示屏上还有很多关于波形和示波器控制设置的详细信息（见图 3-14）。

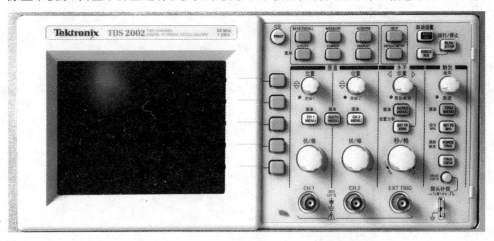

图 3-13　TDS2002 数字存储示波器前面板

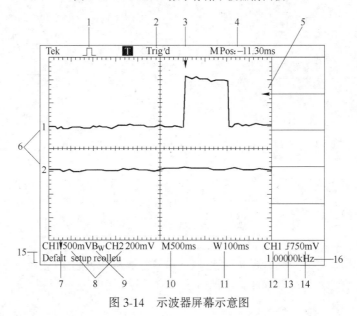

图 3-14　示波器屏幕示意图

（1）显示图标表示采集模式：

　　 取样模式

　　 峰值检测模式

　　 均值模式

（2）触发状态显示如下：

　　□　已配备：示波器正在采集预触发数据。在此状态下忽略所有触发。

　　Ⓡ　准备就绪：示波器已采集所有预触发数据并准备接受触发。

　　∎　已触发：示波器已发现一个触发并正在采集触发后的数据。

● 停止：示波器已停止采集数据。

● 采集完成：示波器已完成一个"单次序列"采集。

☒ 自动：示波器处于自动模式并在无触发状态下采集波形。

□ 扫描：在扫描模式下示波器连续采集并显示波形。

(3) 使用标记显示水平触发位置。旋转"水平位置"旋钮调整标记位置。

(4) 用读数显示中心刻度线的时间。触发时间为零。

(5) 使用标记显示"边沿"脉冲宽度触发电平，或选定的视频线或场。

(6) 使用屏幕标记表明显示波形的接地参考点。如没有标记，不会显示通道。

(7) 箭头图标表示波形是反相的。

(8) 以读数显示通道的垂直刻度系数。

(9) *BW* 图标表示通道是带宽限制的。

(10) 以读数显示主时基设置。

(11) 如使用窗口时基，以读数显示窗口时基设置。

(12) 以读数显示触发使用的触发源。

(13) 显示区域中将暂时显示"帮助向导"信息。

采用图标显示以下选定的触发类型：

∫ 上升沿的"边沿"触发。

乀 下降沿的"边沿"触发。

⌁ 行同步的"视频"触发。

▆ 场同步的"视频"触发。

∏ "脉冲宽度"触发，正极性。

⊔ "脉冲宽度"触发，负极性。

(14) 用度数表示"边沿"脉冲宽度触发电平。

(15) 显示区显示有用信息；有些信息仅显示 3 s。如果调出某个存储的波形，读数就显示基准波形的信息，如 Refa 1.00 V 500 μs。

(16) 以读数显示触发频率。

B 示波器的信息区域

示波器在显示屏的底部显示"信息区域"，以提供以下类型的信息：

■ 访问另一菜单的方法，例如按下"触发菜单"按钮时：

  要使用"触发释抑"，请进入"水平"菜单

■ 建议可能要进行的下一步操作，例如按下"测量"按钮时：

  按下某个选项按钮以更改其测量

■ 有关示波器所执行操作的信息，例如按下"默认设置"按钮时：

  调用默认设置

■ 波形的有关信息，例如按下"自动设置"按钮时：

  在通道 1 上检测到锯形波或脉冲波

C 使用菜单系统

TDS2000 系列示波器的用户界面设计用于通过菜单结构方便地访问特殊功能。

按下前面板按钮，示波器将在显示屏的右侧显示相应的菜单。该菜单显示直接按下显示屏右侧未标记的选项按钮时可用的选项。

示波器使用下列四种方法显示菜单选项(见图 3-15)：

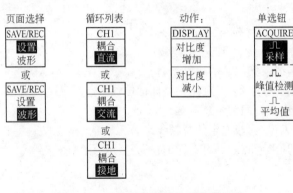

图 3-15　示波器使用菜单系统示意图

（1）页（子菜单）选择。对于某些菜单，可使用顶端的选项按钮来选择两或三个子菜单。每次按下顶端按钮时，选项都会随之改变。例如，按下"保存/调出"菜单内的顶端按钮，示波器将在"设置"和"波形"子菜单间进行切换。

（2）循环列表。每次按下选项按钮时，示波器都会将参数设定不同的值。例如，可按下"CH1 菜单"按钮，然后按下顶端的选项按钮在"垂直（通道）耦合"各选项间切换。

（3）动作。示波器显示按下"动作选项"按钮时立即发生的动作类型。例如，按下"显示菜单"按钮，然后按下"对比度增加"选项按钮时，示波器会立即改变对比度。

（4）单按钮。示波器为每一选项使用不同的按钮。当前选择的选项被加亮显示，例，当按下"采集菜单"按钮时，示波器会显示不同的采集模式选项。要选择某个选项，可按下相应的按钮。

D　垂直控制部分

垂直控制部分示意图，如图 3-16 所示，CH1、CH2、光标 1 及光标 2 位置菜单：可垂直定位波形。显示和使用光标时，LED 变亮以指示移动光标时，按钮的可选功能。

（1）CH1、CH2 菜单。显示垂直菜单选择项并打开或关闭对通道波形显示。

（2）伏/格（CH1、CH2）菜单。选择标定的刻度系数。

（3）数学计算菜单（MATHMENU）。显示波形的数学运算并可用于打开和关闭数学波形。

E　水平控制部分

水平控制部分示意图，如图 3-17 所示。

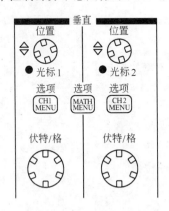

图 3-16　垂直控制部分示意图

图 3-17　水平控制部分示意图

（1）水平位置。调整所有通道和数学波形的水平位置。这一控制的分辨率随时基设置的不同而改变。

需要解释的是：要对水平位置进行大幅调整，可将秒/格旋钮旋转到较大数值，更改水平位置，然后再将此旋钮转到原来的数值。

（2）水平菜单。显示"水平菜单"。

（3）设置为零菜单。将水平位置设置为零秒/格菜单：为主时基或窗口时基选择水平的时间/格（刻度系数）。如"窗口区"被激活，通过更改窗口时基可以改变窗口宽度。

F 触发控制部分

触发控制部分示意图，如图 3-18 所示。

（1）"电平"和"用户选择"。使用"边沿"触发时，"电平"旋钮的基本功能是设置电平幅度，信号必须高于它才能进行采集。还可使用此旋钮执行"用户选择"的其他功能。旋钮下的 LED 发亮以指示相应功能。

（2）触发菜单。显示"触发菜单"。

（3）设置为 50%。触发电平设置为触发信号峰值的垂直中点。

（4）强制触发。不管触发信号是否适当，都完成采集。如采集已停止，则该按钮不产生影响。

（5）触发视图。当按下"触发视图"按钮时，显示触发波形而不显示通道波形。可用此按钮查看诸如触发耦合之类的触发设置对触发信号的影响。

图 3-18 触发控制部分示意图

G 菜单和控制按钮

菜单和控制按钮示意图，如图 3-19 所示。

（1）保存/调出。显示设置和波形的"保存/调出菜单"。

（2）测量。显示自动测量菜单。

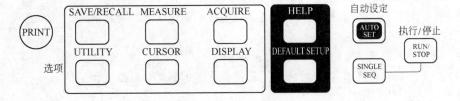

图 3-19 菜单和控制按钮示意图

（3）采集。显示"采集菜单"。

（4）显示。显示"显示菜单"。

（5）光标。显示"光标菜单"。当显示"光标菜单"并且光标被激活时，"垂直位置"控制方式可以调整光标的位置。离开"光标菜单"后，光标保持显示（除非"类型"选项设置为"关闭"），但不可调整。

（6）辅助功能。显示"辅助功能菜单"。

（7）帮助。显示"帮助菜单"。

（8）默认设置。调出厂家设置

（9）自动设置。自动设置示波器控制状态，以产生适用于输出信号的显示图形。

（10）单次序列。采集单个波形，然后停止。

（11）运行/停止。连续采集波形或停止采集。

（12）打印。开始打印操作。要求有适用于 Centronics、RS-232 或 GPIB 端口的扩充模块。

3.1.3.2 TDS2002 示波器应用示例

A 简单测量

你需要查看电路中的某个信号，但又不了解该信号的幅值或频率。你希望快速显示该信号，并测量其频率、周期和峰峰值。

a　使用自动设置

要快速显示某个信号，可按如下步骤进行：

（1）按下 CH1 菜单按钮，将探头选项衰减设置成 10X。

（2）将 P2200 探头上的开关设定为 10X。

（3）将通道 1 的探头与信号连接。

（4）按下自动设置按钮。

示波器自动设置垂直、水平和触发控制。如果要优化波形的显示，可手动调整上述控制。

示波器根据检测到的信号类型在显示屏的波形区域中显示相应的自动测量结果。

b　自动测量

示波器可自动测量大多数显示出来的信号。要测量信号的频率、周期、峰峰值、上升时间以及正频宽，可按如下步骤进行：

（1）按下测量按钮，查看"测量菜单"。

（2）按下顶部的选项按钮；显示"测量 1 菜单"。

（3）按下类型选项按钮，选择频率。值读数将显示测量结果及更新信息。

如果"值"读数中显示一个问号(?)，请尝试将"伏/格"旋钮旋转到适当的通道以增加灵敏度或改变"秒/刻度"设定。

（4）按下返回选项按钮。

（5）按下顶部第二个选项按钮；显示"测量 2 菜单"

（6）按下类型选项按钮，选择周期。值读数将显示测量结果及更新信息。

（7）按下返回选项按钮。

（8）按下中间的选项按钮；显示"测量 3 菜单"。

（9）按下类型选项按钮，选择峰峰值。值读数将显示测量结果及更新信息。

（10）按下返回选项按钮。

（11）按下底部倒数第二个选项按钮；显示"测量 4 菜单"。

（12）按下类型选项按钮，选择上升时间。值读数将显示测量结果及更新信息。

（13）按下返回选项按钮。

（14）按下底部的选项按钮；显示"测量 5 菜单"。

（15）按下类型选项按钮，选择正频宽。值读数将显示测量结果及更新信息。

（16）按下返回选项按钮。

c　测量两个信号

假设你正在测试一台设备，并需要测量音频放大器的增益。如果您有音频发生器，可将测试信号连接到放大器输入端。将示波器的两个通道分别与放大器的输入和输出端相连，如图 3-20 所示。测量两个信号的电平，并使用测量结果计算增益的大小。

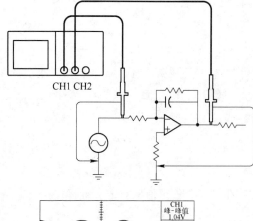

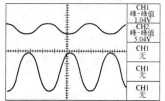

图 3-20　测量两个信号连接示意图

要激活并显示连接到通道 1 和通道 2 的信号,可按如下步骤进行:

(1) 如果未显示通道,可按下 CH1 菜单和 CH2 菜单按钮。

(2) 按下自动设置按钮。要选择两个通道进行测量,可执行以下步骤:

1) 按下测量按钮,查看"测量菜单"。

2) 按下顶部的选项按钮;显示"测量 1 菜单"。

3) 按下信源选项按钮,选择 CH1。

4) 按下类型选项按钮,选择峰峰值。

5) 按下返回选项按钮。

6) 按下顶部第二个选项按钮;显示"测量 2 菜单"。

7) 按下信源选项按钮,选择 CH2。

8) 按下类型选项按钮,选择峰峰值。

9) 按下返回选项按钮。读取两个通道的峰峰幅值。

10) 要计算放大器电压增益,可使用以下公式:

电压增益 = 输出幅值/输入幅值

电压增益(dB) = $20 \times \log_{10}$(电压增益)

B 光标测量

TDS2002 数字存储示波器使用光标可以快速对波形进行时间和电压测量。

a 测量振荡频率

要测量某个信号上升沿的振荡频率,执行以下步骤:

(1) 按下光标按钮,查看"光标菜单"。

(2) 按下类型选项按钮,选择时间。

(3) 按下信源按钮,选择 CH1。

(4) 旋转光标 1 旋钮,将光标置于振荡的第一个波峰上。

(5) 旋转光标 2 旋钮,将光标置于振荡的第二波峰上。

在"光标菜单"中将显示时间增量和频率增量,即测量所得的振荡频率。在示波器显示屏显示如图 3-21 所示。

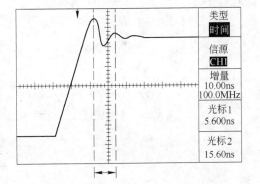

图 3-21 测量振荡频率示波器显示示意图

b 测量振荡振幅

要测量振荡振幅,可按以下步骤进行:

(1) 按下光标按钮,查看"光标菜单"。

(2) 按下类型选项按钮,选择电压。

(3) 按下信源选项按钮,选择 CH1。

(4) 旋转光标 1 旋钮,将光标置于振荡的最高波峰上。

(5) 旋转光标 2 旋钮,将光标置于振荡的最低点上。

此时可在"光标菜单"中看到以下测量结果:

1) 电压增量(振荡的峰峰值电压)。

2) 光标 1 处的电压。

3) 光标 2 处的电压。

在显示屏上显示的情况如图 3-22 所示。有关 TDS2002 数字存储示波器的使用方法就简单介绍这些,如需要详细了解它的功能,可查阅用户说明书。

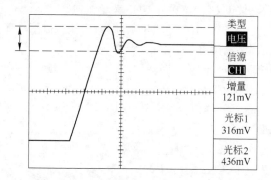

图 3-22　测量振荡振幅示波器显示示意图

3.2　TFG2006DDS 函数信号发生器

3.2.1　TFG2006DDS 函数信号发生器原理框图

3.2.1.1　直接数字合成工作原理

要产生一个电压信号,传统的模拟信号源是采用电子元器件以各种不同的方式组成振荡器,其频率精度和稳定度都不高,而且工艺复杂,分辨率低,频率设置和实现计算机程控也不方便。直接数字合成技术(DDS)是最新发展起来的一种信号产生方法,它不同于直接采用振荡器产生波形信号的方式,而是以高精度频率源为基准,用数字合成的方法产生一连串带有波形信息的数据流,再经过数模转换器产生一个预先设定的模拟信号(见图 3-23)。

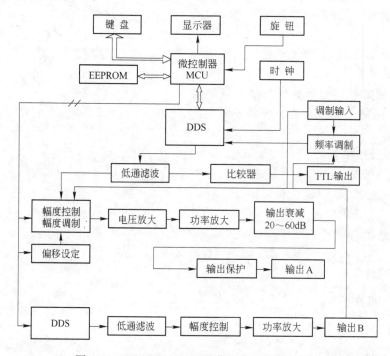

图 3-23　TFG2006DDS 函数信号发生器原理框图

例如要合成一个 $y = \sin x$ 的正弦波信号,首先将函数进行量化,然后以 x 为地址,以 y 为量化数据,依次存入波形存储器。DDS 使用了相位累加技术来控制波形存储器的地址,在每一个采样时钟周期中,都把一个相位增加量累加到相位累加器的当前结果上,通过改变相位增量即可以改变 DDS 的输出频率值。根据相位累加器输出的地址,由波形存储器取出波形量化数据,经过数模转换器和运算放大器转换成模拟电压。由于波形数据是间断的取样数据,所以 DDS 发生器输出的是一个阶梯正弦波形,必须经过低通滤波器将波形中所含的高次谐波滤除掉,输出即为连续的正弦波。数模转化器内部带有高精度的基准电压源,因而保证了输出波形具有很高的幅度精度和幅度稳定性。

3.2.1.2　操作控制工作原理

微处理器通过接口电路控制键盘及显示部分,当有键按下时,微处理器识别出被按编码,然后转去执行该键的命令程序。显示电路使用菜单字符将仪器的工作状态和各种参数显示出来。

面板上的旋钮可以用来改变光标指示位的数字,每旋转 15°角可以产生一个触发脉冲,微处理器能够判断旋钮是左旋还是右旋,如果是左旋则使光标指示位的数字减一,如果是右旋则加一,并且连续进位或借位。

3.2.2　TFG2006DDS 函数信号发生器前面板和用户界面

3.2.2.1　TFG2006DDS 函数信号

TFG2006DDS 函数信号发生器的前面板示意图,如图 3-24 所示。

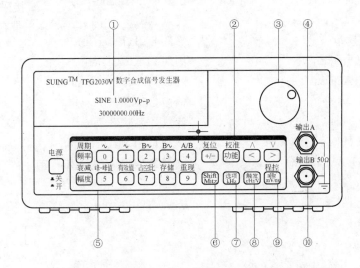

图 3-24　TFG2006DDS 函数信号发生器前面板示意图
① 菜单、数据、功能显示区;② 功能键;③ 旋钮;④ 输出通道 A;⑤ 按键区;
⑥ 上档(Shift)键;⑦ 选项键;⑧ 触发键;⑨ 程控键;⑩ 输出通道 B

3.2.2.2　用户界面

A　显示说明

仪器使用两级菜单显示,【功能】键为主菜单,可循环选择六种功能。

【选项】键为子菜单,在每种功能下可循环选择不同的项目,如表 3-1 所示。

表 3-1　菜单显示功能项目表

功　能	连续 SINE	扫描 SWEEP	调制 AM/FM	猝发 BURST	键控 KEYNG	外测 EXCNT
选　项	A 路频率 CHA FREQ	A 路频率 CHA FREQ	A 路频率 CHA FREQ	A 路频率 CHA FREQ	A 路频率 CHA FREQ	频率 EXT FREQ
	B 路频率 CHB FREQ	始点频率 STRT FREQ	B 路频率 CHB FREQ	A 路计数 CHA COUNT	始点频率 STRT FREQ	F＜700 kHz F＜7 MHz
	B 路波形 CHB WAVEF	终点频率 STOP FREQ	B 路波形 CHB WAVEF	A 路间隔 CHA TIME	终点频率 STOP FREQ	F＜30 MHz

（1）功能键主菜单：

正弦 SINE(Sine)　　　　　　　　　　方波 SQUR(Square)

扫描 SWEEP(Sweep)　　　　　　　　调制 AM/FM(尚未触发)

调幅 AM ON(Amplitude Modulation)　调频 FM ON(Frequency Modulation)

猝发 BURST(Burst)　　　　　　　　键控 KEYNG(Keying)

外测 EXCNT(External Count)

（2）选项键子菜单：

A 路 CHA(Channel A)　　　　　　　B 路 CHB(Channel B)

始点 STRT(Start)　　　　　　　　　终点 STOP(Stop)

步长 STEP(Step)　　　　　　　　　外部 EXT(External)

频率 FREQ(Frequency)　　　　　　　周期 PERIOD(Period)

幅度 AMPL(Amplitude)　　　　　　　波形 WAVEF(Waveform)

方式 MODE(Mode)　　　　　　　　　偏移 OFSET(Offset)

间隔 TIME(Time)　　　　　　　　　计数 COUNT(Count)

相移 PHASE(Phase)　　　　　　　　脉宽 DUTY(Tuty)

深度 DEPTH(AM Depth)　　　　　　频偏 DEVIA(FM Deviation)

（3）标志符：

S(Shift)　上档键　　　　　　　　　R(Remote)　　程控

C(Calibration)　校准

（4）工作状态：

ERROR 运行出错(出错号 ＊)

F(A) SWEEP 频率(幅度)扫描

BURST (Burst)猝发

FSK (Frequency Shift keying) 频移键控

ASK (Amplitude Shift keying) 幅移键控

PSK (Phase Shift keying) 相移键控

（5）幅度值格式：

P-P(Peak to Peak) 幅度峰峰值

rms(Root-mean-square) 幅度有效值(均方根值)

B 键盘说明

仪器前面板上共有 20 个按键(见图 3-24),按键功能如下:

(1)【频率】【幅度】键:频率和幅度选择键。

(2)【1】【2】【3】【4】【5】【6】【7】【8】【9】键:数字输入键。

(3)【MHz】【kHz】【Hz】【mHz】键:双功能键,在数字输入后执行单位键功能,同时作为数字输入的结束键。直接按【MHz】键执行"Shift"功能,直接按【kHz】键执行"选项"功能,直接按【Hz】键执行触发功能。

(4)【./-】键:双功能键,在数字输入之后输入小数点,"偏移"功能时输入负号。

(5)【<】【>】键:光标左右移动键。

(6)【功能】键:主菜单控制键,循环选择六种功能。

(7)【选项】键:子菜单控制键,在每种功能下循环选择不同的项目。

(8)【触发】键:在"扫描"、"调制"、"猝发"、"键控"、"外测"功能时作为触发启动键。

(9)【Shift】键:上档键(屏幕上显示"S"标志),按【Shift】键后再按其他键,分别执行该键的上档功能。

C 初始化状态

开机或复位后仪器的工作状态。

(1)A路:波形:正弦波　　　频率:1 kHz　　　幅度:1V$_{p-p}$

　　　衰减:AUTO　　　　偏移:0V　　　　方波占空比:50%

　　　时间间隔:10 ms　　扫描方式:往返　　猝发计数:3 个

　　　调制载波:50 kHz　　调频频偏:15%　　调幅深度:100%

(2)相移:0°

(3)B路:波形:正弦波　　频率:1 kHz　　幅度:1V$_{p-p}$

3.2.3 TFG2006DDS 函数信号发生器的使用

现举例说明常用操作方法,可满足一般使用的需要。开机后,仪器进行自检初始化,进入正常工作状态,自动选择"连续"功能,A 路输出。

3.2.3.1 A 路功能设定

(1)A 路频率设定。设定频率值 3.5 kHz:

【频率】【3】【.】【5】【kHz】。

(2)A 路频率调节。按【<】或【>】键使光标指向需要调节的数字位,左右转动手轮可使数字增大或减小,并能连续进位或借位,由此可任意粗调或细调频率。

(3)A 路周期设定。设定周期值 25 ms:

【Shift】【周期】【2】【5】【ms】。

(4)A 路幅度设定。设定幅度值为 3.2 V:

【幅度】【3】【.】【2】【V】。

(5)A 路幅度格式选择。有效值或峰峰值:

【Shift】【有效值】或【Shift】【峰峰值】。

(6)A 路衰减选择。选择固定衰减 0 dB(开机或复位后选择自动衰减 AUTO):

【Shift】【衰减】【0】【Hz】。

(7)A 路偏移设定。在衰减选择 0 dB 时,设定直流偏移值为 -1 V:

【选项】键,选中"A路偏移",按【－】【1】【V】。

(8) 恢复初始化状态:

【Shift】【复位】。

(9) A路波形选择。在输出路径为A路时,选择正弦波或方波:

【Shift】【0】【Shift】【1】。

(10) A路方波占空比设定。在A路选择为方波时,设定方波占空比为65%:

【Shift】【占空比】【6】【5】【Hz】。

3.2.3.2　通道设置选择

反复按下面两键可循环选择为A路、B路:

【Shift】【A/B】。

3.2.3.3　B路功能设定

(1) B路波形选择。在输出路径为B路时,选择正弦波,方波,三角波,锯齿:

【Shift】【0】,【Shift】【1】,【Shift】【2】,【Shift】【3】。

(2) B路有多种波形选择。B路可选择32种波形:

【选项】键,选中"B路波形",按【＜】或【＞】键使光标指向个位数,使用旋钮可从0至31选择32种波形。

3.2.3.4　设置"扫描"功能

【功能】键,选中"扫描",使用现有扫描参数。

【触发】开始频率扫描,任意键扫描输出停止。

设定扫描方式:正向扫描

【选项】键选中"方式",按【0】键。

【触发】开始正向频率扫描,任意键扫描输出停止。

【幅度】键,选中"幅度",使用现有扫描参数。

【触发】开始幅度扫描,任意键扫描输出停止。

3.2.3.5　设置"调制"功能

【功能】键,选中"调制",【触发】开始频率调制(FM ON)。

(1) 设定调制频偏:调制频偏5%

【选项】键选中"频偏",【5】【Hz】。

【幅度】键,选中"幅度",【触发】开始幅度调制(AM ON)。

(2) 设定调制深度:调制深度50%

【选项】键选中"深度",【5】【0】【Hz】。

3.2.3.6　设置"猝发"功能

【功能】键,选中"猝发",改变猝发参数。

(1) 设定猝发周期数:1个周期

【选项】键选中"计数",【1】【Hz】。

【触发】开始猝发计数输出,任意键猝发输出停止。

(2) 设定单次猝发:【选项】键选中"单次"

每按一次【触发】键,输出一次。

3.2.3.7　设置"键控"功能

【功能】键,选中"键控",使用现有键控参数。

【触发】开始 FSK 输出,任意键 FSK 输出停止。

3.2.3.8 设定相移度数:相移度数 90°

【选项】键选中"相移",【9】【0】【Hz】。

【触发】开始 PSK 输出,任意键 PSK 输出停止。

【幅度】键,选中"幅度",使用现有键控参数。

【触发】开始 ASK 输出,任意键 ASK 输出停止。

3.2.4 TFG2006DDS 函数信号发生器的技术指标

3.2.4.1 A 路技术指标

A 波形特性

(1) 波形种类:正弦波,方波,直流。

(2) 波形长度:4~16000 点。

(3) 波形幅度分辨率:10 bits。

(4) 采样速率:180 MSa/s。

(5) 杂波谐波抑制度:$\geqslant$50 dBc(频率<1 MHz);$\geqslant$40 dBc(1 MHz<频率<20 MHz)。

(6) 正弦波总失真度:$\leqslant$0.5%(20 Hz~200 kHz)。

(7) 方波升降时间:$\leqslant$20 ns;方波过冲:$\leqslant$5%。

(8) 方波占空比范围:20%~80%(频率<1 MHz)。

B 频率特性

(1) 频率范围:40 mHz~(6 MHz,15 MHz,30 MHz)。

(2) 频率分辨率:40 mHz。

(3) 频率准确度:$\pm(5\times10^{-5}+40\text{ mHz})$。

(4) 频率稳定度:$\pm5\times10^{-6}/3$ h。

C 幅度特性

(1) 幅度范围:2 mV_{p-p}~20 V_{p-p}(高阻,频率<1 MHz)。

(2) 分辨率:20 mV_{p-p}(幅度>2 V);2 mV_{p-p}(0.2 V<幅度<2V),0.2 mV_{p-p}(幅度<0.2 V)。

(3) 幅度准确度:$\pm(1\%+2\text{ mV})$(高阻,有效值,频率 1 kHz)。

(4) 幅度稳定度:$\pm0.5\%/3$ h。

(5) 幅度平坦度:$\pm5\%$(频率<1 MHz);$\pm10\%$(1 MHz<频率<10 MHz)。

(6) 输出阻抗:50 Ω。

D 偏移特性(衰减 0 dB 时)

(1) 偏移范围:±10 V(高阻) 分辨率:20 mV。

(2) 偏移准确度:$\pm(1\%+10\text{ mV})$。

E 调制特性

(1) 幅度调制(载波频率<1 MHz):

AM:调制信号:内部 B 路信号或外部信号,调制深度:0%~100%以上

ASK:载波幅度和跳变幅度任意设定,交替速率:0.1~6500 ms

(2) 频率调制(载波频率<1 MHz):

FM:调制信号:内部 B 路信号或外部信号,调制频偏:0%~20%

FSK:载波频率和跳变频率任意设定,交替速率:0.1~6500 ms

（3）相位调制：（载波频率＜1 MHz）：

PSK：相移范围：0°～360°，分辨率：11.25°，交替速率：0.1～6500 ms

（4）猝发调制（猝发信号频率＜40kHz）：

猝发计数：1～65000 个周期

猝发信号间隔时间：0.1～6500 ms

猝发方式：连续猝发，单次猝发，门控输出

F　扫描特性

频率或幅度线性扫描，扫描过程可随时停止并保持，可手动逐点扫描。

（1）扫描范围：扫描起始点和终止点任意设定。

（2）扫描步进量：大于分辨率的任意值。

（3）扫描速率：10～6500 ms/步进。

（4）扫描方式：正向扫描，反向扫描，单次扫描，往返扫描。

G　存储特性

（1）存储参数：信号的频率值和幅度值。

（2）存储容量：40 个信号。

（3）重现方式：全部存储信号依次重现。

3.2.4.2　B 路技术指标

A　波形特性

（1）波形种类：正弦波、方波、三角波、锯齿波、阶梯波等 32 种波形。

（2）波形长度：256 点。

（3）波形幅度分辨率：8 bits。

B　频率特性

（1）频率范围：正弦波 10 mHz～1 MHz　其他波形：10 mHz～50 kHz。

（2）分辨率：10 mHz

（3）频率准确度：$\pm(1\times10^{-4}+10\text{ mHz})$。

C　幅度特性

（1）幅度范围：$100\text{ m}V_{\text{p-p}}\sim20\ V_{\text{p-p}}$（高阻）。

（2）分辨率：$80\text{ m}V_{\text{p-p}}$。

（3）输出阻抗：50 Ω。

3.2.4.3　TTL 输出

（1）波形特性：方波，上升下降时间≤20 ns。

（2）频率特性：同输出 A。

（3）幅度特性：TTL 兼容，低电平＜0.3 V，高电平＞4 V。

3.2.4.4　通用特性

（1）操作特性：按键输入，菜单显示，手轮调节。

（2）出错显示：3 种出错显示。

（3）电源条件：电压：AC220 V（1±10%）；频率：50 Hz（1±5%）；

　　　　　　　　功耗：＜30 VA。

（4）环境条件：温度：0～40℃；湿度：80%。

（5）机箱：尺寸：254 mm×103 mm×374 mm；

质量:3 kg。

(6) 显示方式:荧光显示 VFD,蓝绿字符,英文菜单,显示清晰,亮度高。

(7) 制造工艺:使用表面贴装工艺和大规模集成电路,可靠性高,体积小,寿命长。

3.2.4.5 技术指标(选件)

A 程控接口

GPIB(1EEE-488)测量仪器标准接口

RS232 串行接口

B 频率计

(1) 频率测量范围:1 Hz～30 MHz。

(2) 周期测量范围:15～1000 ms。

(3) 输入信号幅度:100 mV$_{p-p}$～20 V$_{p-p}$。

C 功率放大器

最大功率输出:8W(8 Ω),2W(50 Ω)。

最大输出电压:30 V$_{p-p}$。

频率带宽:1 Hz～20 kHz(8 W)　20～150 kHz(2 W)。

D 频率基准

温补晶振:稳定度±$(5×10^{-7})$/日。

3.3 TH1911 型数字式交流毫伏表

TH1911型数字式交流毫伏表主要用于测量频率范围为10Hz～2MHz,电压为100μV～400 V正弦波有效值电压。该仪器具有噪声低、线性刻度、测量精度高,电压频率范围宽,以及输入阻抗高等优点。同时仪器使用方便,换量程不用调零;4 位数显,显示清晰度高;仪器具有输入端保护功能和超量程报警功能,前者确保输入端过载不会损坏仪器,后者使操作者方便地选择合适的量程,不会误读数据。

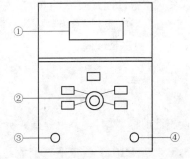

图 3-25　TH1911 型数字式交流
毫伏表面板布置示意图
① 数字显示窗;② 量程开关;
③ 输入端;④ 电源开关

3.3.1 TH1911 型数字式交流毫伏表面板布置

TH1911 型数字式交流毫伏表面板布置示意图,如图 3-25 所示。

3.3.2 TH1911 型数字式交流毫伏表的工作原理

TH1911 型数字式交流毫伏表的方框图,如图 3-26 所示。

TH1911 数字式交流毫伏表是由 60 dB 衰减器、输入保护电路、阻抗转换电路、20 dB 步级衰减器、前置放大器,表放大器,表电路,数字面板表和稳压电源电路组成。

(1) 60 dB 衰减器。控制输入电压,使阻抗转换电路正常地工作。在 40～400 mV 量程衰减量是 0 dB,在 4 V～400 V 量程档衰减量是 60 dB。

(2) 输入保护电路。该电路起限位作用,当输入端电压过载,对后级电路起保护作用,防止仪器因过载损坏。

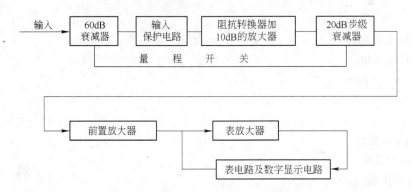

图 3-26　TH1911 型数字式交流毫伏表的方框图

（3）阻抗转换电路加 10 dB 放大器,它是由高输入阻抗变成低输出阻抗,并且具有 10dB 放大量。

（4）20dB 步级衰减器。与 60 dB 衰减器相配合,选择适当的值以满足测量要求。

（5）前置放大器。这是一个低噪声放大器,能把小的信号放大到很大的信号。

（6）仪表放大器和数字面板表电路。它是由反馈式放大器和数字显示电路组成,检波电路是在放大器的负反馈电路中,保证了数字显示的线性化刻度。

（7）数字显示电路。采用大规模集成路,高亮度 LED 数码管,4 位显示,分辨率 10 μV。数显电路还设计有报警功能,即当测试电压超过量程范围,4 个数码管一起闪动,提示操作者重新选择合适量程。

3.3.3　TH1911 型数字式交流毫伏表使用方法

（1）接入电源。

（2）把量程开关置于 400 V 量程上。

（3）当电源开关打到"ON"上时,数字表大约有 5 s 不规则的数字跳动,这是开机的正常现象,不表明它是故障。

（4）大约 5 s 后仪器将稳定,输入短路有大约 15 个字以下的噪声,这不影响测试精确,可以开始使用。

（5）将被测信号接入输入端,旋转量程开关,直至显示屏上显示的数据的前三位稳定下来,读出此时的数据,再看量程开关所处挡,即为所测信号的大小。

3.3.4　TH1911 型数字式交流毫伏表的技术参数

（1）交流电压测量范围:100 μV～400 V 分五个量程（40 mV、400 mV、4 V、40 V、400 V）。

测量电压的频率范围:10 Hz～2 MHz。

（2）电压的固有误差:±0.5% 读数 ±6 个字（1 kHz 为基准）。

（3）基准条件下的频率影响误差以 1 kHz 为基准如下:

50 Hz～100 kHz	±1.5% 读数 ±8 个字
20～50 Hz 100～500 kHz	±2.5% 读数 ±10 个字
10～20 Hz 500 kHz～2 MHz	±4% 读数 ±20 个字

（4）输入电阻:1 MΩ±10%。

（5）输入电容:40～400 MV≤45 pF。

$4 \sim 400$ V$\leqslant 30$ pF。

(6) 最高分辨率为:$10\ \mu$V。

1) 噪声:输入短路时小于 15 字。

2) 温漂:小于 10^{-4}/℃。

3) 工作温度范围:$0 \sim 40$℃;

工作湿度范围:小于 90%RH;

最大输入电压:AC峰值 + DC = 600 V;

电源:AC220 V $\pm 10\%$;50 Hz ± 2 Hz;约为 8 W;

尺寸和质量:140(宽)mm × 166(高)mm × 240(深)mm,质量为 2.5 kg。

3.4 直流稳压电源

直流稳压电源是各种电子电路或电子设备提供直流供电电压的电子设备。在电网电压或负载变化时,它能使输出电压基本保持不变。可以近似看成一个理想的电压源,即内阻接近于零。

3.4.1 SS1792F 可跟踪直流稳定电源

SS1792F 可跟踪直流稳定电源其主要特点是稳压、稳流、连续可调、稳压——稳流两种工作状态可随负载的变化自动切换,两路或多路可实现串、并联工作。该电源中的双路输出电源,除具有上述特点外,还可实现主、从两路电源的串联、并联、主从跟踪等功能,因而它能实现独立、跟踪、串联和并联四种工作方式。由于该电源采用了预稳电路,在规定的电网变化范围内电源效率的变化量,是其他线性电源无法比拟的。

SS1792F 可跟踪直流稳定电源技术指标如下:

(1) 交流供电要求。

电压:220 V $\pm 10\%$;

频率:50 Hz $\pm 5\%$。

(2) 直流输出:$0 \sim 30$ V/$0 \sim 3$ A×2。

(3) 性能指标:

1) 调节范围:

电压:$0 \sim 30$ V;

电流:$0 \sim 3$ A。

2) 控制范围:

电压:$3 \sim 30$ V;

电流:$0 \sim 3$ A。

3) 电源效应:

稳压(CV):$\leqslant 5 \times 10^{-4} + 0.5$ mV;

稳流(CC):$\leqslant 1 \times 10^{-2} + 3$ mA。

4) 负载效应:

稳压(CV):$\leqslant 5 \times 10^{-4} + 1$ mV;

稳流(CC):$\leqslant 1 \times 10^{-2} + 5$ mA。

5) 周期与随机偏移(PARD)(r.m.s):

稳压(CV):$\leqslant 1$ mV;

稳流(CC):$\leqslant 3$ mA。

6）跟踪不平衡度$\leqslant 2\times 10^{-3}+10$ mV。

7）指示精确度：

数显：$\pm 1\%\ \pm 2$字。

8）平均无故障工作时间 MTBF$\geqslant$3000 h。

9）效率$\geqslant 55\%$。

10）负载效应瞬态恢复。

时间$\leqslant 50\ \mu s$,电平（最大额定值）$\leqslant 5\times 10^{-3}$。

11）开关机过冲（最大值）$\leqslant$额定电压$\times 10\%$。

12）预热时间$\geqslant$15 min。

13）温度系数（1/℃）：

稳压（CV）$\leqslant 5\times 10^{-4}+0.5$ mV；

稳流（CC）$\leqslant 5\times 10^{-4}+5$ mA。

14）漂移：

稳压（CV）$\leqslant 1\times 10^{-3}+2$ mV；

稳流（CC）$\leqslant 1\times 10^{-3}+10$ mA。

15）输出阻抗$\leqslant$60 mΩ。

3.4.2　SS1792F 可跟踪直流稳定电源的使用方法

3.4.2.1　面板控制功能说明

（1）电源开关：置"关"为电源关；置"开"为电源开。

（2）调压：电压调节,调整稳压输出值。

（3）调流：电流调节,调整稳流输出值。

（4）VOLTS：电压表,指示输出电压。

（5）AMPERES：电流表,指示输出电流。

（6）跟踪/独立：跟踪独立工作方式选择键,置独立时,松开该键,两路输出各自独立；置跟踪时,按下该键,两路为串联跟踪工作方式。（或两路对称输出工作状态）。

（7）V/I：表头功能选择键,置 V 时,为电压指示,置 I 时为电流指示。

3.4.2.2　输出工作方式

（1）独立工作方式：将跟踪/独立工作方式选择键置于独立,即可得两路输出相互独立的电源,连接方式见图 3-27。

（2）串联工作方式：将跟踪/独立工作方式选择开关置于独立位置,并将主路负接线端子与从路正接线端子用导线连接,连接方式见图 3-28。此时两路预置电流应略大于使用电流。

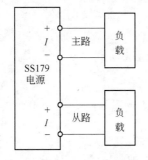

图 3-27　电源独立工作方式示意图

图 3-28　电源串联工作方式示意图

（3）跟踪工作方式:将跟踪/独立工作方式选择开关置跟踪位置,将主路负接线端子与从路正接线端子连接,连接方式如图 3-29 所示,即可得到一组电压相同极性相反的电源输出,此时两路预置电流应略大于使用电流,电压由主路控制。

（4）并联工作方式:将跟踪/独立工作方式选择开关置于独立位置,两路电压都调至使用电压,分别将两正接线端子两负接线端子连接,连接方式如图 3-30 所示,便可得到一组电流为两路电流之和的输出。

（5）若一个负载需要两路独立的且极性相反的电源,则连接方式如图 3-31 所示。

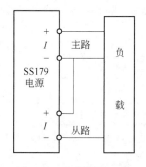

图 3-29　电源跟踪工作
方式示意图

图 3-30　电源并联工作
方式示意图

图 3-31　一个负载需要两路独立
且极性相反的电源的连接

3.5　万用表的使用

万用表是最常用的一种测量仪器,常用于测量直流电压、电流和工频(50 Hz)交流电压、电流以及电阻。万用表分为模拟式和数字式两种类型。

3.5.1　模拟万用表

模拟万用表的核心是磁电式微安表头,其原理是利用磁场中的通电线圈受磁场力作用而转动,带动线圈上的指针转动,利用设计的刻度盘指示电流的大小。

模拟万用表型号很多,但原理基本相同。它基本上是由电阻等线性网络组成的,属于平衡式的测量仪表,可以直接测量电路中两点的电压。

模拟万用表在使用中应注意以下几点:

（1）使用前,应仔细阅读说明书了解其使用条件和技术指标。

（2）测试前,首先将表水平放置。检查指针是否已经机械调零。

（3）测量电流、电压时要注意所选的挡位,千万不能在电流挡上测量电压,以防因电流挡内阻过小,电流过大而烧坏表头。也要注意选择量程,防止用小量程挡测量大电流或大电压,使表针因力矩过大,而被打坏。同时,还要注意表笔的极性,红表笔(正表笔)接高电位端,黑表笔(负表笔)接低电位端,否则会因表针反转,将表损坏。

测量电流时,要断开电路,将表笔串联到电路中去。测量电压时将表笔并联到测试点即可。

（4）使用欧姆挡测电阻时,注意调零,即将两表笔短接,调整调零电位器,使表针在"0"上即可。测量时注意不要将人体电阻并联到被测电阻上,正确测量方法是:一只手拿住一个表笔和电阻的一端,另一只手拿住另一个表笔测量电阻的另一端即可。

在电路中测电阻时,不允许带电测量,且应断开电阻一端,防止其他元件的并联影响。

如电路中有电容时,注意应将电容放电再测量。

（5）使用完毕后，将万用表置于电压挡上。不要放在电阻挡上，以防止不慎将两表笔短路，消耗内部电池。也不要放在电流挡，以防止因疏忽用电流挡去测电压而损坏。

总之，使用万用表时，要先看挡位和量程设置，再测量。若不知被测量的大小，先置于大挡，再选择合适的挡位测量。

3.5.2　数字万用表

数字万用表测量的基本量是直流电压，由核心电路 A/D 转换器、显示电路等组成，其他量的测量则由电路转换成直流电压后再测量。其结构框图如图 3-32 所示，用于各种参数测量的转换电路，一般采用有源器件组成的网络，以改善转换的线性度。

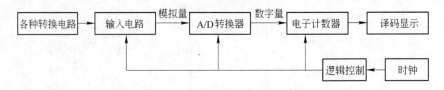

图 3-32　数字万用表组成框图

数字万用表显示的位数，由所选的核心电路决定，常用的袖珍式数字万用表的显示一般为 3～4 位。若最高位不能显示从 0～9 的所有数字，即称为"半位"，写成"$\frac{1}{2}$"位。分数位的数值是以最高位的最大显示数字为分子，满量程值为分母而确定的。

数字万用表尽管型号繁多，技术指标有所不同，但功能相近，使用方法相同。现以 VIC-TORVC9807 数字万用表为例，说明数字万用表的使用。

（1）操作面牌说明：

1）液晶显示器。显示仪表测量的数值。

2）电源开关。启动及关闭电源。

保持开关。按下此功能，仪表当前所测数值保持在液晶显示器上并出现"H"符号，再次按下，"H"符号消失，退出保持功能状态。

背光开关。启动及关闭背光源（仅 VC9807A＋）。

3）h_{FE} 测试插座。用于测量晶体三极管的 h_{FE} 数值大小。

4）旋钮开关。用于改变测量功能及量程。

5）电容测试插座。

6）电压、电阻及频率测试插座。

7）公共地。

8）小于 200 mA 电流测试插座。

9）20 A 电流测试插座。

（2）直流电压测量：

1）将黑表笔插入"COM"插孔，红表笔插入"V/Ω/Hz"插孔。

2）将量程开关转至相应的 DCV 量程上，然后将测试表笔跨接在被测电路上，红表笔所接的该点电压与极性显示在屏幕上。

3）注意：

① 如果事先对被测电压范围没有概念，应将量程开关转到最高的挡位，然后根据显示值转至相应挡位上；如屏幕显"1"，表明已超过量程范围，须将量程开关转至相应挡位上；

② 输入电压切勿超过 1000 V,如超过,则有损坏仪表电路的危险;

③ 当测量高电压电路时,千万注意避免触及高压电路。

(3) 交流电压测量:

1) 将黑表笔插入"COM"插孔,红表笔插入插入"V/Ω/Hz"插孔;

2) 将量程开关转至相应的 ACV 量程上,然后将测试表笔跨接在被测电路上。

3) 注意:

① 如果事先对被测电压范围没有概念,应将量程开关转到最高的挡位;然后根据显示值转至相应挡位上,如屏幕显"1",表明已超过量程范围,须将量程开关转至相应挡位上;

② 测试前各量程存在一些残留数字,但不影响测量准确度;

③ 输入电压切勿超过 700 V,如超过则有损坏仪表电路的危险;

④ 当测量高电压电路时,千万注意避免触及高压电路。

(4) 直流电流测量:

1) 将黑表笔插入"COM"插孔,红表笔插入"mA"插孔中(最大为 200 mA),或红表笔插入"20 A"中(最大为 20 A)。

2) 将量程开关转至相应 DCA 挡位上,然后将仪表串入被测电路中,被测电流值及红色表笔点的电流极性将同时显示在屏幕上。

3) 注意:

① 如果事先对被测电流范围没有概念,应将量程开关转到最高的挡位,然后根据显示值转至相应挡上;如屏幕显"1",表明已超过量程范围,须将量程开关转至相应挡位上;

② 最大输入电流为 200 mA 或者 20 A(视红表笔插入位置而定),过大的电流会将保险丝熔断,在测量 20 A 要注意,该挡位无保护,千万要小心,过大的电流将使电路发热,甚至损坏仪表。

(5) 交流电流测量:

1) 将黑表笔插入"COM"插孔,红表笔插入"mA"插孔中(最大为 200 mA),或红表笔插入"20 A"中(最大为 20 A)。

2) 将量程开关转至相应 ACA 挡位上,然后将仪表串入被测电路中。

3) 注意:

① 如果事先对被测电流范围没有概念,应将量程开关转到最高的挡位,然后根据显示值转至相应挡上;如屏幕显"1",表明已超过量程范围,须将量程开关转至相应挡位上;

② 最大输入电流为 200 mA 或者 20 A(视红表笔插入位置而定),过大的电流会将保险丝熔断,在测量 20 A 要注意,该挡位无保护,千万要小心,过大的电流将使电路发热,甚至损坏仪表;

③ 测试前各量程存在一些残留数字,但不影响测量准确度。

(6) 电阻测量:

1) 将黑表笔插入"COM"插孔,红表笔插入"V/Ω/Hz"插孔。

2) 将量程开关转至相应的电阻量程上,将两表笔跨接在被测电阻上。

3) 注意:

① 如果电阻值超过所选的量程值,则屏幕会显"1",这时应将开关转至相应挡位上。当测量电阻值超过 1 MΩ 以上时,读数需几秒时间才能稳定,这在测量高电阻时是正常的。

② 当输入端开路时,则显示过载情形。

③ 测量在线电阻时,必须确认被测电路所有电源已关断而所有电容都已完全放电时,才可进行。

④ 请勿在电阻量程输入电压,这是绝对禁止的,虽然仪表在该挡位上有电压防护功能。

(7) 电容测量：

1) 将量程开关转至电容挡位上,被测电容插入电容测试插座。

2) 注意：

① 如果事先对被测电容范围没有概念,应将量程开关转到最高的挡位;然后根据显示值转至相应挡位上;如屏幕显"1",表明已超过量程范围,须将量程开关转至相应挡位上。

② 在将电容插入测试插座前,屏幕显示值可能尚未回到零,残留读数会逐渐减小,但可以不予理会,它不会影响测量的准确度。

③ 大电容挡测量严重漏电或击穿电容时将显示一些数值且不稳定。

④ 请在测试电容容量之前,必须对电容应充分地放电,以防止损坏仪表。

⑤ 单位：$1\ \mu F = 1000\ nF$；$1\ nF = 1000\ pF$。

(8) 三极管 h_{FE}：

1) 将量程开关置于"h_{FE}"挡。

2) 决定所测晶体管为 NPN 型或 PNP 型,将发射极、基极、集电极分别插入相应插孔。

(9) 二极管及通断测试：

1) 将黑表笔插入"COM"插孔,红表笔插入" V/Ω/Hz"插孔(注意红表笔极性为"＋")。

2) 将量程开关置于"内置蜂鸣及二极管"挡,并将表笔连接到待测试二极管,读数为二极管正向压降的近似值。

3) 将表笔连接到待测线路的两点,如果内置蜂鸣器发声,则两点之间电阻值低于约$(70 \pm 20)\Omega$。

4) 注意,禁止在"内置蜂鸣及二极管"挡输入电压,以免损坏仪表。

(10) 电导测量(仅 VC9807A＋)：

1) 将黑表笔插入"mA"插孔,红表笔直插入"V/Ω/Hz"插孔中。

2) 将量程开关转到"nS"挡上,将测试表笔连接到绝缘电阻上。

3) 注意：

① 当仪表无输入时,如开路情况屏幕显示"0"。

② 如果电导的读数大于 100 nS,请将量程开关转至"Ω"量程,测量其电阻值,但必须将黑表笔插入"COM"插孔。

③ 禁止输入电压值,以免损坏仪表。

④ 单位：$1\ nS = 10^{-9}\ S$,$S = 1/\Omega$

(11) 数据保持。数据保持时,按下保持开关,当前数据就会保持在屏幕上。

(12) 自动断电(仅 VC9807A＋)。当仪表使用约 20 ± 10 min 后,仪表便自动断电进入休眠状态;若要重新启动电源,再按两次"POWER"键,就可重新接通电源。

(13) 背光显示(仅 VC9807A＋)：

1) 按下"B/L"开关时背光灯打开;再按一次"B/L"开关弹起背光灯关闭。

2) 注意：背光灯亮时,工作电流增大,会造成电池使用寿命缩短及个别功能测量时误差变大。

4　电子电路的基本测量技术

测量是通过实验方法对客观事物取得定量信息的过程。人类通过对客观事物进行大量的观察和测量,从定量的认识和归纳,到形成定性的认识,从而建立起各种定理和定律。人类又通过大量的实践、不断的检验、修正这些定理和定律。经过反复的实践,人类逐步认识事物的客观规律,并用于解释和改造世界。

随着科学技术的发展,测量仪器、仪表的自动化和智能化程度越来越高,测量的范围越来越宽,量程越来越大,精度越来越高,速度越来越快。尽管测量技术日新月异地发展,但电子仪器、仪表的正确使用和熟练掌握测量方法、测量技术仍然是工程技术人员必须要掌握的基本技能之一。电子电路中被测量物理量很多,归纳起来有以下几个方面:

(1) 电能的测量。包括电流、电压和电功率等物理量的测量。

(2) 电路参数的测量。包括电子元件参数、电路阻抗、品质因数以及分布参数等。

(3) 电信号测量。包括信号波形、频率、相位等。

(4) 数据域测量。包括对数字电路的电平测试、时序波形测试、逻辑状态测试。

(5) 噪声测量。在电子电路中信号与噪声是相对存在的。在工程技术中是以噪声系数 F_N 来衡量噪声大小的。

$$F_N = \frac{输入信噪比}{输出信噪比} = \frac{P_{IS}/P_{IN}}{P_{OS}/P_{ON}} = \frac{1}{A_P} \cdot \frac{P_{ON}}{P_{IN}}$$

式中　　P_{IN}, P_{ON}——输入、输出噪声的功率;

　　　　P_{IS}, P_{OS}——输入、输出信号的功率;

　　　　　A_P——电子电路对信号的功率增益。

F_N 越小,表示电子电路产生的噪声就越小。一般电子电路的 $F_N > 1$。$F_N = 1$ 时,表示电路本身没有噪声。

一个物理量的测量,可以用不同的方法实现。测量方法的选择直接关系到测量结果的可信赖程度,关系到测量工作的经济性和可行性。有了先进和精密的测量仪器,并不一定能够获得准确的测量结果。在实际工作中,我们必须根据不同的测量对象、测量要求、被测量的特性及所需要的精确程度,结合实际的测量条件,选择正确的测量方法、合适的测量仪器,构建一个较好的测量系统,进行细心的操作、认真准确的记录,才能得到真实的理想的测量结果。在一定条件下,电子电路的测量方法视现有的仪器仪表而定,也因测量者习惯、熟练程度而定。常用的测量方法有以下几种:

(1) 按测量方法分类:

1) 按测量方式分类:

① 直接测量法。直接测量是指借助测量工具直接从被测对象测出所需要的数据,是一种常用的方法。例如用电压表测量直、交流电压、用频率计测量频率等。这种方法的特点是不需要对被测量与其他的物理量进行函数关系的辅助运算。因此,这种方法简单迅速,是工程领域里广泛应用的一种方法。

② 间接测量。这是一种利用测量的物理量与被测量之间的函数关系,间接得到被测量的测量方法。例如,测量放大器的电压放大倍数,通过测量放大器的输入电压 U_i 和输出电压 U_o,然

后再计算 $A_V = \dfrac{U_o}{U_i}$。再例如,测量某支路的电流,可以通过测量电阻元件的电压 U_R,然后算出

$I_R = \dfrac{U_R}{R}$。

③ 比较测量法。这种测量方法是把被测量与标准量进行比较而获得测量结果。例如,电桥利用标准电阻、电感、电容,对被测的电阻、电感、电容进行测量。

2) 按被测物理量的性质分类:

① 时域测量。时域测量主要测量被测量随时间变化的规律,被测量是时间的函数,用于观察电路的瞬变过程和瞬态特性,如上升时间 t_r、下降时间 t_f;测量稳态参数,如周期 T、频率 f、有效值等。

② 频域测量。频域测量主要测量被测量的频率特性和相位特性,被测量是频率的函数。例如利用频谱仪分析电路信号的频谱,测量放大电路的幅频特性、相频特性等。

③ 数据域测量。数据域测量是指用逻辑分析仪等仪器设备对数字电路进行测量的方法。它可以同时对多条数据通道上的逻辑状态、波形进行观察、测量。一些设计工具本身就有逻辑分析仪的功能,如 QuartusⅡ为我们设计大规模数字电路系统提供了极大的方便。

④ 噪声测量。在电子电路中,噪声与信号总是相对存在的。电路中噪声越小,放大弱信号的能力就越强。噪声测量主要是对各类噪声信号进行动态测量和统计分析,在通信领域里有着广泛的应用。

(2) 选择正确的测量方法。在测量过程中,选择正确的测量方法、选用合适的测量仪表是取得需要的真实的测量结果的必要条件。

选择正确的测量方法可以用如下几条选用原则概括:

1) 根据电路结构选用仪表。凡是能直接测量的物理量,尽量选用直接测量法;如果无法采用直接测量法进行测量时,采用间接测量法。

2) 根据电路结构和选用的仪表特性,选用正确的测量方法。因为测量仪表有对称式和非对称式之分,如欲测量电路中 R 两端的电压 U_R,采用对称式仪表即可。

3) 采用直接测量法,也可以采用间接测量法。但对于非对称式测量仪表,因为必须与电路共地,故应该采用间接测量法。若 $U_S = 10\,\text{mV}$,如果用间接测量法,测得 $U_i = 5\,\text{mV}$,由欧姆定律得 $U_R = U_S - U_i = 5\,\text{mV}$。如果用直测量法测量 R 两端的电压,可测得 U_R 为几十毫伏。显然,直接测量法测得的结果不可信,其根本原因是,因表的地没有与电路共地,给电路带来了较大的外界干扰。

4) 根据仪表的内阻选择正确的测量方法。在测量电压时,由于电压每个挡次的内阻不同,尤其是低阻挡,相当于在被测电路两端并联一只小电阻,当然结果不会准确。而数字仪表的内阻很大($> 10\,\text{M}\Omega$),其影响可以忽略不计,两种方法均可采用。

(3) 仪表使用前要进行校正。在选择了正确的测量方法和合适的测量仪表后,为了减小测量误差应注意:

1) 用标准仪表校正欲用的测量仪表,必要时对被校正的仪表读数引入校正值。

2) 对所使用的仪表进行零点调整,无论是机械仪表,还是数字仪表,使用前都要检查仪表的读数是否零点零值。

(4) 仪器仪表的摆放要正确。根据仪器仪表的使用要求正确放置,要求垂直摆放的不能水平摆放,摆放仪器仪表的环境要尽量不受外界电磁场的干扰。

(5) 对所使用的各类仪表,都要选择合适的量程。例如,不能用 $100\,\text{k}\Omega$ 的挡测量 $100\,\Omega$ 的电

阻等等。

4.1　电子电路中几种常用物理量的测量

电子电路中所需的被测量有很多,如电压、电流、功率、阻抗、频率和相位等。但电压则是基本参数之一,电流、功率、增益、频率特性等物理量都可以通过测量电压间接得到。

4.1.1　电压的测量

电压测量是最常用、最简单的电子测量。电子电路中电压有其特点:

(1) 交直流电并存。交直流电并存是电子电路中的一大特点。甚至电路中还有噪声干扰成分。

(2) 非直流、非正弦交流电压存在。电子电路中有三角波、方波、锯齿波等非直流、非正弦交流电压,如果用普通仪表测量将造成较大的测量误差。利用表 4-1 的波形系数 K_F 换算后,才能得到正确的有效值、整流平均值。

表 4-1　几种交流电压的波形参数波形

波　　形		峰值	有效值 U_{rms}	整流平均值 U_{AV}	波形因数 $K_F = \dfrac{U_{rms}}{U_{AV}}$	波峰因数 K_P
正弦波		U_m	$\dfrac{U_m}{\sqrt{2}} = 0.707 U_m$	U_m	$\dfrac{\pi}{2\sqrt{2}} = 1.44$	$\sqrt{2}$
全波整流后的正弦波		U_m	$\dfrac{U_m}{\sqrt{2}} = 0.707\ U_m$	$\dfrac{2}{\pi} U_m$	$\dfrac{\pi}{2\sqrt{2}} = 1.44$	$\sqrt{2}$
三角波		U_m	$\dfrac{U_m}{\sqrt{3}} = 0.577 U_m$	$\dfrac{1}{2} U_m$	$\dfrac{2}{\sqrt{3}}$	$\sqrt{3}$
脉冲波		U_m	$\sqrt{\dfrac{t_p}{T}} U_m$	$\dfrac{t_p}{T} U_m$	$\sqrt{\dfrac{T}{t_P}}$	$\sqrt{\dfrac{T}{t_P}}$
方波		U_m	U_m	U_m	1	1
梯形波		U_m	$\sqrt{1-\dfrac{4\varphi}{3\pi}} U_m$	$\left(1-\dfrac{\varphi}{\pi}\right) U_m$	$\dfrac{\sqrt{1-\dfrac{4\varphi}{3\pi}}}{1-\dfrac{\varphi}{\pi}}$	$\dfrac{1}{\sqrt{1-\dfrac{4\varphi}{3\pi}}}$
白噪声		U_m	$\approx \dfrac{1}{3} U_m$	$\dfrac{1}{0.375} U_m$	$\sqrt{\dfrac{\pi}{2}} \approx 1.25$	3

(3) 频率范围宽。电子电路电压的频率可以从直流到几百兆赫兹,乃至上千兆赫兹。这也是普通万用表难以胜任的。因此,一般不使用万用表来进行测量。

(4) 电压范围宽。电子电路中的电压由几微伏到千伏以上。对于不同挡级的电压,必须用不同的电压表测量。

根据电子电路的这些特点。我们在进行测量时,选择仪表要求:频率范围足够宽、电压测量范围要合适、测量精度要满足要求、电压表的输入阻抗要足够高(一般模拟万用表的直流电压挡 $r_{in} \approx 20\ k\Omega/V$,交流电压挡 $r_{in} = 4\ k\Omega/V$,数字电压表的直流挡可达 $10\ G\Omega$,交流电压挡 $1\ M\Omega$ 并联 $10\ pF$),普通万用表的不同量程,输入阻抗也不同,测量时必须注意。

4.1.1.1　电子电路中直流电压的测量

测量电子电路直流电压的一个很重要问题就是,所选择的仪表,其内阻必须比被测电路的等效电阻要大得多。

图 4-1 是一个电压测量的等效电路,由图 4-1 可得到

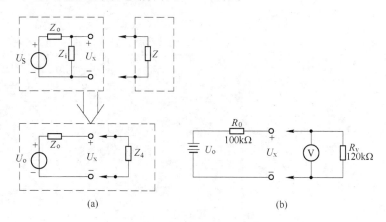

图 4-1　电压测量等效电路

(a) 被测电路;(b) 考虑电压表输入电阻后等效电路

$$U_x = \frac{Z_i}{Z_o + Z_i} U_S$$

绝对误差　　　　　　　　　　$$\Delta U = U_x - U_S$$

相对误差　　　　$$U = \frac{\Delta U}{U_n} = \frac{U_x - U_S}{U_S} = \frac{Z_i}{Z_o + Z_i} - 1 = -\frac{Z_o}{Z_o + Z_i}$$

由相对误差可以看出,电压表的内阻抗 Z_i 越高,相对误差就越小。例如,用一只 MF47 型万用表的 10 V 挡(20 kΩ/V)测量一个内阻为 120 kΩ 的 6 V 电压,其测量值为 3.75 V。绝对误差为 ΔU $= 3.75 - 6 = -2.25$ V,相对误差 $\gamma = -\frac{120}{120 + 200} = -37.5\%$。如果用一只 DT890 型数字万用表的直流挡(输入阻抗 10 MΩ)测量,其测量值为 5.94 V,绝对误差为 $\Delta U = 5.94 - 6 = -0.06$ V,相对误差 $\gamma = \frac{-0.120}{0.120 + 10.000} = -1.2\%$。

4.1.1.2　交流电压的测量

电子电路的交流电压信号种类较多,有正弦波、全波整流后的正弦波、三角波、脉冲波、方波、梯形波、阶梯波等。对于除正弦波以外的上述波形信号通常用均值表测量,这种表应用不多,故不赘述。这些波形可以利用示波器测量既直观又准确。这里详细论述正弦波信号的测量。由于

普通万用表的精度差,输入阻抗低,频率范围小(一般40～500 Hz),用普通万用表测量电子电路中的正弦交流电压,显然,使用范围有限。晶体管毫伏表较普通万用表的应用较为广泛,晶体管毫伏表的频率范围:20 Hz～1 MHz,输入阻抗:1 kHz 时约 1 MΩ;输入电容 1 mV～0.3 V 挡约 70 pF,1～300 V 挡约 50 pF;测量电压范围大:100 μV～300 V 共分 11 个量程。在正常条件下测量误差不超过各量程满刻度值的±3%,晶体管毫伏计除了需外加交流电源外,使用方法同普通万用表一样简单。

4.1.2 阻抗的测量

在电子电路中,输入阻抗和输出阻抗是非常重要的一个参数,通常用间接测量的方法进行。

4.1.2.1 输入阻抗的测量

(1) R_i 不太大时的测量方法。双极性晶体管放大电路的输入阻抗一般都在几千欧姆,输入阻抗的测量可以采用如图 4-2(a)所示电路进行测量。即只要用毫伏表测出 U_S、U_i,则

$$R_i = \frac{U_i}{U_S - U_i}R$$

需要注意的是:选择 R 时,R 与 R_i 应该在同一个数量级。

(2) R_i 较大时的测量方法。场效应管放大电路的输入阻抗一般都在 MΩ 级,与测量仪表的阻抗相当,就不能采用(1)的方法,可以采用如图 4-2(b)的方法。若 K 合上时测得输出电压为 U_{OL},K 断开时测得的电压为 $U_{O\infty}$,则

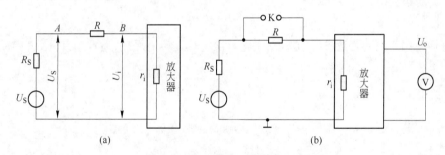

图 4-2 电子电路输入阻抗的测量
(a) 低输入阻抗的测量;(b) 高输入阻抗的测量

$$R_i = \frac{U_{O\infty}}{U_{OL} - U_{O\infty}}R$$

4.1.2.2 输出阻抗的测量

测量输出阻抗同样用间接测量法。当放大器的输出端不接 R_L 时,用毫伏表测得 $U_{O\infty}$;当接上 R_L 时,用毫伏表测得 U_{OL}。则

$$R_o = \left(\frac{U_{O\infty}}{U_{OL}} - 1\right)R_L$$

4.1.2.3 频率、时间和相位的测量

频率、时间和相位的测量,一般都采用频率计(有的产品具有测试时间的功能)或示波器进行测量,具体测量方法在第 3 章说明。

4.2 误差分析与测量结果的一般处理方法

这里讲的误差,就是测量结果与真实值的差别,在测量过程中,由于各种原因,测量结果与被

测量的真实值总存在着一定的差别。有些误差是由于人们对客观事物规律认识的局限性,无法把某些物理量真实地测量出来,有待于人们去探索、研究。有些误差是测量工具的精度有限,或测量方法不当,甚至是人为测量工作错误造成的。如果测量误差超出一定的限度,由测量结果所得到的结论有可能是错误的。在科学实验和生产过程中,要准确、正确获取某些物理量的信息。就必须选用合适的仪器、仪表,运用正确的测量方法,持严谨的科学态度,对误差进行分析,正确处理实验数据。

4.2.1　误差的表示方法

(1) 绝对误差　　　　　　　　　$$\Delta X = X - X_0$$

式中　ΔX——绝对误差;

　　　X——测量结果;

　　　X_0——被测量的真实值。

绝对误差直接反映了测量值和真实值之间的偏差。真实值是客观存在的,但却很难确定。通常,把更高一级的标准仪器或与计量标准对比所测量的值当作真实值。一般测量过程中,往往只有测量值。绝对误差反映了误差的大小,但不能反映测量误差的程度。例如,一个电压为1 V,另一个电压为1 mV,两者的误差均为 $1\,\mu V$,但两者的测量精度却相差甚远。为了反映测量的准确程度用相对误差来描述。需要注意的是:绝对误差是有单位的量,其单位与测量值和实际值的单位相同。

(2) 相对误差　　　　　　　　　$$\gamma = \frac{\Delta X}{X_0} \times 100\%$$

相对误差用于说明测量进度的高低,是绝对误差与真实值之比,通常用百分数表示,例如上述例子中

1 V 的相对误差　　　　$$\frac{1 - 10^{-6}}{1} \times 100\% = 99.9999\%$$

1 mV 的相对误差　　　$$\frac{1 - 10^{-3}}{1} \times 100\% = 99.9\%$$

(3) 引用相对误差　　　　　　　$$\gamma_{m} = \frac{\Delta X}{X_{m}}$$

式中,X_m 为仪表的满刻度值。这种方法既便于计算,又能表示出仪表的准确等级,常用电工仪表分:0.1,0.2,0.5,1.0,1.5,2.5,5.0 分别表示引用相对误差的最大百分比。

4.2.2　误差来源与分类

有时很容易找到误差的来源,有时却很难找到。主要的误差来源有以下几种:

(1) 仪器、仪表误差。任何仪器、仪表,本身就存在着误差,这种误差与仪器、仪表本身的电气、力学性能有关。但在运输、使用、存放过程中,造成仪器仪表的电气、机械性能变差而造成的误差,应引起重视,尽量避免。

(2) 使用误差。使用误差是指在仪器、仪表使用过程中,安装、调整、布置不当,使用方法不当引起的误差,这种误差在使用过程中应予以避免。

(3) 人身误差。这种误差是在使用仪器、仪表过程中,人的感官和运动器官的局限性造成的。

(4) 影响误差。它是由于仪器、仪表受温度、湿度、大气压、磁场、电场、机械振动、声音、光照等环境条件而造成的误差。

(5) 方法误差。方法误差是指在测量过程中,使用的测量方法不完善,理论依据不严密,或对某些测量方法做了不适当的修改、简化而造成的误差。

按照误差产生的来源及其性质,误差可分为两大类:

(1) 系统误差。如果随着测量条件的改变,误差按一定规律变化,测量条件不变,误差的大小和符号也不变,这种误差称为系统误差。因为这种误差有一定的规律性。所以这种误差可以预测,可以根据它产生的原因,采取一定的技术措施,消除或减小它。

(2) 随机误差。如果在相同的测量条件下多次重复测量同一个物理量,所产生的误差是在不规则地变化,这种误差称为随机误差,这种误差因为没有规律,不能预测,不能控制,但是,多次测量的随机误差是服从统计规律的,可以通过对多次测量结果求平均值的办法来消除随机误差所产生的影响。

4.2.3　处理系统误差和测量结果的一般方法

4.2.3.1　处理系统误差的一般方法

因为系统误差在测量过程中影响较大,而且有一定的规律性,所以,处理系统误差很有实际意义。处理系统误差,一般可以从以下几方面着手:

(1) 确定是否存在系统误差,并大致估计它的大小。

根据系统误差的性质,在测量条件不改变时,观察误差的大小、符号是否变化。如果不变化,可以确定为系统误差。其大小为多次测量结果的平均值与真实值之差。

(2) 分析系统误差产生的原因

例如,检查仪器、仪表是否校正过,使用方法是否正确,测量方法是否正确等,是否由于电磁场、温度、湿度等影响造成的。还要对周围环境进行检察,看是否有电焊机工作,发射机工作以及交流电网的波动情况。

(3) 采取措施消除或减小系统误差

在确定了误差产生的原因后,针对具体情况,采取措施。例如,校正仪器仪表、磁屏蔽、恒温等。

4.2.3.2　测量结果的一般处理方法

在进行完科学实验后,需要将实验结果进行整理,需要绘制一些表格曲线。

A　测量结果的数字处理

有效数字的处理:

在实验过程中,由于存在误差,所以,测量结果一定是近似值。例如,测得的电压是 9.1 V,9 是可靠的数字,而 1 则是欠准确的数,是根据仪表指针位置估计出来的。9.1 是二位有效数字。再例如,测得某信号的频率为 0.0475 MHz,左边的两个 0 不是有效数,因此,它可以写成 47.5 kHz,但不能写成 47500 Hz,后者为五位有效数字,两者的意义完全不同。有效数字为几位,视具体情况而定,但可以根据“四舍五入”的规则保留有效数字为几位。有效数字的运算可按以下规则进行:

(1) 几个近似值进行加减运算时,各数中以小数点后位数最少的那一个数(若为整数,则以有效位最少者)为准。其余各数均舍入到比该数多一位,计算结果保留小数点后的位数与各数中小数点后位数最少者相同。

(2) 进行乘除运算时,各数中以数字位数最少的那一个为准,其余各数及积均舍入至比该数多一位。进行平方或开方运算后的结果可比原数多保留一位。

（3）e，π，2、3等常数，根据具体情况决定应取的位数。

B　曲线的描绘

在很多情况下，用曲线表示两个物理量之间的关系，比用数字、表格、公式表示更为形象、直观。在实验过程中，由于种种原因，测量的结果常出现离散的情况，在图纸上描绘出来是波动的折线，而不是光滑的曲线。我们可以运用误差理论，把因随机因素引起的曲线描绘成一条光滑均匀的曲线。这样，看起来舒服且不影响实验结果，这个过程叫做曲线的修匀，如图4-3所示。另外一种简便可行的方法是，将实验结果分成几个组，每个组为连续的2～4个数据，将各数据字描绘在图纸上，求出每个数据组的几何重心，把各个几何重心连接起来即可，如图4-4所示。此方法的优点是，由于进行了数据平均，减少了偶然误差的影响。因此，描绘出来的曲线更符合实际情况。

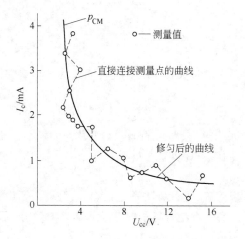

图 4-3　实验结果的曲线修匀

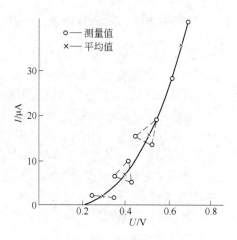

图 4-4　分组平均法修匀的曲线

5 常用电子电路的设计和调试方法

5.1 常用电子电路的设计方法

在日常生活、生产现场中,往往为了解决某些实际问题,需要采用一些电子电路来实现某些功能、要求。如果有现成的装置,而且性能价格比能令人满意,当然最好采用现成的装置。然而,在大多数情况下,难于找到合适的装置,那就必须设计、制作一些电子电路以满足日常生活、生产现场的需要。通常,我们把这种行为称之为"工程设计"。他是科学知识与实践经验的结合应用,最终构成一个有效、可行、适用的系统,属于应用研究的范畴。在处理问题的方法上不同于科学研究,科学研究方法是通过观察自然现象,经过分析思考,提出解释自然现象的假说,通过实验验证假说是否符合客观想像;工程设计则是从人类社会的某项需求出发,提出解决问题的方案,经过对各种方案的比较,选出最佳方案,进行必要的实验,实施方案,解决问题。需求电子电路种类繁多,千差万别,其设计方法、设计步骤也因情况不同而异,这就要求设计者应根据具体情况灵活运用自己掌握的知识、信息、资料,进行设计、制作。任何一个稍微复杂的电子电路系统往往是由不同功能的模块组成,在设计过程中如何巧妙地组合这些功能模块,使设计的系统既能满足设计指标要求又最简单,是设计过程中应坚持的原则之一。要做到这一点,就必须灵活运用所掌握的各方面的理论知识,多多实践和运用自己积累的经验;设计原则之二是,尽量采用元器件生产厂商提供的典型应用电路;多运用网络、图书资料查阅典型运用电路;设计原则之三是,要为后续调试、生产等提供方便;设计原则之四是,设计产品要稳定、可靠,经得起产品长期运行不出故障。这里,对常用电子电路的设计、制作的一般方法作具体说明。

5.1.1 明确系统设计任务的要求

设计者要了解所设计系统的性能、指标、内容、要求。对一些具体参数要求要尽可能了解准确。如果一些参数不能确定下来,在选择设计方案时要考虑一定的裕量。设计者要在进行调查研究、具体分析的基础上,明确系统应完成的任务。

5.1.2 总体方案的选择

设计的第一步,就是根据系统的任务、要求和条件,以及设计者掌握的知识、信息、资料,提出不同的总体方案。这些方案应尽可能合理、可靠、经济,功能齐全、技术先进。然后对每一种方案的可行性和优缺点进行分析,加以比较,逐步筛选,择优录用几个自己认为可行的方案,再进行调查研究,征求有关方面的意见。最后,确定一种方案。在提方案时,常用框图表示各种方案的工作原理,框图不必很详细,有把握的电路部分可以画出来,工作原理框图应能反映出系统应完成的任务,各组成部分的功能及其相互关系。

5.1.3 单元电路的设计、参数计算和器件选择

在确定了总体方案后,便可根据系统的性能指标,画出详细框图,设计单元电路。所谓单元电路,就是用"化整为零"的方法,将系统总框图分解成多个小系统。

5.1.3.1 单元电路的设计

设计单元电路的第一步,是根据设计的总要求和已选定的总体方案框图,明确各单元电路应

完成的任务、功能以及与其他单元之间的关系。必要时,应拟出主要单元电路的性能指标。具体设计单元电路时,可以模仿成熟的先进的电路,也可以进行创新或改进。但无论是模仿成熟的电路,还是自己另外设计一套独特的电路,都必须保证性能要求。设计单元电路时,最好多查阅各种资料,丰富自己的知识,开阔眼界,寻找电路简单、成本低廉的电路,以起到事半功倍的作用。

5.1.3.2　参数计算

电子电路的设计常常需要计算某些参数。计算参数的具体方法是在弄清电路的工作原理、性能指标的基础上,利用一些计算公式,计算电路所需的某些参数。例如,要设计一个放大器,就需计算出电压放大倍数,所需电阻元件的阻值等。进行参数计算时,在理论上满足要求的参数不是唯一的,而是一组,这就给设计者提供了足够的选择余地。设计者可以根据成本、体积、货源情况自行选择。计算参数应注意以下几点:

(1) 各元器件的电压、电流、功率、频率等参数应在允许的范围之内,并留一定的裕量。

(2) 对如环境温度、电网电压等工作条件进行充分考虑,保证系统在最不利的条件下,仍能正常工作。

(3) 对于元件的极限参数,如元件耐压能力等必须留一定的裕量,一般按 1.5 倍左右考虑。

(4) 电阻元件尽量选用标称值系列,如不能满足可加电位器调整。一般情况下,电阻值限定在 1 MΩ 范围之内,最大值不超过 10 MΩ。

(5) 电容器,应选用标称值系列,非电解电容一般在 100 pF～0.1 μF 范围之内。应根据具体情况选择电容器的耐压能力和品种。

(6) 计算、选择参数的原则。保证电路性能,尽可能降低成本,减小体积,减少功耗和品种。

(7) 根据电路要求,应尽可能选择同一类型晶体管,如尽可能都用 NPN 型或 PNP 型的晶体管,选择高频管或是低频管,大功率管或是小功率管,并注意管子的 P_{CM}、I_{CM}、$U_{(BR)CEO}$、$U_{(BR)CBO}$、I_{CBO}、β、f_T 和 f_B 等要满足电路设计指标的要求。

(8) 集成电路的应用非常广泛,它不仅可以减小电子设备的体积,降低成本,提高电路的可靠性,使电路的安装调试更为简单,而且还大大简化了电子电路的设计。因此,应考虑尽量采用集成电路实现某些要求。目前,集成电路元件的型号、功能、特性比较齐全,设计者可查阅手册选择在功能和特性上能满足设计要求的集成电路。选择集成电路时应注意以下几点:

1) 熟悉几种典型产品的型号、性能、价格和货源等,以便设计时胸中有数,较快地设计出单元电路。

2) 同一种功能的数字集成电路,有 TTL、CMOS,也许还有 ECL 和 I²L 的产品,TTL 中有中速、高速、甚高速、低功耗和肖特基低功耗等不同产品,CMOS 中也有普通型和高速型,应根据实际情况考虑选择。只有要求工作频率很高时才采用 ECL 电路。

3) 考虑集成电路的电源供电。TTL 电路供电电压为 +5 V,CMOSB 系列为 +3～+18 V,但 CMOS B 系列在 +5 V 电源电压供电时,某些性能如抗干扰的容限、传输延迟时间等较差。因此,对于 CMOS 器件,最好选用 +15 V 的供电电压。

4) 根据系统的整体结构、工艺要求等,选择集成电路的封装形式。常见的封装形式有三种:双列直插式、扁平式和直立式。因双列直插式元件品种多,便于安装、调试和维修,应尽可能选用双列直插式集成电路,但选用双列直插式插座插接 IC,要考虑接触可靠性问题。对于定型产品一般将 IC 直接焊在电路板上。

5.1.4　实验

设计解决一个具体问题的电路,需要考虑的问题很多。如果设计者考虑得不周全,想不到的问题就会常常出现,加上元器件的品种繁多、性能各异、参数的分散性较大,要想对一个复杂的电子电路,单凭看资料,纸上谈兵,设计出一个原理正确、性能指标完善的电路是不可能的。设计者需要通过实验发现问题,深入思考,分析原因,改进电路设计,使性能指标达到要求。特别是电路的关键部分和设计中采用的新电路、新器件部分,只有当实验成功后才能确定下来,成为定型电路。

5.1.5　工艺设计

完成样机制作所必需的文件、资料,包括 PCB、整机结构等的设计。

绘制电路图时必须注意:电路图是在系统框图,单元电路设计、参数计算、器件选择和实验成功的基础上进行绘制的。绘制出来的电路图不仅要使自己看着方便、舒服,而且要使别人容易看懂,便于在交流、工艺设计、生产调试和维修中使用。绘制电路图应注意以下几点:

(1) 布局合理,排列均匀,图面清晰,便于看图。

(2) 尽量把总体电路绘制在同一张图纸上,如果实在不容易在一张图纸上画出来,应把主电路画在同一张图纸上,把一些独立的、次要的电路画在另外一张或几张图纸上。但需注意各图纸之间电路连线一定要标清楚。

(3) 图形符号要标准,图中要加适应标注。集成电路常用方框表示,集成电路的引脚、功能不一定按顺序排列,可根据需要安排,只要美观、清晰即可。

(4) 连接线应为垂直线或水平线,交叉线和折弯线应尽可能少,一般不画斜线,交叉处若为连接则用圆点表示。电路图要紧凑、协调、稀密适当。

(5) 画图顺序一般从输入端画起,由左至右,由上至下依次画出,反馈通路则相反。

(6) 利用坐标纸画图,既快又好,特别对于初画者,最好用坐标纸画。目前,真正的电子线路设计很少利用手工绘图,而广泛采用如 Protel、ORCAD 等电子线路计算机辅助设计,绘制出的图纸很漂亮,而且可以把利用计算机软件绘制出来的原理图印刷电路板图用打印机打印出来,进行检查,如有差错则可修改直至满意为止。

5.1.6　样机制作与调试

在完善方案设计、工艺设计的基础上,进行元器件选取、电路焊接、整机调试、指标测试、外壳及相应的机架加工,做出符合技术要求的样机。

5.1.7　总结鉴定

在进行考机实验后,检查样机是否全面达到给定的技术指标。进行技术鉴定,写出总结报告,在有关方面认可鉴定合格后才能投入生产。

集成电路器件的设计、制造技术在飞速地发展,各种超高速、超宽带、超高精度、超低噪声的高性能集成器件不断大量涌现;电子线路的分析、设计方法也在继续发展,并逐步过渡到计算机辅助分析与设计(CAI/CAD),美国加州大学伯克利分校于 1972 年开发与完成、1981 年开始运行的通用电路计算机辅助分析程序 PSPICE,已在世界范围内流行,PSPICE 版本已于 1988 年成为美国的国家工业标准。PSPICE 的主要分析功能有:(1)直流工作点分析;(2)直流扫描分析;(3)交流特性分析;(4)小信号传输函数;(5)直流小信号灵敏度;(6)噪声分析;(7)瞬态特性分析;(8)傅里叶分析;(9)失真度分析;(10)温度特性分析;(11)蒙特卡罗(Monte-Carlo)分析;(12)灵敏度/最坏情况分析。同时该程序还提供数字电路及数字/模拟混合电路模拟器。如果我们要利用它分析某个元件的作用时,则在第一次分析时不加入该部分,而在第二次分析时加入,将两次分析结果加以比较即可得出这些元器件在电路中的作用。我们可以根据分析结果修改设计方案,直至方案满意为止。

5.2　电子电路的一般调试方法

电子电路的调试是以达到电路设计指标为目的,是一个经过"测试→判断→调整→再测试"的过程。通过这一过程,我们可以发现和纠正设计方案的不足、安装的不合理,通过采取一定的改进措施,使电路达到设计技术指标。电子电路的调试是设计、维修的一个重要环节,它是理论与实际的有机结合。它要求调试者既要十分清楚电路的工作原理,又要有一定的科学实验方法。调试电子电路的一般步骤如下:

(1) 认真检查。检查电路中元件是否接错,对地是否短路,二极管、三极管管脚接得正确与否,电解电容的极性是否对,集成电路安装、焊接是否正确,电源的正、负、地线有无问题,焊接牢固与否。

(2) 通电检查。在电源电压未加入前,先检查电压大小正确与否,极性对不对。通电后,先不要急于测量,首先观察有无冒烟、各元件发烫、异常气味等异常现象。如果有,应排除故障后再进行下一步。

(3) 分块调试。把整个系统按功能分成不同的部分,把每一部分看作一个模块进行调试。调试时,先进行静态调试,对于模拟电路,通过静态工作点的测试,判断电路能否正常工作。尤其是对于运算放大器,检查正、负电源正常与否? 输出电压是否接近正负电源电压? (如果是这样,可能是电源有问题,也可能器件有问题)调零电路起不起作用? 有无自激震荡? 对于数字电路,要测试各输入输出端的电压,判断其逻辑关系对否? 一直把静态调试正常后才能进入动态调试。对于动态调试,可以按照信号的流向进行。把前面调试过部分的输出作为后面的输入。输入级可根据实际情况加入模拟信号进行调试。

(4) 联机调试。分块调试好后,再把全部电路连通进行联机调试。联机调试主要是观察动态结果,同时将调试结果与设计指标逐一进行比较,找出问题,改进电路,直至完全符合设计指标。

(5) 可靠性测试。对现场使用的系统,为了保证可靠性,还应测试以下几个内容:

1) 抗干扰能力;

2) 电网电压及环境温度变化到最大值时的系统可靠性;

3) 长期运行的稳定性;

4) 抗机械振动的能力。

5.2.1　调试使用的电子仪器

调试采用万用表、示波器、信号发生器和电源等。这几种电子仪器在调试过程中是必不可少的,应在调试前调试好。根据需要,还可能使用频率计等仪器,也必须调试好备用。

5.2.2　模拟电子电路调试时的特殊性和调试步骤

模拟电子电路的特殊性在于电子元件参数的分散性影响较大。调试时应先进行静态调试后进行动态调试。

(1) 静态调试。使输入信号为零,有振荡电路的可暂不接通。测量三极管的静态工作点:对于放大状态的晶体管,硅管 $U_{BE} \approx 0.6\,V$, $U_{CE} \approx \frac{1}{2} E_{CC}$;对截止状态的晶体管 $U_{BE} < 0.4\,V$; $I_C \approx 0\,mA$;对于饱和状态的晶体管,$U_{BE} \approx 0.7\,V$, $U_{CE} \approx 0.3\,V$。运算放大器的输出电压应根据静态参

数调试,尤其需要注意的是运算放大器静态时是否产生自激振荡,如有产生,应设法消除。

(2) 动态调试。接入信号后,用示波器观察各单元输出端的信号幅值、波形是否符合设计要求,是否有非线性失真,由前级至后级逐级调试。

(3) 指标测试。电路正常工作后,检测技术指标是否满足设计要求,不满足设计要求的需要分析原因,调整参数,改进电路,直至达到设计指标。

5.2.3　数字电子电路的调试方法和步骤

数字电子电路可以在实验板上搭接调试,同样是一个单元一个单元进行调试。调试重点应放在新电路、新技术和总体电路的关键部分上。调试步骤如下:

(1) 首先检查各元件电源电压是否符合要求,电源极性是否正确。

(2) 调试时钟信号部分,首先调试振荡电路,其次是分频电路。

(3) 调试控制电路,使控制信号能正常产生。

(4) 调试信号处理电路,如计数器、运算器、编码器、译码器、寄存器等,首先使各单元电路正常工作,再把整个电路连接起来,检测逻辑功能是否符合要求。

(5) 调试输出电路,包括驱动电路、执行机构。保证输出信号能驱动执行机构正常工作。

调试数字电子电路时,要十分清楚各单元电路的输入输出波形,特别要注意观察电路能否自启动,以保证开机后能顺利进入正常工作状态。

6　电子电路的计算机仿真实验技术

EDA技术代表了当今电子设计技术的最新发展方向。它不仅为电子技术设计人员提供了"自顶向下"的设计理念,同时也为教学提供了一个极为便捷的、科学的实验教学平台。电工电子类专业课程中的电工基础、模拟电子技术、数字电子技术都可以通过EDA仿真软件,进行电路图的绘制、设计、仿真试验和分析。将EDA仿真软件应用到电工、电子类专业的教学中是一种教学手段的创新,也是提高教学质量的优选方法。利用EDA仿真软件有如下优点:

(1) EDA软件建立了各类元件设计数据库模块。它包括:电源库、基本元器件库、二极管库、晶体管库、模拟集成器件库、TTL数字器件库、CMOS器件库、其他数字器件库,混合器件库、指示器件库、混杂器件库、射频器件库、机电类器件库等。丰富的元器件库为学生了解各类电工、电子元器件铺垫了坚实的基础,也可以通过元器件库了解到各种器件的性能及参数,并且为创新设计提供了用之不尽且无任何经济负担的试验元件。

(2) EDA软件能够进行元器件创建和编辑。可以对自主研发的新器件编辑、修改和创建新的元器件。这一功能为学生的独立创新提供了较好的技术平台。因此充分利用EDA技术教学,是提高学生创新思维教学的好手段。

(3) EDA软件具有电路原理图的设计输入子模块。通过这一功能可以完成各类元器件构成的电路原理图。通过原理图的设计可以帮助学生理解原理图的结构及各级电路之间的关系,对学生读图和识图起到事半功倍的作用。

(4) EDA软件的综合仿真模块配置了如:万用表、电流表、电压表、函数信号发生器、示波器、功率表、扫频仪、字信号发生器、逻辑分析仪、逻辑转换仪、失真分析仪、频谱分析仪等仪器仪表。它们为各类模拟电路提供仿真的动态电压、电流参数及波形分析图。对数字逻辑电路可以测试门电路的真值表及分析门电路的时间波形图。

(5) 多种类型的仿真分析。可以进行直流工作点分析、交流分析、瞬态分析、傅里叶分析、噪声分析、失真分析、直流扫描分析、温度扫描分析、参数扫描分析、灵敏度分析、传输函数分析、极点－零点分析等。分析结果以数值或波形直观地显示出来,为学生对电路的分析提供了丰富直观的逼真数据,使其得出的结论更加满足理论值论证和接近实践性。

电子仿真软件目前应用比较多的有EWB和Pspice两大软件,它们共同的特点是仿真结果与实际试验结果相吻合,结果的真实性得到了世界的公认。它们还可以设置诸如温度、干扰等实验环境,使仿真更加切合实际。但Pspice与EWB也各有所长,Pspice号称电子仿真顶级软件,是因为它的仿真实验分析种类多,各种数据、波形齐全,更适合电路分析和模拟电子技术仿真实验。但它的缺点是它在仿真时设置较多,操作复杂,而且它与实验室的真实情况不同,不直观,该软件称为仿真软件更贴切。EWB的全称为Electronics Workbench(电子工作台),其电子实验仿真功能强大,它既可以进行模拟实验仿真,也可以进行数字实验仿真,完全可以满足电子实验的要求。它的最主要的特点是,仿真更与实验室的情况一致,它有虚拟的信号源、电压表、示波器等实验室常用的仪器仪表,可以通过键盘调整它们。所以EWB称为虚拟实验室更贴切。本章介绍EWB的应用。

EWB软件可以从两个途径获得:一是网上很多网址都有,可以直接从网上下载,方法也非常简单,有些网上的软件在下载时,只需确定程序安装位置即可;二是安装源CD光盘。安装时要根据屏幕提示信息进行,确定程序安装位置、工作目录、输入用户信息和序列号。

6.1   EWB 简介

初次打开 EWB 软件工具时,出现如图 6-1 所示界面(或者称主窗口)。界面最上方第一行为标题栏,第二行为菜单栏,第三行为工具栏,其中最右边的 0/1 为电源开关,0 为关闭电源;1 为打开电源。第四行为元器件栏,最右边 Pause 为暂停键。下面最大的空白区是创建电路和测试的工作区。

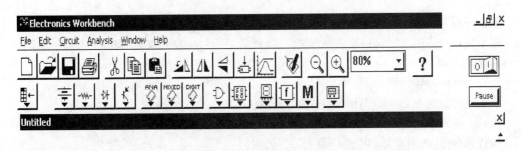

图 6-1   Workbench 工作界面

6.1.1   菜单栏

菜单栏列出的各菜单是选择电路连接和实验所需的各种命令,包括:File(文件)、Edit(编辑)、Circuit(电路)、Analysis(分析)、Window(窗口)、Help(帮助)等,每个菜单又有自己的下拉菜单。这些菜单的多数含意和使用方法与 Microsoft Windows 中的菜单类似。

6.1.1.1   File(文件)

文件命令主要用于管理创建电路和文件。其下拉菜单有:New(刷新)、Open(打开)、Save(保存)、Save As(另存为)、Revert to saved(还原到保存前)、Import(输入)、Export(输出)、Print(打印)、print setup(打印设置)、Exit(退出)、Install(安装)等多数与 Microsoft Windows 类似。下拉后的 File 菜单栏如图 6-2 所示。

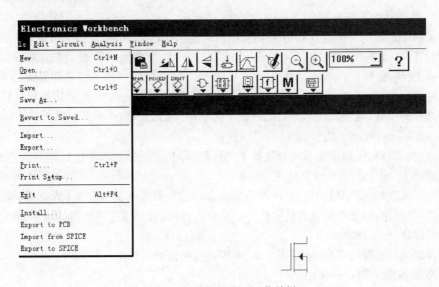

图 6-2   下拉后的 File 菜单栏

NEW:用于打开一个未命名的电路窗口,创建一个新的电路。当关闭当前窗口时,将会提示是否保存原电路,保存文件的后缀为".ewb"。

Open(打开)——Ctrl + O:

用于打开以前创建的电路文件。该菜单功能同 Microsoft Windows 中的同名菜单。

Save(存储)——Ctrl + S:

用于保存当前电路文件,文件后缀为".ewb"。该菜单功能同 Microsoft Windows 中的同名菜单。

Save As(换名存储):

用于换一个新的名字保存当前电路文件,文件后缀为".ewb"。该菜单功能同 Microsoft Windows 中的同名菜单。

Print Setup(打印设置):

该菜单功能同 Microsoft Windows 中的同名菜单。

Revert to Saved(还原到保存前):

执行该命令,将刚存储的电路恢复到工作区内。

Import(输入):

输入一个 SPICE 网表(Windows 中后缀为 .net 或 .cir),并把它转换为原理图。

Export(输出):

作为 Windows 用户,应在文件格式为任何以下后缀名:.net, .scr, .cmp, .plc 情况下保存电路文件。

Print(打印)——Ctrl + P:

执行该命令后会在屏幕出现对应的对话框,用户可根据要求选择打印电路图、仪器测试结果、元件清单等,在点击需要打印项目,前面的小框内会出现"√",按"Pint"键即可打印输出。

Exit(退出):

执行该命令可退出 Electronics Workbench。如果退出前没有保存文件,会提示先保存文件。

Install(安装):

安装 Electronics Workbench 的附加产品,即时会提示从附加产品的磁盘安装。

6.1.1.2　Edit(编辑)

编辑菜单下拉后的菜单包含 Cut(剪切)、Copy（复制）、Past(粘贴)、Delete(删除)、Select All(选定全部)、Copy as Bitmap(复制位图)、Show Clipboard(查看剪贴板)命令。点击 Edit 菜单屏幕出现如图 6-3 所示图形。

Cut(剪切)——Ctrl + X:

将所选择的组件、电路或文本剪切后放置于剪贴板,用 Past 粘贴到所需位置。

Copy（复制）——Ctrl + C:

将所复制的组件、电路或文本内容放置于剪贴板,用 Past 粘贴到所需位置。

Past(粘贴)——Ctrl + V:

将所剪切、复制到剪贴板的组件、电路或文本内容放置到激活的窗口里(剪贴板上的内容仍然保存着)。但需注意,被粘贴位置的文件与剪贴板内容,两者必须性质相同。

Delete(删除)——Dele :

永久性删除所选择的组件、电路或文本,不影响剪贴板当前的内容。

Select All(选定全部)——Ctrl + A:

将工作区窗口内的全部电路或者说明区内的全部文本选定,用于各种处理。

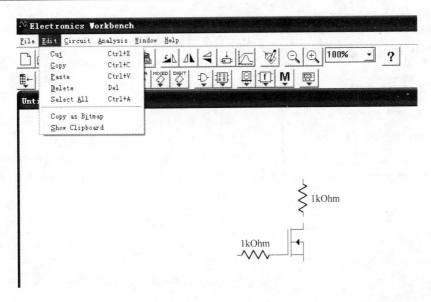

图 6-3 编辑菜单下拉菜单命令

Copy as Bitmap(复制位图)：

复制项目的位图图像到剪贴板，并且可在文字处理器或版面程序使用这些图像。复制位图图像的步骤为：

(1) 点击"Copy as Bitmap"命令，光标变成十字型；

(2) 单击和拖动形成一个矩形框，矩形框内包含了需复制的内容；

(3) 释放鼠标按钮。

Show Clipboard(查看剪贴板)：

显示剪贴板上的内容。

6.1.1.3 Circuit(电路命令)

电路命令菜单包含：Rotate(翻转)、Flip Horizontal(水平翻转)、Flip Vertical(垂直翻转)、Component Property(元件特性)、Create Subcircuit(创建子电路)、Zoom In(放大)、Zoom Out(缩小)、Schematic Option(电路图显示形式选择)八种命令，是元件操作、元件属性和形成子电路的命令。

Rotate(翻转)—Ctrl + R：

被选择的组件顺时针旋转90°，与组件有关的标识、数值和模型等信息可以重新定位，但不能随着旋转。

Component Property(元件特性)：

执行该命令调用元件特性对话框。可以用鼠标双击组件，调出探触式菜单，在菜单上给所有已选择类型的组件赋值默认的特性，随后被附加到电路上，他并不影响任何已放置的组件。

Create Subcircuit(创建子电路)—Ctrl + B：

创建子电路的含意是：把所选中的组件组合成一个子电路，有效地创建一个完整电路。

创建子电路有三种作用：

(1) 创建一个子电路。创建一个子电路的步骤：

1) 击 Circuit 键。

2) 击 Create Subcircuit 键或按 Ctrl + B 键。

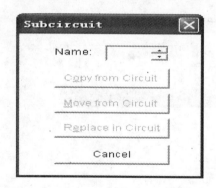

图 6-4　击 Create Subcircuit 键或
按 Ctrl＋B 键后屏幕上的图形

屏幕上会出现一个矩形框,如图 6-4 所示。在 Name 写入文件名,则下拉菜单自动点亮。其中:

"Copy from Circuit"从原电路中复制——复制原电路被选的组件,放在子电路中,原组件仍保留在原电路窗口中。

"Move from Circuit"从原电路中移动——被选组件在原电路中被删除,仅在子电路中出现。

"Replace in Circuit"组件在原电路中重新定位——在子电路中放置组件替换原电路中被选组件,并用一个矩形框标注子电路的名称。

(2) 改变子电路的名称。

(3) 删除一个子电路。

6.1.1.4　Analysis(电路分析)

该菜单主要用于电路的仿真、测试。点击 Analysis 菜单后,会自动下拉一菜单命令,如图 6-5 所示。

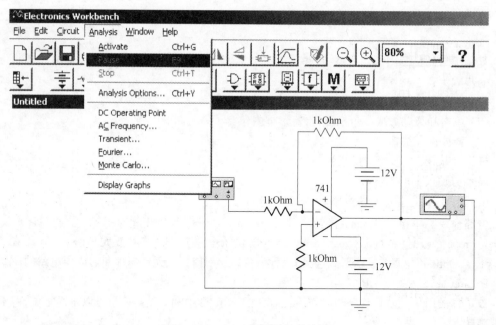

图 6-5　Analysis 菜单下拉后的图

Active(激活电路分析)——进行电路仿真,相当于右上角的电源开关打开。

Pause(暂停电路分析)——暂时停止电路分析,按 F9 键继续仿真。

Stop(停止)——停止仿真。

Analysis Option(分析选项)——设置有关分析计算和仪器使用的内容,一般情况下使用默认值,不必设置。

DC Operating(直流分析)——分析直流工作点。

AC Frequency(交流频率分析)——分析电路的频率特性。

Transien(暂态分析)——时域分析。

Fourier(傅里叶分析)——分析时域信号的直流、基波、谐波分量大小。

Monte-Carlo(蒙特卡罗)——分析电路中元件参数在误差范围内变化时对电路特性的影响。

Display Graph(图形显示窗口)——用于显示各种分析结果。

在有些版本中还有如下命令：

Noise(噪声分析)——电子元件的噪声对电路的影响。

Distortion(失真分析)——分析电路中的谐波失真和内部调制失真。

Parameyer(参数扫描分析)——分析某一元件参数变化对电路的影响。

Temperature Sweep(温度扫描分析)——分析不同温度条件下的电路特性。

Polar-Zero(零–极点分析)——分析电路中零点、极点的数目和数值。

Transfer-Function(传递函数分析)——分析源与输出变量之间的直流小信号传递函数。

Sensitivity(灵敏度分析)——分析节点电压和支路电流对元件参数的灵敏度。

Worst Case(最坏情况分析)——分析电路变化的最坏可能性。

6.1.2　工具条

EWB 的工具条如图 6-6 所示，与 Windows 软件类似。

图 6-6　EWB 的工具条

其中，子电路——用于将整个电路或其中的某一部分定义成一个子电路,可存放在自定义的元件库中，供以后反复调用。

分析图——击该命令,则显示出分析结果图。

元件特性——用于查看或更改元件参数,作用于鼠标左键双击该元件相同。

其余各命令与 Windows 的用法相同,此处不再详述。

6.1.3　元件库与仪器

EWB 提供了丰富的元器件库,元器件库有 13 类如图 6-7 所示。

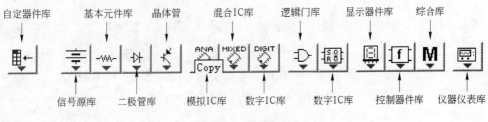

图 6-7　元器件库

EWB 的元器件库几乎囊括了我们常用的元器件、信号源、仪器仪表(不针对某厂家),是一个名副其实的虚拟实验室。各类元器件、信号源库内容如图 6-7~图 6-12 所示。在使用过程中,先打开相应的元器件库,找到所需的元器件按住左键拖拽至工作区即可。

6.1.4　仪表库

EWB也提供了丰富的仪器仪表库,其中有数字万用表、函数信号发生器、示波器和数字电压表、数字电流表。

6.1.4.1　数字电压、数字电流表

数字电压、数字电流表是直流电压、电流表,在显示器件库内。在使用过程中,首先打开显示器件库,用鼠标将数字电压、数字电流表拖拽到工作区即可。数字电压、数字电流表可以多个(需要几个拖几次)同时使用。

6.1.4.2　数字万用表

从仪器仪表库拖出的数字万用表如图6-8所示。图中左图为从仪表库拖的图标在工作区内直接连接,右图为双击图标后的仪器面板。该表是一种自动量程转换的数字多用表。表中的电压、电流、分贝、直流和交流选择和普通数字万用表类似。其中的"Settings"为仪表的电压挡、电流挡的内阻、电阻挡的电流值和分贝挡的标准电压值。单击"Settings"键后,会弹出一个对话框,如图6-9所示。

图6-8　数字万用表

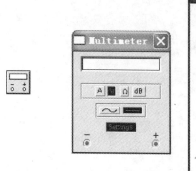

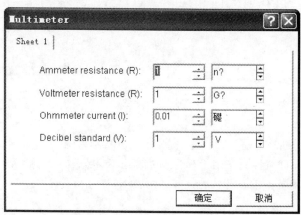

图6-9　单击"Settings"键后弹出的对话框

6.1.4.3　函数信号发生器

EWB提供了一个可产生正弦波、三角波和方波信号的函数信号发生器。点击 后,出现一个"Instruments"的小窗口,将 拖至工作区图标即刻变为 ,双击该图标探出一个函数发生器的面板如图6-10所示。用户可在面板上调整信号的波形、频率、幅度、占空比等参数。值得注意的是:占空比用于三角波、方波波形的调整;幅度是指信号的峰－峰值。

6.1.4.4　字信号发生器

字信号发生器实际上是一个能产生16路同步逻辑信号的数字信号发生器。其功能是将预置好的信号输入到电路中。点击仪器仪表库后,将图标 拖至工作区后,图标立即变成 ,其中,图标的下方为"16路逻辑信号输出",右上方为"外触发输入",右下

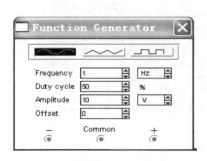

图 6-10　函数发生器的面板图

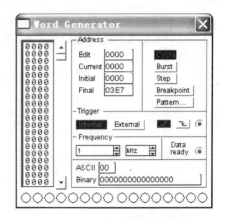

图 6-11　字信号发生器的面板

方为"数据准备好输出"。双击该图标会弹出一个该仪器的面板，如图 6-11 所示。其中，面板的左侧为字信号编辑区，每一列为 4 位 16 进制数，可存放 1024 条信号，地址编号为 0000～FFFF，每一行代表一个信号，"Binary"为二进制信号输入区。可见，每一条信号均可用两种输入方式之一输入。在地址区内左边小框，Edit 右边框内为当前编辑字信号的地址，Current 右边框内为当前输出字信号的地址，Initial 右边框内为编辑和显示输出字信号的首地址，Final 右边框内为编辑和显示输出字信号的末地址。在地址区内右边小框，共有五个键，其中，Cycle（循环）、Step（单步）和 Bust（单帧）为字信号的输出方式。单击一次 Step（单步）键，将一个 4 位 16 进制信号输出（便于单步调试）。单击一次 Bust（单帧），将所有的字信号一次输入到电路中。单击一次 Cycle（循环）键，循环不断的以 Bust（单帧）方式输出。再击 Cycle（循环）键或 Ctrl＋T，则停止输出。Breakpoint 为断点设定，在图 6-11 的左侧选定某一信号，然后击 Breakpoint，则输出信号从 0000 运行到该条信号时就会暂停，如欲恢复运行，击键盘的"Pause"或"F9"信号恢复输出。Patterns 具有信号编辑区操作的功能，单击Patterns，弹出一个如图 6-12 所示的对话框。利用这个对话框可以对字信号编辑区进行一系列操作。其中，Clear buffer 清除字信号编辑区；Open 为打开字信

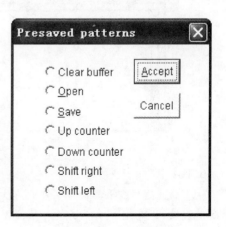

图 6-12　单击 Patterns 弹出的对话框

号文件；Save 为保存字信号文件；Up counter 为按递增方式编码；Down counter 为按递减方式编码；Shift right 为按右移方式编码；Shift left 为按左移方式编码。其中七种方式只能选择其中之一。预选某种方式，只需在左侧圆点处点击即可。最后，点击 Accept 完成该操作。

6.1.4.5　示波器

EWB 提供了一个可数字读数、全程数字记录存储仿真过程的双踪示波器。从仪器仪表库中拖到工作区后图标立即变成。图中，右下方的两个圆点中，左边为 A 通道，右边为 B 通道；右上方的一列圆点为：上边的是接地端，下边的是外触发输入端。双击该图标则会弹出一个示波器的面板图，如图 6-13 所示。单击"Expand"，面板图放大，再点击"Reduce"，面板图还原。其使用方法与普通示波器相比较没有大的差别，这里不再详述。

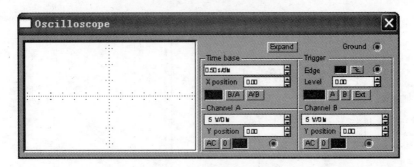

图 6-13　示波器的面板

6.1.4.6　波特图仪

EWB 提供一个用于测量和显示电路幅频特性和相频特性的波特图仪。从仪器仪表图标中将 ⬚ 拖至工作区后立即变为 ⬚ IN OUT，其中，IN(左边为 V+，右边为 V−)接电路的输入端；OUT(左边为 V+，右边为 V−)接电路的输出端。再双击该图标会弹出一个波特图仪的面板图，如图 6-14 所示。其中的"Magnitude"和"Phase"分别为幅频特性测量和相频特性测量的选择键，选二者其一；Horizontal(横坐标)和 Vertical(纵坐标)中的"Log"和"Lin"为坐标类型选择，Log 为对数；Lin 为线性；I 为起始值，F 为终止值；"→"和"←"为读数指针移动按钮。

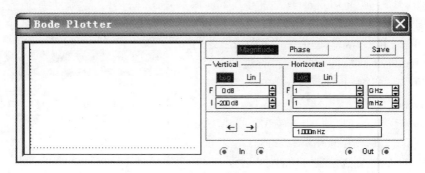

图 6-14　波特图仪的面板图

6.1.4.7　逻辑分析仪

用于高速信号的采集和时序分析，它可同时跟踪和显示 16 路数字信号，作为复杂数字电路系统的设计和分析工具尤为方便。从仪表库中将 ⬚ 拖至工作区后立即变为图 6-15 中的左图。其中，左列左侧为 16 个信号输入端，下边一行自左至右的三个端子分别是：外部时钟输入、时钟控制输入和触发控制输入。双击该图标会弹出如图 6-15 所示的面板图。图中，单击"Stop"可显示触发前的波形，但触发后该按钮不起作用。单击"Reset"，可清除显示区的波形。图中左侧第二矩形框两读数指针的值是时间读数和逻辑读数。Clocks per division 为时间轴参数设置，范围为 1~128。Clock 为时钟触发设置，单击"set"，弹出对话框如图 6-16 所示。图中，Clock edge 用于选择触发时钟的边沿，Positive(上升沿)或 Negative(下降沿)；Clock mode 用于触发源的选择，Exterma(外部时钟源)或 Intermal(内部时钟源)；Intermal clock rate 用于选择内部时钟频率；Clock qualifier(时钟限定)，用于输入信号对时钟的控制，可设置为"0"，"1"，"x"，当设置为"x"时，只要有信号到达，逻辑分析仪就开始波形的采集；当设置为"0"，"1"时，只有在时钟控制输入符合 Clock qualifier(时钟限定)字时，逻辑分析仪才被触发开始波形的采集；Logic analyzer(逻辑分析设置)部分，Pre-trigger samples 为需要观察的触发前数据点数，Post-trigger samples 为需要观察的触发后

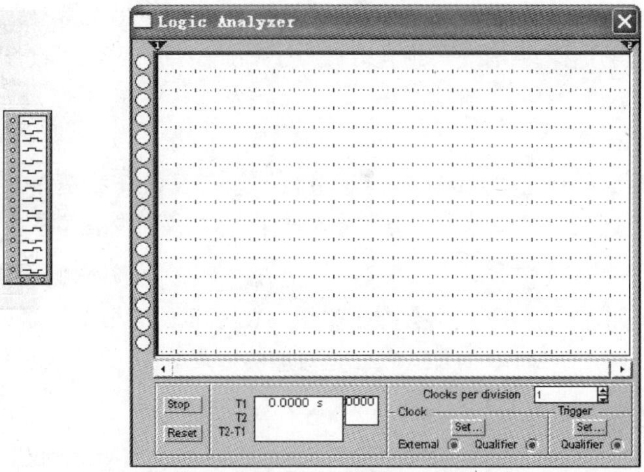

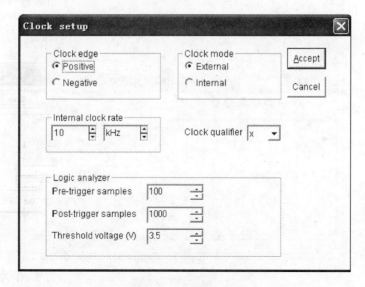

图 6-15　逻辑分析仪的图标和面板图

数据点数，Threshold voltage 为需要观察的触发门数。

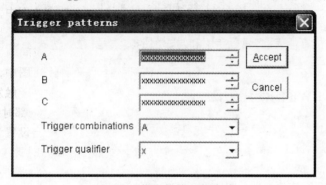

图 6-16　时钟设置窗口

触发模式的选择，单击 Trigger 区内的 set 会弹出如图 6-17 所示的窗口。

图 6-17　触发模式选择窗口

图中,A、B、C为三个 16 位触发字,每一位可设置为"0"、"1"和"x"。Trigger combinations 用于对触发字识别方式的选择,共有 8 种组合方式:A;A or B;A or B or C;(A or B)then C;A then (B or C);A then B then C;A then B(no C)。

6.1.4.8　逻辑转换仪

利用能够进行电路仿真的功能,EWB 能够很容易地实现真值表、逻辑表达式和逻辑电路三者之间的相互转换。这是虚拟仪器的一大优势。方法是:在仪器仪表菜单上,把逻辑转换仪的图标拖至工作区,立即变为 ![icon]。其中,上方左侧 8 个为输入端,右侧一个为输出端,直接连接到电路相应端。双击该图标,则会弹出如图 6-18 所示的面板图。面板上左侧矩形框为输入输出(真值表区),上面的 A、B、C、D、E、F、H 是对应的输入端(下面有 256 种输入),矩形框右侧一列为输出(其中的值可以改为"0"、"1"、"x")。conversions(转换方式选择)下面有 6 种转换方式,由电路转换成真值表,这 6 种转换方式操作如下:

(1) 将电路的输入端与逻辑分析仪的输入端相连。

(2) 将电路的输出端与逻辑分析仪的输出端相连。

(3) 点击 ![icon],则立即在真值表区探出该电路的真值表。

由真值表导出逻辑表达式:

(4) 根据输入端的个数(例如 n 个)点击逻辑分析仪的输入端个数,在 A~H 下面有 2^n 种输入组合,此时输出列均为 0。

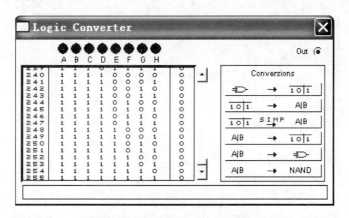

图 6-18　逻辑转换仪的面板图

(5) 根据需要的逻辑关系改变每一种输入条件下的输出值("0"、"1"、"x")。

(6) 点击 ![icon],便会在真值表区的下方(表达式区)得到其真值表达式。点击 ![icon],可得到经过简化的表达式。

由表达式转换成真值表、逻辑电路图和与非门的方法是:在表达式区写出表达式,点击相应的图标即可。

6.2　举例说明 EWB 的使用方法

我们以单级晶体管交流放大器的分析为例,介绍 EWB 的使用方法。

(1) 打开 EWB 软件工具输入电路。从元器件库、仪器仪表库拖出元器件、仪器仪表,连接成实验电路如图 6-19 所示。

(2) 单级晶体管交流放大器的静态和动态参数的测试:

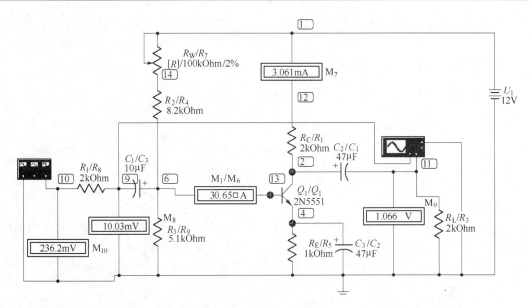

图 6-19　仿真实验电路图

1）静态工作点的分析、调试。点击图中右上角的电源开关，或 Analysis/Activate，串在基极和集电极回路的两个电流表分别显示各自的值。该值需要调整。

点击 Analysis/DC operation point，则弹出分析图窗口如图 6-20 所示。

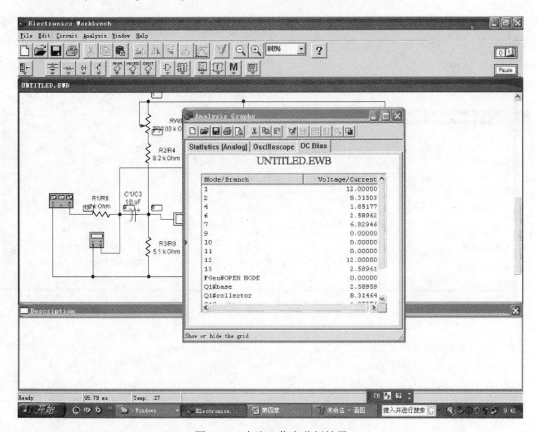

图 6-20　支流工作点分析结果

由图可知，$I_c = 1.776$ mA，$U_{cq} = 8.31503$ V。显然，需要对静态工作点进行调整。将 R_W 调至 3%，$I_C = 2.94$ mA，$U_{cq} = 6.13366$ V。

2）电压放大倍数测试。调节函数信号发生器，使其输出电压为 10 mV，$f = 1$ kHz。

负载开路时，$U_i = 10.04$ mV，$U_o = 1.828$ V，$A_v = \dfrac{U_o}{U_i} = \dfrac{1828}{10.04} = 182$

接入 2 kΩ 负载时，$U_i = 10.04$ mV，$U_o = 933.8$ mV，$A_v = \dfrac{U_O}{U_i} = \dfrac{933.8}{10.04} = 93$

3）输入电阻 R_i 测试。输入电阻的测试有多种方法，我们采用间接测量法（采样电阻法），即在输入回路传入一个 1 kΩ，分别测其两端电压 U_i 和 U_S，通过分压公式计算得到。

由图得到：$U_S = 61$ mV，$U_i = 10$ mV，$R_i = \dfrac{U_i R}{U_S - U_i} = \dfrac{10 \times 1}{61 - 10} = 200$

4）输出电阻 R_o 测试。在一定的交流信号输入条件下，分别测出输出端开路和接入负载时的电压 $U_{O\infty}$、U_{OL}，通过计算得到。由图 $U_{O\infty} = 1.921$ V，$U_{OL} = 0.9919$ V

$$R_O = \frac{U_{O\infty}}{U_{OL}} - 1 = 0.94 \text{ k}\Omega$$

5）频率特性分析。在主界面，点击 Analysis/AC Frequency，则会弹出如图 6-21 所示的对话框。

该对话框参数设定的含义很容易理解，这里不作详细描述。参数设定完毕，单击"Simulate"，则会弹出电路的幅频特性和相频特性图，如图 6-22 所示。电路的其他仿真分析内容可参考有关参考书。

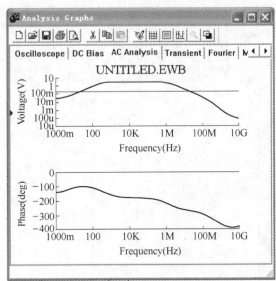

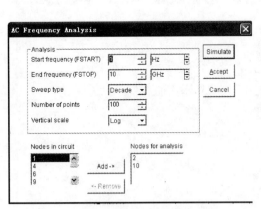

图 6-21　频率特性分析参数设定对话框　　　　　图 6-22　仿真电路的频率特性图

电子技术基础实验

7　基础实验

7.1　常用电子仪器的使用及电子元件

7.1.1　实验目的

(1) 熟悉模拟实验常用的电子仪器的使用方法。

(2) 学习根据实验内容选择电子仪器。

(3) 了解实际的电阻、电容、电感及相关参数的测试方法。

(4) 学习用晶体管万用表辨别二极管、三极管管脚及管子的好坏。

7.1.2　预习要求及思考

(1) 预习本教材中有关常用电子仪器的章节,根据教材内容了解几种常用电子仪器面板旋钮的功能及使用方法。

(2) 若正弦波信号的有效值为 3 V,频率为 1 kHz,应如何选择示波器的 TIME/DIV 和 VOLT/DIV?

7.1.3　实验原理及参考电路

在电子线路中,通常需要了解电路的一些技术指标,如静态、动态指标,就要用一些电子仪器来测试。常用的电子仪器有示波器、信号发生器、晶体管万用表、晶体管毫伏表和稳压电源等。这些电子仪器在电子技术实验中使用的情况可用图 7-1 所示的框图概括。其中,直流稳压电源是为实验电路正常工作提供能源的。信号发生器是为测试电子线路的一些技术指标而施加输入信号的,实验信号可以是正弦波、方波、三角波或直流信号等。实验信号幅值的大小、频率的高低,根据实验要求而定。晶体管万用表,用于测试静态物理量,如直流电压、直流电流等。交流毫伏表(本实验室采用 TH1911 型数字式交流毫伏表),它的灵敏度高,频带宽,通常用它测量交流量电压。TH1911 型数字式交流毫伏表不能测量直流电压、直流电流。示波器用于观察电子线路有关部分的电压波形。要做好电子技术基础实验,就必须学会熟练使用这些电子仪器。学会使用电子仪器是每个同学必须掌握的基本实验技能之一。TDS2002 数字存储示波器、TFG2006DDS 函数信号发生器、TH1911 数字式交流毫伏表和 SS1792F 可跟踪直流稳定电源的工作原理、性能指标和使用方法见上篇第 3 章。

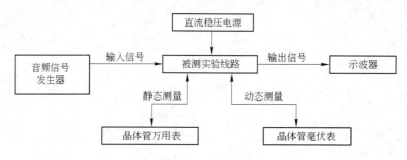

图 7-1　实验电路框图

7.1.4　实验内容

（1）认识电阻、电容和电感元件。

（2）将万用表的欧姆挡置合适的量程，测试电阻值。

（3）调节 TFG2006DDS 函数信号发生器，使其输出幅值为 2 V，频率为 1 kHz 的正弦波信号。

（4）调节示波器：三只"POSITION"置中间位置，"INTENSITY"置中间位置，"TRIGGER LEVEL"旋至"AUTO"调节"聚焦"，"亮度"获得清晰光迹，CH1（Y），输入置"AC"，"VOLTS/DIV"置"·5V/DIV"，触发源"SUVREC"置"INT"，"TIME/DIV"置 1 ms/cm。

（5）将 TFG2006DDS 函数信号发生器的输出接入 TDS2002 数字存储示波器的 Y 轴输入"CH1"，再调节示波器的旋钮，在荧光屏上显示一个稳定的正弦波形。

（6）用示波器测量信号的电压幅值、周期。

（7）用万用表测试三极管，辨别三极管的基极、集电极和发射极。

7.1.5　注意事项

（1）使用仪器前要先阅读附录中有关各仪器的说明，严格按操作规程进行。

（2）使用各种仪器时注意旋动旋钮、拨动开关，不要用力过猛，以免造成机械损坏。

（3）毫伏计不使用时，其输入线要短路。

（4）使用万用表前，一定要查看万用表的档次是否适当、正确。

（5）做完实验后，一定要切断各仪器的电源，并将实验台整理干净，保持整洁。

7.1.6　实验报告要求

认真记录有关数据，根据要求绘制波形、曲线。通过实验，你对常用电子仪器的使用是否有了感性认识，有什么使用心得。

7.1.7　实验仪器、元件

实验设备有：TDS2002 数字存储示波器 1 台，TFG2006DDS 函数信号发生器 1 台，TH1911 型数字式交流毫伏表 1 台，SS1792F 可跟踪直流稳定电源 1 台，VICTORVC9807 数字万用表 1 只。

元器件：9012　1 只，9013　1 只，3DG6 1 只，二极管 1 只，电阻 2 只，电容若干只，电感若干只。

7.2 单级共射极放大器

7.2.1 实验目的

(1) 学习电子电路静态参数及动态参数的测试方法。
(2) 观察静态工作点对放大器输出波形的影响。
(3) 学习用示波器测量电压波形的幅值和相位。

7.2.2 预习内容及思考

(1) 认真阅读教材中有关章节,熟悉单级共射极放大器的工作原理。
(2) 根据本实验电路参数,估算静态工作点、最大不失真输出电压幅值。
(3) 根据本实验电路参数,估算电压放大倍数 A_V、输入电阻 R_i 和输出电阻 R_o。

7.2.3 实验原理及参考电路

7.2.3.1 实验电路

放大器,顾名思义,就是用于不失真地放大信号的电路。要使放大器完成这一基本任务就必须设置合适的静态工作点,保证在不失真条件下输出尽可能大的电信号。合适的静态工作点应选择在晶体管输出特性曲线上的交流负载线的中点。

如图 7-2 所示,本电路是一典型的单级共射极放大器。其中,静态工作点的改变是通过改变 R_b 的阻值来实现的。

7.2.3.2 工作原理

静态工作点:图 7-2 中满足

$$I_1 = (5 \sim 10)I_B$$
$$U_B = (3 \sim 5)U_{CC}$$

故有

$$U_B = \frac{R_{B12}}{R_{P1} + R_{B11} + R_{B12}} U_{CC}$$

$$I_C \approx I_E = \frac{U_B - U_{BE}}{R_E + R_{E1}} \approx \frac{U_B}{R_E + R_{E1}}$$

$$U_{CE} = U_{CC} - I_C R_C - I_E(R_E + R_{E1})$$

动态参数:

电压放大倍数 $\quad A_V = U_o/U_i = -\dfrac{\beta R'_L}{r_{be}}$

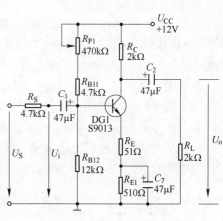

图 7-2 单级共射极放大器

其中 $\qquad R'_L = R_C /\!/ R_L$

输入电阻 $\qquad R_i = (R_{B11} + R_{P1}) /\!/ R_{B12} /\!/ [r_{be} + (1 + \beta)R_E]$

输出电阻 $\qquad R_o \approx R_C$

输入电阻的测试方法是在输入端将 1 kΩ 电阻器接入,若所加信号为 U_S,在基极与地之间测得的电压为 U_i,则可计算出

$$R_i = \frac{U_i}{U_S - U_i} \times R_1(k\Omega)$$

输出电阻的测试方法是若负载电阻 R_L 断开时,测得输出电压为 $U_{o\infty}$;R_L 接入时,测得输出电压为 U_{oL},则可以算出

$$R_o = \left(\frac{U_{o\infty}}{U_{oL}} - 1 \right) R_L$$

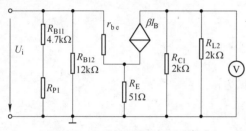

图 7-3　求共射极放大器的输出
电阻的交流等效电路

输出电阻的另一种测试方法是,在输出端加电压源测试输入电流 I 的大小,根据 $R_o = \dfrac{U}{I} = R_C // R_o \approx R_C$,求得输出电阻如图 7-3 所示。

7.2.4　实验内容及步骤

(1) 利用 EWB 对电路进行仿真。

(2) 测试放大器在线性放大状态时的静态工作点,如表 7-1 所示。

本实验电路没有留下测量电流 I_{cq} 的插孔,可通过采用测量 R_C 的电压间接测出 I_{cq},I_{bq} 可直接由电流表读出。

表 7-1　放大器的静态工作点

I_{cq}/mA	U_{ceq}/V	I_{bq}/mA	$\beta = \dfrac{I_{cq}}{I_{bq}}$	U_{be}/V
1.0				
1.5				

(3) 测量电压放大倍数:

1) 调节 R_b 使 $U_C = 6\text{V}$,调节低频信号发生器使其输出电压的幅值为 $1 \sim 10$ mV(要保证放大器输出电压波形不失真),频率为 1000 Hz,用毫伏计测量放大器的输入电压 U_i 及 R_L 断开和接入两种情况下的输出电压 $U_{o\infty}$ 和 U_{oL},计算电压放大倍数 A_V。

2) 用示波器观察 U_i 和 U_o 的幅值、相位。

3) 输入信号不变,调节静态工作点,从示波器上观察输出波形失真的情况。

4) 调节 R_b,使 I_c 返回到原位(6V),改变输入信号的幅值,找出最大不失真输出电压 U_{omax}。

5) 测量放大器的输入电阻 R_i 和输出电阻 R_o。

根据实验原理中叙述的方法,测出本放大器的输入电阻和输出电阻,如表 7-2 所示。

表 7-2　放大器的输入、输出电阻

U_S	U_i	R_i	$U_{o\infty}$	U_{oL}	U_{omax}	R_o

7.2.5　分析与思考

(1) 若原来的静态工作点在交流负载线的中心,如果 R_W 的值增加,则 U_{CEO} 是增加还是减少,此时若 U_S 值增加,首先产生饱和失真还是截止失真。

(2) 在观察放大器波形时,为什么要强调放大器、信号源和示波器的共地问题。

(3) 某同学说,负载电阻 R_L 的大小不影响静态工作点 Q。因此,只要静态工作点 Q 选择适当,R_L 的大小无论怎样变化都不会引起输出波形的失真,而你的看法呢?

(4) 如果要求提高放大器带负载的能力,你会采取什么措施?

7.2.6 实验报告要求

(1) 认真记录和整理测试数据,按要求填入表格并画出波形。
(2) 比较计算值和实测结果,找出产生误差的原因。
(3) 讨论实验结果,写出对本次实验的心得体会和改进建议。

7.2.7 实验设备

实验设备有:TDS2002 通用示波器 1 台,TFG2006V DDS 函数信号发生器 1 台,TH1911 型数字式交流毫伏表 1 台,SS1792F 直流稳压电源 1 台,VC9807 型万用表 1 只,直流微安表 1 只,模拟电子技术实验箱 1 只。

7.3 结型场效应管放大器

7.3.1 实验目的

(1) 了解结型场效应管的可变电阻特性。
(2) 掌握共源极放大器的特点。

7.3.2 预习内容及思考

(1) 熟悉教材中结型场效应管放大器的有关内容。

(2) 设结型场效应管的 $I_{DSS} = 5$ mA, $g_m = 1.5$ ms 和 $U_P = -5$ V,试计算图 7-4 中的 U_{DS}、I_D、U_{GS}、R_i 和 R_o。

(3) 为什么场效应管放大器的耦合电容较晶体管放大器的小?

(4) 比较场效应管放大器和晶体管放大器的特点。

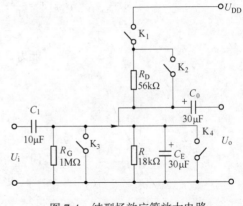

图 7-4 结型场效应管放大电路

7.3.3 实验原理及参考电路

7.3.3.1 实验电路

本电路是一种自偏压电路。其中,一些开关和接线柱是为便于进行有关实验内容而设置的。

7.3.3.2 工作原理

A 结型场效应管用做可变电阻

N 沟道结型场效应管的输出曲线如图 7-5 所示,从图中可以看出,场效应管的工作状态可以分为三个区:可变电阻区(Ⅰ区);恒流区(Ⅱ区);击穿区(Ⅲ区)。在Ⅰ区内 I_D 与 U_{DS} 的关系近似于线性关系,I_D 增加的比率受 U_{GS} 控制。因此,可以把场效应管的 D、S 之间看成一个受 U_{GS} 控制的电阻。

在Ⅱ区内,管子在预夹断后,电流 I_D 的大小几乎完全受 U_{GS} 的控制。即可以把场效应管看成一个压控电流源,这也是场效应管的放大区。测量 r_{DS} 的电路如图 7-6 所示。

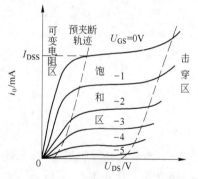

图 7-5　N 沟道结型场效应管的输出特性曲线

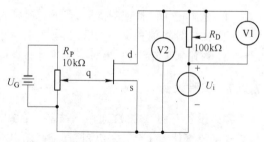

图 7-6　测量 r_{DS} 的实验电路

$$I_D = \frac{U_1}{R_D}$$

$$r_D = \frac{U_1}{I_D} = \frac{U_2}{U_1} R_D$$

　　结型场效应管的转移特性曲线如图 7-7 所示,图中,$U_{GS} = 0$ 时的 I_D 称为饱和漏电流 I_{DSS},$I_D = 0$ 时的 U_{GS} 称为夹断电压 U_P,转移特性曲线可用下式表示

$$i_D = I_{DSS}\left(1 - \frac{U_{GS}}{U_P}\right)(当\ 0 \geqslant U_{GS} \geqslant U_P)$$

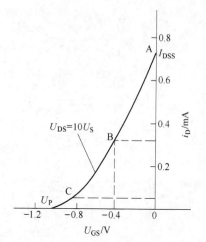

图 7-7　转移特性曲线

　　通常利用跨导 g_m 来衡量场效管的 U_{GS} 对 i_D 的控制能力,即

$$g_m = \frac{\Delta i_D}{\Delta U_{GS}}\bigg|_{U_{DS}=CONT}$$

B　自偏压共源极放大器

　　在图 7-4 中,若 K_2、K_3 和 K_4 断开,K_1 闭合,即为自偏压共源极放大器,其中 $U_G = 0$,$U_S = i_D R_D$。

联立方程　　　　　　$U_G = 0$

$$U_S = i_D R_D$$

$$U_D = I_{DSS}\left(1 - \frac{U_{GS}}{U_P}\right)^2 R_D$$

可以得到静态工作点:U_{GS}、I_D、U_{DS}(当然也可以用图解法得到)

电压放大倍数　　　　$A_V = \dfrac{U_o}{U_i} = -g_m(R_D /\!/ R_L)$

输入电阻　　　　　　$R_i = r_{gs} /\!/ R_G$

输出电阻　　　　　　$R_o \approx R_D$

7.3.4　实验内容及步骤

　　(1) 利用 EWB 对电路进行仿真。

　　(2) 测量结型场效应管的可变电阻:

　　1) 按图 7-6 接线。其中,U_i 为 10~100 mV,$f = 1000$ Hz 的正弦波信号。

　　2) 令 $U_{GS} = 0$,调节 U_i,使 U_2 在 0~100 mV 范围内变化,读出 U_1 和 U_2 值,计算 r_{DS} 值并填

入表格,如表7-3所示。

3) 分别将 U_{GS} 调至 $U_P/5,2U_P/5,3U_P/5$ 和 $4U_P/5$ 重复上述实验。

表 7-3　测量 r_{DS} 数据表

U_i		10	20	40	60	80	100
	U_2						
$U_{GS}=0$	U_1						
	r_{DS}						
	U_2						
$U_{GS}=U_P/5$	U_1						
	r_{DS}						
⋮	⋮						

4) 共源极放大器:

① 测量静态工作点。将 K_1 闭合,K_2、K_3 和 K_4 断开,接通工作电源,分别测出 U_G、U_s、U_D、I_D 填入表7-4。

表 7-4　静态工作点

项　　目	U_S	U_G	U_D	I_D
测量值				
计算值				

② 测量电压放大倍数 A_v。输入信号:$f=1000\,Hz$、有效值为 $0.5\,V$ 的正弦波信号,分别测出 U_i 和 U_o 并填入表7-5。

表 7-5　电压放大倍数测量

项　　目	U_i	U_o	$A_v=U_o/U_i$
测量值			
计算值			

表 7-6　输入电阻和输出电阻的测量

U_s	U_i	R_i	$U_{O\infty}$	U_{OL}	R_o

③ 输入电阻和输出电阻的测量。测量方法同实验(2),不同的是,测输入电阻时,在放大器的输入端串入的电阻要大些,这里选 $R=1\,M\Omega$,外接负载电阻选 $R_L=56\,k\Omega$,其余的同实验(2)中采用的方法。

7.3.5　实验报告要求

(1) 根据实验内容(1),在 $U_i=40\,mV$ 测得的数据,画出以 U_{GS} 为横坐标、r_{DS} 为纵坐标,$r_{DS}=f(U_{GS})$ 的关系曲线。

(2) 当 U_{GS} 由零伏变化到 $4/5U_p$ 时,r_{DS} 变化多少倍。

(3) 比较实测与理论计算两种情况静态工作点之间的误差,并分析误差产生的原因。

（4）将 A_v、R_i、R_o 的实测值与理论计算值进行比较。

7.3.6　实验设备与所用元器件

实验设备与所用元器件有：TDS2002 通用示波器 1 台，TFG2006V DDS 函数信号发生器 1 台，TH1911 型数字式交流毫伏表 1 台，SS1792F 直流稳压电源 1 台，VC9807 万用表 1 只，模拟电子技术实验箱 1 只。

7.4　负反馈放大器

7.4.1　实验目的

（1）研究电压串联负反馈对放大器性能的影响。
（2）学习负反馈放大器技术指标的测试方法。

7.4.2　预习要求与思考

（1）复习教材中电压串联负反馈放大器的有关章节，熟悉电压串联负反馈放大器的工作原理及负反馈对放大器性能的影响。
（2）估算开环、闭环两种情况下，电压放大倍数、输入电阻、输出电阻的变化情况。
（3）了解集成运放组成电压串联负反馈电路。

7.4.3　实验原理及参考电路

7.4.3.1　工作原理

放大器的输入量和输出量可以是电压，也可以是电流。根据所取反馈信号与输出信号的关系即从反馈电路的输入端取样方式来看，如果取自输出电压称为电压反馈；取之输出电流称电流反馈。根据反馈信号与放大器输入信号的关系，即反馈信号与输入信号并联接入称之为并联反馈，若为串联接入称之为串联反馈，可概括为四种基本类型：电压串联负反馈，电压并联负反馈，电流串联负反馈和电流并联负反馈。

反馈放大器可以看作是由基本放大器和反馈网络两部分所组成，其方块图如图 7-8 所示。

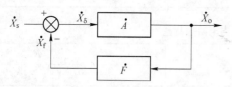

图 7-8　反馈放大器的方框图

（1）负反馈使放大器的放大倍数降低。图 7-8 中，$\dot{A}$ 表示基本放大器的放大倍数或传递函数，也称为放大器的开环放大倍数或开环增益；$\dot{F}$ 表示反馈网络的传递函数，简称为反馈系数；$\dot{X}_s$ 表示反馈放大器的输入信号，$\dot{X}_o$ 表示输出的信号，$\dot{X}_f$ 表示 $\dot{X}_o$ 通过反馈网络反馈到输入端的反馈信号，$\dot{X}_\delta$ 表示加在基本放大器输入端的偏差信号，亦称净输入量。

由图 7-8 可知，
$$\dot{X}_\delta = \dot{X}_S - \dot{X}_f \tag{7-1}$$

开环放大倍数为
$$\dot{A} = \frac{\dot{X}_o}{\dot{X}_\delta} \tag{7-2}$$

反馈系数为
$$\dot{F} = \frac{\dot{X}_f}{\dot{X}_o} \tag{7-3}$$

反馈放大器的闭环放大倍数，或称传输增益为：
$$\dot{A}_f = \frac{\dot{X}_o}{\dot{X}_s} \tag{7-4}$$

将式(7-1)~式(7-4)联立求解,可以得到反馈放大器闭环放大倍数的一般表达式

$$\dot{A}_{\mathrm{f}} = \frac{\dot{X}_{\mathrm{o}}}{\dot{X}_{\mathrm{s}}} = \frac{\dot{A}}{1 + \dot{A}\dot{F}} \tag{7-5}$$

若 $|1 + \dot{A}\dot{F}| > 1$,则 $|\dot{A}_{\mathrm{f}}| < |\dot{A}|$,放大倍数降低,为负反馈。若 $|1 + \dot{A}\dot{F}| < 1$,则 $|\dot{A}_{\mathrm{f}}| > |\dot{A}|$,放大倍数增大,为正反馈。当 $|1 + \dot{A}\dot{F}| = 0$ 时,$|\dot{A}_{\mathrm{f}}| \to \infty$,即不需要输入就有输出信号,放大器此时变为振荡器。

$$|\dot{A}| \gg 1, |\dot{F}| < 1$$
$$|1 + \dot{A}\dot{F}| > 1$$

故该电路为负反馈电路,放大器电压放大倍数比没有加负反馈时降低了 $(1 + \dot{A}\dot{F})$ 倍。反馈系数

$$F = \frac{R_{12}}{R_{12} + R_{\mathrm{f}}} \tag{7-6}$$

(2) 负反馈对放大器输入电阻和输出电阻的影响。引入串联负反馈,将使输入电阻增大,增大的程度与反馈深度 $(1 + AF)$ 有关。其关系式为

$$R_{\mathrm{if}} \approx R_{\mathrm{i}} (1 + AF) \tag{7-7}$$

式中　R_{i}——放大器开环时的输入电阻;

　　　R_{if}——反馈后放大器闭环输入电阻。

对于电压反馈,引入反馈后使放大器的输出电阻减小,减小的程度与反馈深度 $(1 + AF)$ 有关。其关系式为

$$R_{\mathrm{of}} = R_{\mathrm{o}} / (1 + AF) \tag{7-8}$$

式中　R_{o}——放大器开环时的输出电阻;

　　　R_{of}——引入负反馈后放大器闭环输出电阻。

(3) 负反馈对放大倍数稳定性的影响。由式(7-5)可知,$|A| \gg 1$ 时,$|A| \approx |\frac{1}{F}|$,即负反馈放大器的放大倍数几乎仅取决于反馈网络的反馈系数 F。在一般情况下

$$\frac{\mathrm{d}A_{\mathrm{f}}}{A_{\mathrm{f}}} = \frac{1}{1 + AF} \cdot \frac{\mathrm{d}A}{A}$$

可见,负反馈放大器的放大倍数的稳定性比基本放大器提高了 $(1 + AF)$ 倍。

(4) 负反馈对放大器通频带的影响。引入负反馈后,负反馈放大器的上限、下限截止频率分别为

$$f_{\mathrm{Hf}} = (1 + AF) f_{\mathrm{H}}$$
$$f_{\mathrm{Lf}} = f_{\mathrm{L}} / (1 + AF)$$

式中　$f_{\mathrm{H}}, f_{\mathrm{L}}$——基本放大器的上限、下限截止频率;

　　　$f_{\mathrm{Hf}}, f_{\mathrm{Lf}}$——负反馈放大器的上限、下限截止频率。

7.4.3.2　参考电路

图 7-9 所示的是一个典型的电压串联负反馈放大器电路,反馈网络为 1 只 56 kΩ 的电阻和 10 kΩ 的电位器串联,反馈量正比于输出电压,反馈量与输入量在输入回路中是串联的关系。根据反馈放大器的基本概念,将反馈网络并联在输出端并将反馈网络并联在 R_{e1} 两端,因反馈网络的阻值 $R_{\mathrm{F}} \gg R_{\mathrm{e12}}$,故可忽略 R_{F} 对输入回路的影响,使反馈去掉,即为本电路的基本放大器。

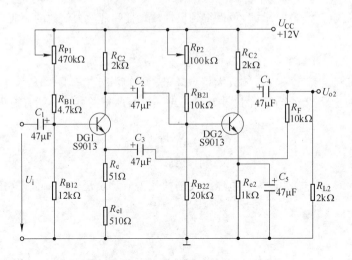

图 7-9　电压串联负反馈放大器电路图

7.4.4　实验内容

（1）利用 EWB 对电路进行仿真。

（2）测量负反馈放大器的静态工作点，如表 7-7 所示。

表 7-7　测量负反馈放大器的静态工作点

T	U_b	U_c	U_e
T_1			
T_2			

按实验原理图接线，并把静态工作点的有关数据记入表 7-7 中。

（3）测量放大器的开环电压放大倍数 A_v 和闭环电压放大倍数 A_{vf}。

将 R_f 接在输出和地之间，在输入端施加 $U_i = 5 \sim 10$ mV，$f = 1000$ Hz 的正弦波信号，测量 U_o 的数值。

将 R_f 接在输出 C_3 的负极之间，在输入端施加 $U_i = 5 \sim 10$ mV，$f = 1000$ Hz 的正弦波信号，测量 U_o 和 U_F。

将结果填入表 7-8 中，并进行计算。

表 7-8　测量放大器的开环电压放大倍数和闭环电压放大倍数

结果＼参数	U_i	U_o	$A_v = U_o/U_i$	U_i	U_F	$F = U_F/U_o$	$A_{vf} = U_o/U_i$	$A_{vf} = \dfrac{A_v}{1 + A_v F}$
实际值								
计算值								

（4）负反馈对放大器输入电阻和输出电阻的影响。实验方法同实验 7.2 节，只是要测量开环、闭环两种情况下的输入、输出电阻，并将测量结果分别填入表 7-9，表 7-10 中。

表 7-9　输入电阻

项　　目	U_s	U_i	$R_i = \dfrac{U_i}{U_s - U_i} R$
开　环			
闭　环			

表 7-10 输出电阻

项　　目	$U_{O\infty}$	U_{OL}	$R_o = \dfrac{U_{O\infty} - U_{OL}}{U_{OL}} R_L$
开　环			
闭　环			

(5) 负反馈对放大器通频带的影响。输入信号的幅值保持不变,改变输入信号的频率,分别测出开环、闭环两种情况的输出电压为 70.7% U_o 的 f_L, f_H, f_{LF}, f_{HF},其中 U_o 为输入信号为 10 mV,频率为 1 kHz 时的输出电压值。

7.4.5 实验报告要求

(1) 将理论值与实测值进行比较,分析其误差原因。
(2) 根据实验结果说明电压串联负反馈对放大器性能的影响。

7.4.6 实验设备及元器件

实验设备有:TDS2002 通用示波器 1 台,TFG2006V DDS 函数信号发生器 1 台,TH1911 型数字式交流毫伏表 1 台,SS1792F 直流稳压电源 1 台,VC9807 万用表 1 只,模拟电子技术实验箱 1 只。

7.5 差动式放大器

7.5.1 实验目的

(1) 加深理解差动式放大器的工作原理,学习差动放大电路静态工作点的测试方法。
(2) 学习使用集成差动式放大器,及其动态指标的测量方法。

7.5.2 预习要求与思考

(1) 复习差动式放大器的工作原理。
(2) 差动放大器的差模输出电压是与输入电压的和还是差成正比?
(3) 加到差动放大器两管基极的输入信号幅值相等,相位相同时,输出电压等于多少?

7.5.3 实验原理及参考电路

我们使用宽频带视频放大器 μA733/μA733C(LM733/LM733C),其电路原理如图 7-10 所示,外引脚排列图如图 7-11 所示。它是差动输入和差动输出的二级宽带视频放大器。由于使用了内部串并联反馈,这种放大器频带宽,相应失真小,而且有高的增益稳定性。射极跟随器输出使它具有大电流驱动和低阻抗能力。增益可在 10,100,400 中选择。

通过原理图可知,T_1、T_2、T_3、T_4 的两组差分放大器虽然是级联连接。但是,因为在初级 T_1,T_2 的发射极上接有 $R_3 \sim R_6$ 的大电阻,所以增益低,增益主要由 T_3、T_4 得到。T_3、T_4 上接有射极跟随器 T_5 和 T_6。因为 T_5、T_6 发射极上分别接有电阻 R_{15} 和 R_{16},把负反馈加到 T_4 和 T_3 的基极上,所以 T_3 和 T_4 的增益是稳定的。

在差分放大器中,当改变了 $R_3 \sim R_6$ 的接法时,虽然可以改变增益,但带宽亦会发生变化。所以在增益变化不大,且频率特性要求平坦的情况下,可将发射极电阻接成可变的,如图 7-12 所示。

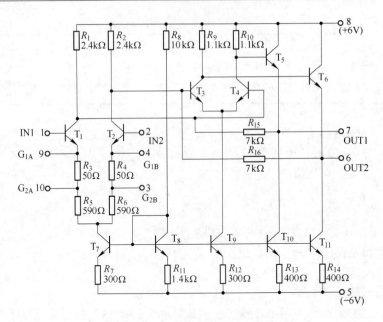

图 7-10　μA733 电路原理图

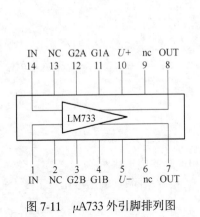

图 7-11　μA733 外引脚排列图

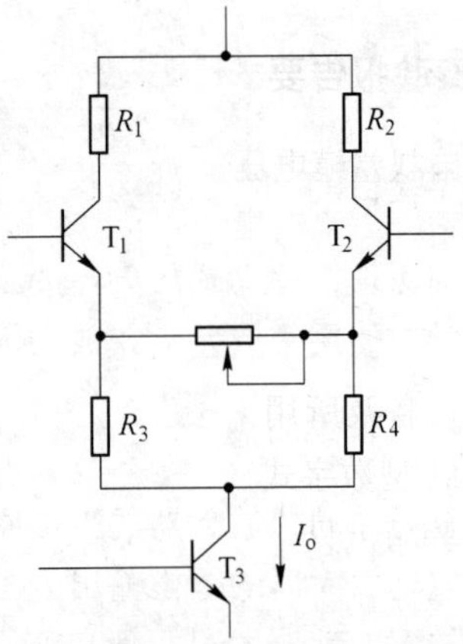

图 7-12　差分放大器中使频率
特性平坦的增益可变方法

在 μA733C 中,通过管脚 9 和 4 分别与管脚 10 和 3 断开或者短路,或者接上电阻等方式,便可改变增益。μA733C 的恒流源电路由 T_7,T_9 担任。

7.5.4　实验内容及步骤

(1) 利用 EWB 对电路进行仿真。

(2) 测量差模电压放大倍数:

1) 双端输入,双端输出时差模电压放大倍数。调节信号发生器,使得 $U_{is} = 10$ mV,$f = 1$ kHz 的正弦波信号送到输入端 1,14 之间,如图 7-13 所示。用示波器观察输出波形是否失真,若不失真,用晶体管毫伏表测出双端输出电压的大小 U_{od},计算差模放大倍数 A_d。

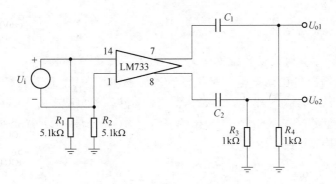

图 7-13　电压放大倍数测试电路

2）双端输入，单端输出时差模放大倍数。输入同上，用示波器观察 U_{o1}、U_{o2} 的波形及相位，测出其大小，算出差模放大倍数 A_{d1}、A_{d2}。

3）单端输入，双端输出时差模电压放大倍数。输入信号大小同上，将差动式放大器一输入端接地，另一输入端接入输入信号，测双端输出电压值，计算此时差模电压放大倍数。

（3）测量共模电压放大倍数。输入信号大小同上，将此信号作为共模信号同时送入两输入端，测两端输出电压值 U_{oc}，单端输出电压值 U_{oc1}、U_{oc2}，计算 A_c、A_{c1}、A_{c2}，计算共模抑制比 $K_{CMRR} = |A_d/A_c|$。

7.5.5　实验报告要求

（1）自制差模电压放大倍数、共模电压放大倍数和共模抑制比的表格。

（2）分析实验结果，并总结实验体会。

7.5.6　实验设备及所用元器件

实验设备及所用元器件有：TDS2002 通用示波器 1 台，TFG2006V DDS 函数信号发生器 1 台，TH1911 型数字式交流毫伏表 1 台，SS1792F 直流稳压电源 1 台，VC9807 万用表 1 只，模拟电子技术实验箱 1 只。

7.6　集成运算放大器的基本应用

7.6.1　实验目的

（1）学习集成运算放大器的参数测试方法，加深对运放参数定义的理解。

（2）熟悉用集成运算放大器构成基本运算电路的方法。

7.6.2　预习要求和思考

（1）预习教材中有关集成运算放大器的主要参数、信号运算与处理电路的有关章节。

（2）弄清失调电压 U_{PO}、失调电流 I_{IO}、开环电压放大倍数 A_{OV} 和共模抑制比 K_{CMR} 的意义及测量原理。

（3）画出同相、反相比例运算为 $U_o = f(U_i)$ 的关系曲线。

（4）在同相加法器中，若 $U_A = U_B > 0.5 \text{ V}$，在同相端和地之间反向并联两个二极管，二极管工作在什么状态，电路能否正常运算。

7.6.3　实验原理及参考电路

7.6.3.1　测试运算放大器的输出电压动态范围及传输特性

运算放大器的输出电压动态范围是指在不失真条件下,输出电压能够达到的最大幅度 U_{OPP}。运算放大器的 U_{OPP} 与电源电压 $\pm E_{CC}$、输入信号频率和负载电阻 R_L 的大小有关。测试电路如图 7-14 所示。若将输入信号 U_i 送示波器的 X 轴、输出信号 U_o 送示波器的 Y 轴,则可观察运算放大器的传输特性。

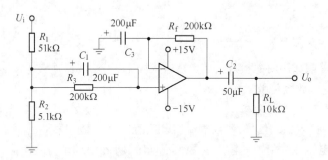

图 7-14　运算放大器输出电压动态范围测试

7.6.3.2　测量运算放大器的开环电压放大倍数

开环电压放大倍数是指在没有反馈时,运算放大器的差模电压放大倍数。测试电路如图 7-15 所示,由直流毫伏表测出的施加信号 U_i 可以得到

$$U_n = \frac{R_3}{R_2 + R_3} U_i \qquad U_n - U_p \approx U_n$$

最后可以得到　　$A_{vo} = \left| \dfrac{U_o}{U_d} \right| = \left| \dfrac{U_o}{U_N - U_P} \right| \approx \left| \dfrac{U_o}{U_N} \right| = \dfrac{R_2 + R_3}{R_3} \left| \dfrac{U_o}{U_i} \right|$

7.6.3.3　反相比例运算

反相比例运算电路如图 7-16 所示。图中,直流平衡电阻应满足 $R_2 = R_1 /\!/ R_f$,其输出电压为

$$U_o = -\frac{R_f}{R_1} U_i$$

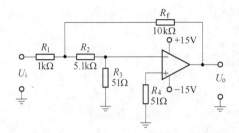

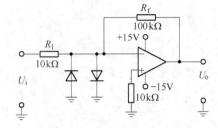

图 7-15　开环电压放大倍数测试电路图　　　　图 7-16　反相比例运算电路图

图中所加反向并联的二极管是为防止因输入的信号过大而造成输入级损坏而设置的保护电路。若 $R_1 = R_f$,则 $U_o = -U_i$,则图 7-16 所示的电路被称为反相器。

7.6.3.4　反相加法运算

反相加法运算的电路如图 7-17 所示,图中 R_3 应满足 $R_3 = R_1 /\!/ R_2 /\!/ R_f$,其输出电压为

$$U_o = -\left(\frac{R_f}{R_1}U_{i1} + \frac{R_f}{R_2}U_{i2}\right)$$

当 $R_1 = R_2$ 时,$U_o = -\dfrac{R_f}{R_1}(U_{i1} + U_{i2})$;

当 $R_1 = R_2 = R_f$ 时,则 $U_o = -(U_{i1} + U_{i2})$,实现反相加法运算。

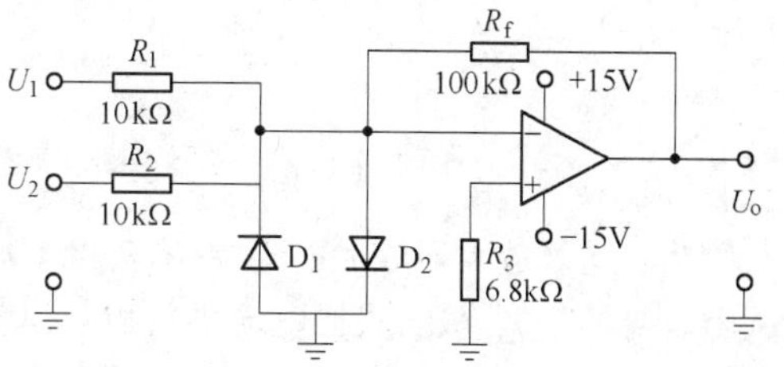

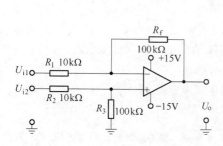

图 7-17　加法运算电路图

7.6.3.5　差动运算放大器

差动运算放大器的电路如图 7-18 所示,两个输入信号 U_{i1} 和 U_{i2} 同时分别加在同相、反相输入端。如果电路中的电阻满足:$R_1/R_f = R_2/R_3$,$R_1 = R_2$,$R_3 = R_f$,根据反相,同相比例运算放大器输出电压与输入电压的函数关系,可以得到

$$U_o = -\frac{R_f}{R_1}U_{i1} + \left(1 + \frac{R_f}{R_1}\right)\frac{R_3}{R_2 + R_3}U_{i2} = -\frac{R_f}{R_1}(U_{i1} - U_{i2})$$

由上式可以看出,差动放大器可以作为一减法器使用,它的输出电压 U_o 正比于($U_{i1} - U_{i2}$),信号($U_{i1} - U_{i2}$)被称为差模输入电压。

7.6.3.6　同相比例运算

同相比例运算的电路如图 7-19 所示,图中 R_2 应满足平衡条件 $R_2 = R_1 /\!/ R_f$,其输出电压为:

$$U_o = \left(1 + \frac{R_f}{R_1}\right)U_i$$

若 $R_1 = \infty$ 或 $R_f = 0$,则 $U_o = U_i$,则图 7-19 所示的电路被称之为电压跟随器。

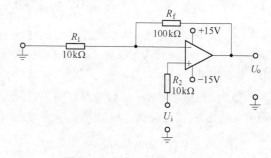

图 7-18　差动运算放大器

图 7-19　同相比例运算电路图

7.6.3.7　积分运算

积分运算电路图如图 7-20 所示。图中 $i_{R_1} \approx i_C$

$$i_{R_1} = \frac{U_i}{R_1}$$

$$i_C = -C\frac{dU_i}{dt}$$

$$U_o = -\frac{1}{c}\int_0^t i_c dt + U_{\infty}$$

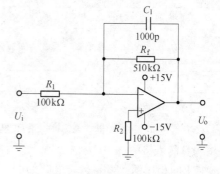

图 7-20　积分运算电路图

$$= -\frac{1}{R_1 C}\int_0^t U_i \mathrm{d}t + U_\infty$$

若 U_i 为阶跃电压时,则有 $U_{o(\tau)} = -\frac{1}{R_1 C}U_{i(\tau)}$。

因为在运算放大器放大电路中,有失调电压和失调电流,如果没有 R_f,图 7-20 所示电路则对放大器本身的失调电压,失调电流进行积分,其输出可能处于完全饱和状态。在实际积分的电路中,加上一个 R_f,可以产生直流反馈,减小运放的直流漂移对失调进行补偿。如果 R_f 的值取得太大,对抑制直流漂移不够,影响精度;取得太小,则会降低积分的输入电阻,一般达几百千欧姆即可,C 值一般不超过 $1\,\mu F$ 为宜。

7.6.4　实验内容及步骤

(1) 利用 EWB 对电路进行仿真。

(2) 测量运算放大器的输出电压范围及传输特性:

1) 按图 7-14 组装电路,检查无误后,接通电源。

2) 由 TFG2006N 型 DDS 函数信号发生器输出 $f = 5\,Hz$ 的正弦波信号输入到信号输入端,放大器输出端接示波器,将信号幅值逐渐加大,直至示波器上顶部和底部出现削波为止。此时的输出电压 U_{om} 即为输出电压的最大幅值。

3) 改变负载电阻值,记下不同负载情况下的 U_{opp} 并计算出不同负载情况下的电压值,即为该负载条件下电压输出的动态范围。

(3) 测量开环电压放大倍数。实验电路如图 7-15 所示。在输入端施加运算放大器允许频率的正弦波信号。这里,$f = 100\,Hz$。用示波器测出 U_o,U_i 则

$$A_{vo}(\mathrm{dB}) = 20\lg\frac{U_o}{U_N} = 20\lg\left(\frac{R_2 + R_3}{R_3}\cdot\frac{U_o}{U_i}\right)$$

(4) 反相比例运算。实验电路如图 7-16 所示,输入信号用一台直流稳压电源和一只电位器调节。在检查电路确认无误后,接通工作电源,按表 7-11 所示给定输入信号输入,用万用表测出 U_o,并将结果填入表 7-11。

(5) 反相加法运算。实验电路如图 7-17 所示。为了简单起见,令 $U_{i1} = U_{i2}$,在做实验时,将两输入端接在一起,按表 7-12 表格要求进行。

<table>
<tr><td colspan="3" align="center">表 7-11　反相比例运算</td></tr>
<tr><td>U_i/V</td><td>U_o(测量值)</td><td>U_o(理论值)</td></tr>
<tr><td>0.1</td><td></td><td></td></tr>
<tr><td>0.2</td><td></td><td></td></tr>
<tr><td>0.3</td><td></td><td></td></tr>
<tr><td>0.4</td><td></td><td></td></tr>
</table>

<table>
<tr><td colspan="3" align="center">表 7-12　反相加法运算</td></tr>
<tr><td>U_i/V</td><td>U_o(测量值)/V</td><td>U_o(理论值)</td></tr>
<tr><td>0.1</td><td></td><td></td></tr>
<tr><td>0.2</td><td></td><td></td></tr>
<tr><td>0.3</td><td></td><td></td></tr>
<tr><td>0.4</td><td></td><td></td></tr>
</table>

(6) 差动运算放大器。实验电路如图 7-18 所示。分别在 U_{i1},U_{i2} 加入不同信号,将实验结果填入自制表格中。

(7) 同相比例运算。实验电路如图 7-19 所示。检查实验电路无误后,按表 7-13 所要求的进行。

（8）积分运算。实验电路如图 7-20 所示。在做实验时,在反馈回路上并联一只 510 kΩ 的电阻,用作直流负反馈,目的是减小运算放大器输出端的直流漂移。输入端施加 $|U_i| = 0.1$ V, $f = 1000$ Hz 的方波信号。将结果填入表 7-14 中。

表 7-13　同相比例运算

U_i/V	U_o（测量值）	U_o（理论值）
0.1		
0.2		
0.3		
0.4		

表 7-14　积分运算

输入 U_i/V		输出 U_o/V	
幅值	波形	幅值	波形

7.6.5　注意事项

（1）运算放大器的管脚不要接错,尤其是正、负电源不能接反。
（2）所有实验要在 U_o 波形无振荡的情况下进行。
（3）做实验前,对所有电阻逐一测量,并记录数据。

7.6.6　实验报告要求

（1）记录和整理实验数据,并与理论值相比较。
（2）实验前必须按预习要求,计算出有关理论值。
（3）讨论实验中发现的故障或不正常现象,分析其原因,说明解决问题的方法和过程。

7.6.7　实验设备及元器件

实验设备及元器件有:直流稳压电源 SS1792 1 台,双线示波器 TDS2002 型 1 台,TH1911 型数字式交流毫伏表 1 台,VC9807 万用表 1 只,模拟电子技术实验箱 1 只。

7.7　集成功率放大器及其应用

7.7.1　实验目的

（1）熟悉集成音频功率放大器的工作原理。
（2）测试集成音频功率放大器的性能指标。

7.7.2　预习要求与思考题

（1）复习教材中功率放大器有关部分。
（2）在理想情况下,计算实验电路中最大输出功率,管耗、直流电源供给的功率及效率。

7.7.3　实验原理及参考电路

功率放大器的作用是把信号进行功率放大,提供不失真的一定功率的信号,当负载一定时,要求功率放大器输出功率尽可能大,输出非线性失真尽可能小。

7.7.3.1　集成功率放大器 LM386 的工作原理及其应用

集成功率放大器 LM386 的内部电路如图 7-21 所示。图中,$T_1 \sim T_4$ 组成共集—共射组态的差动输入级,T_5、T_6 构成镜像电流源做输入级的有源负载,T_7 组成共射中间电压放大级,由 T_8、T_9、T_{10}、D_1 和 D_2 构成互补对称输出级,R_3、R_4 和 R_5 为直流负反馈电路。

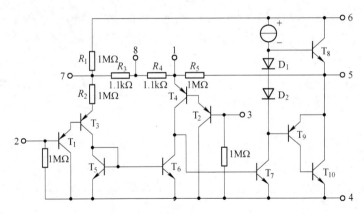

图 7-21　集成功率放大器 LM386 的内部电路图

LM386 是一种用于低压应用的民用电路。增益内部设定为 20 以保持外部元件最少, 在管脚 1 和管脚 8 之间增加外部电阻和电容, 可使增益提高, 可以提高到 200(见图 7-22)。电路输入端以地为参考点, 则输出自动偏置为二分之一电源电压值, 使用 6 V 电源时静态功耗仅为 24 mW。

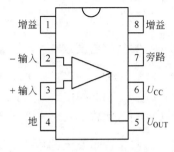

图 7-22　集成功率放大器 LM386 外引脚能

LM386 的性能指标为：

电源电压范围：4～18 V

静态电流：4 mA

增益：20～200

输入电压：±0.4 V

封装功耗：660 mW

7.7.3.2　直流电源供给的功率 P_E

直流电源供给的功率是指功率放大器中直流电源实际输出的功率, 即 $P_E = E_{CC} I$。

在实际应用过程中, 直流电源的输出电流 I 随输入信号的幅度而变化。因此, 通常可以在放大器的输入端施加一幅值稳定的信号进行测量。

7.7.3.3　最大不失真输出功率 P_{om}

最大不失真输出功率 P_{om}, 是指在加大输入信号, 直至输出电压波形临界饱和为止时的输出功率。

$$P_{om} = \frac{U_{om}^2}{R_L}$$

7.7.3.4　功率放大器的带宽

对于一般的交流放大电路, 输出幅值随输入信号频率的变化称为幅频特性。在一个较宽的频率范围内, 幅频特性曲线是平坦的, 即若放大器的输入电压幅值不变, 在此范围内输出电压值不随输入信号的频率而变化。保持输入信号幅值不变, 而改变输入信号的频率, 当输出电压降至曲线平坦部分电压值的 70.7% 时的输入信号的频率称为下限频率, 记为 f_L。保持输入信号的幅值不变, 而升高输入信号的频率, 当输出电压下降至曲线平坦部分电压值的 70.7% 时的输入信号频率称为上限频率, 记为 f_H, f_L 和 f_H 之间的频率范围, 称为放大器的通频带或带宽, 即 $BW = f_H - f_L$。

7.7.3.5　失真度 γ 的测量

功率放大器的主要元件——晶体管是一个非线性元件。一个正弦信号通过非线性系统会产生失真,功率放大器自然不例外。失真度是功率放大器的一个重要性能指标。功率放大器的失真度通常是指在最大不失真输出电压范围内,在带宽内的失真度。严格说来,在此范围内的失真度也不是完全一样的,通常所说的失真度是指在通频带内的最大失真度。在实验过程中,请同学们自拟表格,分别测出 1000 Hz 和 50 kHz 时的失真度。失真度的测量原理和测量方法请参看有关参考资料。

7.7.3.6　应用电路

功率放大器 LM386 的典型应用电路,如图 7-23 所示。

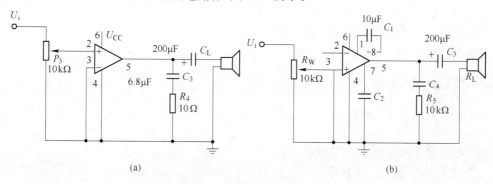

图 7-23　集成功率放大器 LM386 的应用电路

(a) 增益最小(20)电路；(b) 增益最大(200)电路

7.7.4　实验内容

(1) 利用 EWB 对电路进行仿真。

(2) 检测有无振荡。按图 7-23(b)接线,令 $U_i = 0$,用示波器观察输出端的电压 U_o,有无振荡和纹波电压。如有应在 7 和地之间加电容消除。

(3) 测试性能指标。在输入端加 1 kHz 的正弦波信号,逐渐加大输入电压的幅值,直至用示波器观察到 U_o 的波形为临界削波为止。用晶体管毫伏表测出 U_i 和 U_o,用万用表测出此时的电源电压 U_{CC} 和电流 I,算出 P_{om},P_E,P_i 和 η 及电压增益 A_v。并将结果填入表 7-15 中。

表 7-15　实验结果记录

U_i/V	U_o/V	I/mA	U_{CC}/V	$A_v = U_o/U_i$	P_{om}/W	P_E/W	η

(4) 观察输出级的对称程度。

(5) 测不失真输出功率。

(6) 测功率放大器的频率特性。保持 $|U_i|$ 幅值不变,改变输入信号的频率,测出 U_o 下降到 1 kHz 时 U_o 的70.7%时的频率,即为 f_H 和 f_L,$BW = f_H - f_L$。

(7) 失真度测量。

7.7.5　实验报告要求

(1) 列出实验结果,分析理论与实测值之间差别的主要原因。

(2) 简述心得体会。

7.7.6　实验设备及元器件

实验设备及元器件有:直流稳压电源 SS1792 1 台,双线示波器 TDS2002 型 1 台,TH1911 型数字式交流毫伏表 1 台,VC9807 万用表 1 只,模拟电子技术实验箱 1 只。

7.8　数字电路基础实验

7.8.1　实验目的

(1) 熟悉数字电路实验仪器的使用。
(2) 掌握 TTL 门电路主要参数的测试方法。
(3) 熟悉门电路的基本应用。

7.8.2　预习要求与思考

(1) 阅读有关手册及附录中 TTL 与非门 74LS00 的说明书,了解其线路、工作原理、引线排列、逻辑功能和参数。
(2) 熟悉各测试电路,了解其测试方法。
(3) 与非门不用的输入端如何处理? 或非门不用的输入端如何处理?

7.8.3　逻辑门电路测试原理

本实验以 TTL 集成电路与非门 74LS00 为例,介绍集成逻辑电路的逻辑功能及静态参数的测试方法。

7.8.3.1　与非门逻辑功能测试

与非门逻辑功能测试可按真值表逐行进行验证见表 7-16,其中,表中 A、B 的"0"为输入低电平,"1"为输入高电平,两输入信号为实验箱上 $K_0 \sim K_7$ 中的任意两个,输出端可直接接实验箱的发光二极管输入端。

7.8.3.2　TTL 与非门的主要参数测试

A　输出高电平 U_{OH}

根据与非门的工作原理可知,有一个以上的输入端输入逻辑 0 时,输出电平必须大于标准高电平($U_{OH} = 2.4$ V)。注意,输出端空载时输出电平较高,输出端有拉电流负载时,U_{OH} 将下降,测试电路如图 7-24 所示。

表 7-16　与非门逻辑功能测试

A	B	Z
0	0	
0	1	
1	0	
1	1	

表 7-17　U_{OH} 的测试结果

A	B	L
0	0	
0	1	
1	0	
1	1	

B　输出低电平 U_{OL}

输出低电平是指与非门的所有输入端都接高电平时,输出端的电平值。空载时,U_{OL} 必须低于标准低电平($U_{OL}=0.4$ V)。如果输出端接有灌电流负载,U_{OL}将有所上升。测试电路如图7-25所示。

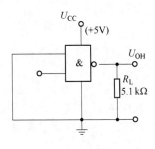

图 7-24 U_{OH}的测试电路

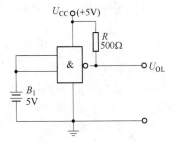

图 7-25 U_{OL}的测试电路

C   输入短路电流 I_{IS}

输入短路电流 I_{IS}是指将输入端短路情况下,流经输入端的电流。注意,将一个以上的输入端短路与只将其中一个输入端短路所测的电流值是不相同的,测试电路如图7-26所示。

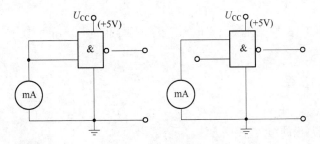

图 7-26 I_{IS}的测试电路

a   与非门的灌电流

与非门的灌电流 I_{OL},是指与非门输入端均为逻辑1的情况下,流入与非门输出端的电流值。值得注意的是,随着 I_{OL}的增加,U_{OL}将随之上升。测试电路如图7-27所示。

b   与非门的拉电流

与非门的拉电流是指有一个以上的输入端为逻辑0的情况下,从与非门输出端流出电流的值。测试电路如图7-28所示。

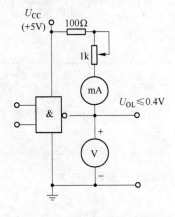

图 7-27 I_{OL}的测试电路

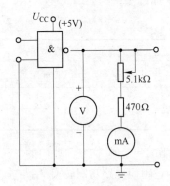

图 7-28 I_{OH}的测试电路

D　扇出系数 N

与非门的扇出系数,是指能驱动同类门电路的数目。用于衡量 TTL 电路带负载的能力。电路在输出为低电平时,最大允许负载电流为 I_{OL},后级一个输入端的短路电路为 I_{IS}。

$$N = \frac{I_{OL}}{I_{IS}} \quad (\text{一般情况下 } N > 8)$$

E　电压传输特性及抗干扰能力

TTL 与非门的电压传输特性是指输出电压随输入电压的变化规律。我们利用电压传输特性不仅能检测与非门的好坏,而且可以从电压传输特性曲线上直接读出它的主要静态参数 U_{OH}、U_{OL}、U_{OF}、高电平抗干扰能力(亦称高电平噪声容限)U_{NH}和低电平抗干扰能力(亦称低电平噪声容限)U_{NL}。

根据高电平抗干扰能力的定义:

$$U_{NH} = U_{IH} - U_{ON}$$

式中,U_{ON}为开门电平,是保证输出为低电压 U_{SL}时,允许的最小输入高电平值,$U_{ON} < 1.8\,\text{V}$,根据低电平抗干扰能力的定义

$$U_{NL} = U_{OFF} - U_{IL}$$

式中,U_{OFF}为关门电平,是在保证输出高电平不低于额定值的 90% 的前提下,允许叠加在输入低电平上的噪声电压。

7.8.4　实验内容和步骤

(1) 实验仪器设备使用练习:

1) 熟悉实验电路板的结构,使用方法。

2) 熟悉实验箱中信号源:单脉冲、连续脉冲,电平信号源。

3) 熟悉实验箱中发光二极管,七段数码显示器的使用。

(2) 逻辑门电路参数测试

1) 测试与非门的逻辑功能,按表 7-16 进行。

2) 测试与非门的输出高电平,测试电路如图 7-24 所示。

3) 测试与非门的输出低电平,测试电路如图 7-25 所示。

4) 测试与非门的输入短路电流,测试电路如图 7-26 所示。

5) 测试与非门输出为低电平时,允许灌入的最大负载电流 I_{OL},利用公式计算扇出系数 $N = \dfrac{I_{OL}}{I_{IS}}$。

将上面的测试结果填入表 7-18。

表 7-18　与非门静态参数

测　试　值				计　算　值			
U_{OH}	U_{OL}	I_{IS}	I_{OL}	$N = I_{OL}/I_{IS}$	U_{ON}	U_{OFF}	U_{SL}

6) 测试和绘制 TTL 与非门的电压传输特性,测试电路如图 7-29 所示。

(3) 逻辑门电路功能转换(用与非门):

1) 用与非门实现非门的功能。

$$Y = \overline{A}$$

2）用与非门实现与门的功能。

$$Y = AB$$

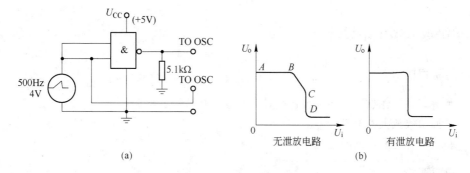

(a)

图 7-29 与非门传输特性

（a）与非门传输特性测试电路；（b）电压传输特性曲线

3）用与非门实现或门的功能。

$$Y = A + B$$

4）用与非门实现异或门的功能。

$$Y = \overline{A}B + A\overline{B}$$

7.8.5 实验报告要求

（1）认真记录与非门的主要静态参数 U_{OH}、U_{OL}、I_{IS}、I_{OL}、N 并与标准值进行比较。

（2）用坐标纸认真绘出与非门的电压传输特性曲线，并在曲线上标出 U_{OH}、U_{ON}、U_{OFF}、U_{NL}、U_{NH}。

（3）与非门不用的输入端如何处理？

7.8.6 实验器材

XSX-2B 型数字电路实验箱 1 个，VC9807 万用表 1 只，数字电子实验箱 1 只。

8　设计性实验、综合性实验

8.1　单级放大器电路设计

8.1.1　实验目的

(1) 了解静态工作点和元件参数变化对电路波形和特性的影响。
(2) 掌握单级放大器的设计方法。
(3) 验证设计的放大器的性能指标。

8.1.2　预习要求

(1) 预习典型单级放器的工作原理、静态工作点设置原则和 R_E 的作用。
(2) 熟悉静态工作点 Q 对输出波形的影响。
(3) 熟悉 Q、R_{in} 和 R_{out} 的测试方法。

8.1.3　单级放大器电路设计

8.1.3.1　电路原理图

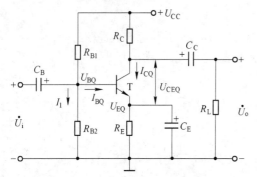

图 8-1　低频共射极单级放大器电路

在晶体管放大器的三种组态中,共集电极放大器用于电路的输入端和输出端,起缓冲作用,即用在输入端提高电路的输入阻抗,用在输出端提高带负载的能力。共集电极放大器用在高频电路中。广泛应用的低频共射极单级放大器电路如图 8-1 所示。电路的基本工作原理在很多教科书中都有详细的说明,故这里不再叙述。

8.1.3.2　电路设计中的几个基本关系式

根据静态工作点稳定不变的必要条件,只有在 $I_{R_{t2}} \gg I_{BQ}$ 条件下,U_{BQ} 才能恒定不变。一般取

$$I_{R_{t2}} = (5 \sim 10) I_{BQ} \quad \text{(硅管)}$$

$$I_{R_{t2}} = (10 \sim 20) I_{BQ} \quad \text{(锗管)}$$

为了保证电路有很好的稳定性,要求 $U_{BQ} \gg U_{BE}$,一般取 $U_{BQ} = (5 \sim 10) U_{BE}$

$$U_{BQ} = (3 \sim 5) \text{V} \quad \text{(硅管)}$$

$$U_{BQ} = (1 \sim 3) \text{V} \quad \text{(锗管)}$$

也可以按 $\quad\quad U_{BQ} = \left(\dfrac{1}{3} \sim \dfrac{1}{5} \right) U_{CC} \quad$ 进行选择

8.1.3.3　相关器件参数的选择

A　晶体管的选择

放大器中晶体管的选择,主要考虑的参数有:f_T、β、I_{CM}、P_{CM} 和输入阻抗等。如果要求放大器的输入阻抗比较高,例如要求大于 1 MΩ,应考虑采用场效应管放大电路;一般情况下采用晶体

管放大电路。f_T、β、I_{CM}、P_{CM}参数的选择已能满足要求,以略留有余量为原则,不要追求过高的参数,以免造成浪费和由此产生其它的问题。

B 选择静态工作电流 I_{CQ}

静态工作电流 I_{CQ}的选取主要从两方面考虑:一是从信号来考虑,对于小信号放大器,如果要求少耗电、低噪声,工作点应选低点;如果要求放大倍数大些,工作点应选高点。一般情况下,取 $I_{CQ} = 0.5\,\text{mA} \sim 2\,\text{MA}$;对于大信号放大器,主要考虑尽量大的动态范围和尽可能小的失真,选择一个最佳负载后,工作点尽量选在交流负载线的中央。二是对放大器的输入电阻的考虑。图8-1 中,$R_i = R_{b1} /\!/ R_{b2} /\!/ r_{be}$

$$r_{be} = r_{bb} + (1 + \beta)\frac{26}{I_{CQ}}$$

对于低频小功率管 r_{bb}取 300 Ω,对于高频小功率管 r_{bb}取 50 Ω。一般情况下,$r_{be} \gg R_{b1} /\!/ R_{b2}$,所以,$R_i \approx r_{be} = 300 + (1 + \beta)\frac{26}{I_{CQ}}$,根据要求的 R_i即可确定 I_{CQ}。

C 选取 R_{b1}和 R_{b2}

根据 U_{BQ}恒定的几个关系式和三极管的实际 β(也可以按照 $U_{BQ} = \left(\frac{1}{3} \sim \frac{1}{5}\right) U_{CC}$选择 U_{BQ}),可以得到

$$R_{b2} = \frac{U_{BQ}}{I_{R_{b1}}} = \frac{U_{BQ}}{(5 \sim 10) I_b}$$

$$R_{b1} = \frac{E_{CC} - U_{BQ}}{U_{BQ}} R_{b2}$$

例如,设 $U_{CC} = 12\,\text{V}$,$\beta = 60$。$I_{CQ} = 1.5\,\text{mA}$,选 $U_{BQ} = 3\,\text{V}$,则 $R_{b2} = 24\,\text{k}\Omega$,$R_{b1} = 72\,\text{k}\Omega$,实验时,$R_{b1}$可用以固定电阻予以电位器串联,使工作点调整到所期望的位置。

D 选取 R_e和 R_c

根据

$$R_e = \frac{U_{BQ} - U_{be}}{I_{EQ}}$$

经计算可以得到 $R_e = 1.5\,\text{k}\Omega$。

R_c 的值由给定的 R_L、$A_V = -\frac{\beta}{r_{be}} R'_L$ 和 $R'_L = R_C /\!/ R_L$ 共同决定。

C_B、C_C 和 C_E 在电路中起隔值的作用,对交流信号可以看成短路,其值的大小要求不那么严格,可以计算公式估算由实验确定,也可凭经验选取。估算公式为

$$C_B \geqslant (3 \sim 10)\frac{1}{2\pi f_L (R_S + r_{be})}$$

$$C_C \geqslant (3 \sim 10)\frac{1}{2\pi f_L (R_C + R_L)}$$

$$C_E \geqslant (1 \sim 3)\frac{1}{2\pi f_L \left(R_E /\!/ \dfrac{R_S + r_{be}}{1 + \beta}\right)}$$

E 校验设计参数

校验设计参数就是对所设计的电路参数进行理论计算,检查电路是否满足设计要求。如果不满足要求,需要重新进行设计。校验的设计参数包括:A_V、R_i、R_o、f_L、f_h 和静态工作点 Q。

8.1.4　电路搭接调试及性能指标的测试

（1）利用 EWB 对所示电路进行设计仿真。

（2）按设计电路的参数选择电子元器件。

（3）按设计电路图搭接电路，注意电路的布局布线。

（4）检查电路连接无误后，通电检查有无异常现象。

（5）调节 R_p，使 $U_c = \dfrac{1}{2} U_{CC}$，测试 Q 的其他物理量。

（6）根据设计电路的要求，在输入端施加一交流信号，并测试 A_V、R_i、R_o、f_L、f_h。

8.1.5　问题分析和讨论

（1）电路的理论设计性能指标与实际测试结果的差别，产生误差的原因。

（2）实验过程中有什么异常？分析其原因。

（3）谈谈你对电路设计、搭接、调试、性能指标测试的感受。

8.1.6　实验设备与所用元器件

实验设备：TDS2002 通用示波器 1 台，TFG2006V DDS 函数信号发生器 1 台，TH1911 型数字式交流毫伏表 1 台，SS1792F 直流稳压电源 1 台，VC9807 型数字万用表 1 只，模拟电子技术实验箱 1 个。

8.2　差分放大器设计

8.2.1　实验目的

（1）加深理解差分放大器的工作原理，学习差分放大电路的主要特性的测试方法。

（2）学会设计差分放大器及电路的测试技术。

8.2.2　预习要求与思考

（1）复习差分放大器的工作原理。

（2）差分放大器的差模输出电压是与输入电压的和还是差成正比？

（3）加到差分放大器两管基极的输入信号幅值相等，相位相同时，输出电压等于多少？

8.2.3　差分放大器电路设计

具有恒流源的差分放大器电路设计。具有恒流源的差分放大器电路，如图 2-2 所示，$U_{CC} = 12\ V$，$U_{EE} = -12\ V$，$R_L = 20\ k\Omega$，$U_{in} = 10\ mV$，$\beta = 100$。性能指标要求：$R_{id} \geqslant 20\ k\Omega$，$A_{VD} \geqslant 50$，$K_{CMRR} > 60\ dB$。

8.2.3.1　设置静态工作点及元件参数计算

具有恒流源的差分放大器的静态工作点主要由恒流源决定，因此，电路设计一般从恒流源开始。I_O 越小，恒流的稳定性就越好，放大器的输入阻抗越高。但又不能太小，一般选择为几毫安。本例取 $I_O = 1\ mA$。

由图 8-2 可知，$I_R = I_O = 1\ mA$，$I_{C1} = I_{C2} = \dfrac{I_O}{2} = 0.5\ mA$，由此可以得到

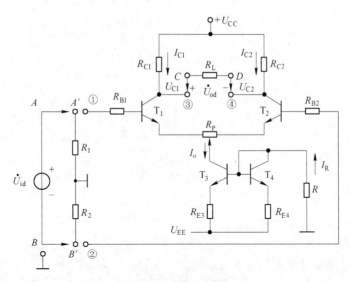

图 8-2　具有恒流源的差分放大器电路

$$r_{be} = 300 + (1 + \beta)\frac{26}{\dfrac{I_o}{2}} = 5.5 \text{ k}\Omega$$

R_{b1} 和 R_{b2} 参数的选取：

R_{b1} 和 R_{b2} 参数的选取由输入电阻要求来确定。本例要求 $R_{id} \geqslant 20 \text{ k}\Omega$，由于电路对称性的特点，由

$$U_{C1} = U_{C2} = U_{CC} - I_{C1}R_C = U_{CC} - \frac{I_o}{2}R_C$$

$$R_{id} = 2(R_{b1} + r_{be}) \geqslant 20 \text{ k}\Omega$$

得到　　　　　　　　　　$R_{b1} \geqslant 4.5 \text{ k}\Omega$　取　$R_{b1} = 6.8 \text{ k}\Omega$

由　　　　　$A_{VD} = \left| \dfrac{-\beta R_L}{R_{b1} + r_{be}} \right| \geqslant 50$　和　$R'_L = R_C // \dfrac{R_L}{2}$

得到　　　　　　　　　　$R_C = 15.97 \text{ k}\Omega$　取　$R_C = 16 \text{ k}\Omega$

R、R_{E3} 和 R_{E4} 参数的选取：

由于 I_o 是 I_R 的镜像电流

故　　　　　　　　　$I_R = I_o = \dfrac{|U_{EE}| - 0.7}{R + R_{E4}}$

由此可以得到　　　　　$R + R_{E4} = 11.3 \text{ k}\Omega$

R_{E3} 和 R_{E4} 是射极电流反馈电阻，一般取几千欧，这里取 $R_{E3} = R_{E4} = 2 \text{ k}\Omega$，$R$ 用一只 5.1 kΩ 和一只 10 kΩ 的多圈电位器进行调节。

R_P 的选择：

在选择 T_1 和 T_2 时，尽量选择参数一致的晶体管。尽管如此，仍有可能产生 $U_{C1} \neq U_{C2}$，尽管差别不大，仍需用 R_P 进行调整，使得 $U_{C1} = U_{C2}$。一般选择 $R_P = 100 \ \Omega$。

8.2.3.2　校验设计参数

校验设计参数就是对所设计的电路参数进行理论计算，检查电路是否满足设计要求。如果不满足要求，需要重新进行设计。校验的设计参数包括：A_{VD}、R_{id}、R_o、K_{CMR} 和静态工作点 Q。

$$A_{VD} = \left| \frac{-\beta R'_L}{R_{b1} + r_{be}} \right| = \frac{|-100(16 // 20)|}{6.8 + 5.5} = 72$$

$$R_{id} = 2(R_{b1} + r_{be}) = 24.6 \text{ k}\Omega$$

由　　　　　　$$U_{C1} = U_{C2} = U_{CC} - I_{C1} R_C = E_{CC} - \frac{I_o}{2} R_C = 12 - 0.5 \times 16 = 4 \text{ V}$$

和　　　　　　$$A_{VD} = \frac{U_{C1} - U_{C2}}{U_{id}} = 8000 \quad A_{VC} \approx 0$$

可以得到　　　　$$K_{CMR} = 20 \lg \frac{A_{VD}}{A_{VC}} \approx \infty$$

8.2.4　实验内容及步骤

(1) 利用 EWB 对所示电路进行设计仿真。

(2) 测量差模电压放大倍数：

1) 双端输入双端输出时差模电压放大倍数。调节信号发生器,使得 $U_{is} = 10 \text{ mV}$, $f = 1 \text{ kHz}$ 的正弦波信号送到输入端,用示波器观察输出波形是否失真,若不失真,用晶体管毫伏表测出双端输出电压的大小 U_{od},计算差模放大倍数 A_d。

2) 双端输入单端输出时差模放大倍数。输入同上,用示波器观察 u_{o1}、u_{o2} 的波形及相位,测出其大小,算出差模放大倍数 A_{d1}、A_{d2}。

3) 单端输入双端输出时差模电压放大倍数。输入信号大小同上,将差动式放大器一输入端接地,另一输入端接入输入信号,测双端输出电压值,计算此时差模电压放大倍数。测量共模电压放大倍数

4) 共模输入, 输入信号大小同上,将此信号作为共模信号同时送入两输入端,测两端输出电压值 U_{OC},单端输出电压值 U_{oc1}、U_{oc2},计算 A_c、A_{c1}、A_{c2},计算共模抑制比 $K_{CMR} = \left| \dfrac{A_d}{A_c} \right|$。

8.2.5　实验报告要求

(1) 自制差模电压放大倍数、共模电压放大倍数和共模抑制比的表格

(2) 分析实验结果,总结实验体会。

8.2.6　实验设备与所用元器件

实验设备有:TDS2002 通用示波器 1 台,TFG2006V DDS 函数信号发生器 1 台,TH1911 型数字式交流毫伏表 1 台,SS1792F 直流稳压电源 1 台,VC9807 型数字万用表 1 只,模拟电子技术实验箱 1 个。

8.3　OTL 低频功率放大器设计

8.3.1　实验目的

(1) 熟悉功率放大器的特点,各类功率放大器的用途。

(2) 掌握甲乙类功率放大器的设计方法。

8.3.2　预习要求

(1) 熟悉本实验电路的组成原理各单元电路的工作原理。

(2) 各主要元件的功耗如何选择

8.3.3 OTL低频功率放大器设计

电压放大器的作用是进行电压放大,它的输出电流一般只有几个毫安,即输出功率很小。而驱动诸如扬声器、继电器、电动机等控制对象,需要有功率放大器。设计功率放大器主要考虑的性能指标有:最大不失真输出功率、非线性失真、效率。同时要考虑减小管子功耗、采取措施,使管子安全可靠工作。

8.3.3.1 电路形式的选择

从工作方式来划分,功率放大器分:甲类、乙类、甲乙类、丙类、丁类和D类。在低频功率放大电路中,采用前三类的居多。近几年来,由于电子技术的飞速发展,各大电子器件生产厂商竞相研发D类功率放大器,市场上已有不少这类产品。从输出方式来看,有变压器输出、OTL(无变压器输出)、BTL(无变压器平衡输出)、OCL(无耦合电容输出)。

甲类功率放大器具有非线性失真小、电路简单、管子功耗大、工作效率低的特点,多用于要求非线性失真小、要求输出功率不大的电路中;乙类功率放大器具有效率高、存在非线性失真和交越失真的特点,多用于控制电路中。甲乙类功率放大器吸取了甲类放大器非线性失真小、乙类放大器失真小的优点,多用于音响系统中。在实际的音响系统中多采用甲乙类双电源互补对称电路。这种电路的特点是功率放大管处于微导通状态。本设计以此为例。

8.3.3.2 电路设计

已知条件:$R_L = 8\ \Omega$,$U_{CC} = 12\ V$,$U_{EE} = -12\ V$,$U_i = 200\ mV$。电路性能指标要求:$P_L \geqslant 2\ W$,$\gamma < 3\%$(1 kHz 时)。

设计电路如图 8-3 所示。图中,运算放大器 LM741、R_{P1}、R_2、R_3 和 C_2 为电路的驱动级,目的在于提高电路的电压放大倍数。$R_{P1} + R_2$ 为反馈电阻,R_3 交流接地(C_2 的作用)。显然,驱动级是一个同相输入交流反馈的电压放大器。在 $U_{in} = 0$ 时,由于反相段经 R_2 和 C_2 交流接地,$U_C = 0$,U_o(交流零点)一定为 0(这一点在调试时应特别注意)。R_4、R_5、R_{P2}、D_1 和 D_2 是后级功率放大电路的偏置电路。T_1、T_2、T_3、T_4、R_6、R_7、R_8、R_9、R_{10} 和 R_{11} 为电路的功率放大级。T_1 和 T_2 构成一个NPN型复合管,T_3 和 T_4 构成一个PNP型复合管,R_7 和 R_9 是为 T_1 和 T_3 截至 T_2 和

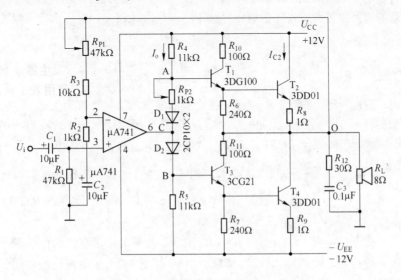

图 8-3 甲乙类双电源低频功率放大器设计

T_4 基极开路时,减小复合管的穿透电流,提高电路的稳定性而考虑的。T_1 是射极输出器 $A_v \leqslant 1$,T_2 是集电极输出 $A_v > 1$,为使两者增益一致,加入 R_6 和 R_8。R_{10} 和 R_{11} 为均衡电阻,起电流负反馈作用,可以改善 T_3 和 T_4 的温度稳定性及放大器的非线性失真。R_{12} 和 C_3 为滤波网络,用于改善高音特性及抑制自激振荡的产生。

A　电路中元件参数的选择

驱动级电路设计:为保证功率放大器的输出功率,驱动级应保证足够的电压放大倍数。由 $P_L = U_o^2 / R_L$ 及

$$U_O = \sqrt{P_L R_L}$$

得到

$$A_u = \frac{U_O}{U_i} = \frac{\sqrt{P_L R_L}}{U_i} = 20 = 1 + \frac{R_3 + R_{P1}}{R_2}$$

如选 $R_2 = 1\ \text{k}\Omega$,则 $R_{P1} + 2 = 19\ \text{k}\Omega$,取 $R_3 = 10\ \text{k}\Omega$,$R_{P1} = 50\ \text{k}\Omega$。

一般情况下,功率放大器的输入端有一个 $4.7 \sim 10\ \text{k}\Omega$ 的电位器用于调节音量,R_1 的值应远大于电位器的值,这里选择 $R_1 = 50\ \text{k}\Omega$。

偏置电路的设计:电路的静态工作点主要由 I_o 决定,I_o 太小,功率放大器工作在乙类状态,输出信号会出现交越失真;I_o 太大,电路的静态功耗大,效率低。综合考虑,一般取 $I_o = (1 \sim 3)$ mA,本例选 $I_o = 1$ mA,由图可知(忽略 I_{b1}、I_{b2})

$$I_o = \frac{2E_{CC} - 2U_D}{R_4 + R_5 + R_{P2}}$$

$$R_5 = \frac{U_{EE} - U_D}{I_o} = \frac{11.3\ \text{V}}{1\ \text{mA}} = 11.3\ \text{k}\Omega$$

取系列值 $R_5 = R_4 = 10\ \text{k}\Omega$,$R_{P2}$ 用于调整复合管的工作状态,静态时使其工作在微导通状态,若其值太大容易使复合管烧坏,一般在几百欧姆到 1 千欧姆之间,例如采用 $1\ \text{k}\Omega$ 的多圈电位器。

B　功率放大级电路设计

功率放大电路部分的关键元件是功率放大管,对于正负电源供电的功率放大器由 NPN 和 PNP 两种管型的晶体管完成功率放大的作用。一般的大功率三极管的电流放大系数都比较小难以满足设计要求。通常,采用复合管(管型由第一只小型管决定),复合管的电流放大系数为 $\beta_1 \beta_2$。功放管的选择主要考虑管子的极限参数 P_{CM}、$U_{(BR)CEO}$、I_{CM}。这三个极限参数必须满足:

$$P_{CM} \geqslant P_{C\max}$$

$$U_{(BR)CEO} \geqslant 2U_{CC}$$

$$I_{CM} \geqslant I_{C\max}$$

在设计时,选择管子要综合考虑:管子的三个极限参数、管耗(要特别注意管子的散热)、两个复合管的匹配(第一只小型管的电流由 β_2 决定)。管耗一般取 $20\% \sim 30\%$。本例中,考虑管耗后,管子的功率应满足 $P_{C\max} = (1.2 \sim 1.3)P_L$。本例的 $P_{C\max}$ 取 2.5 W 即可。管子的最大集电极电流 $I_{C\max}$ 可按 $I_{C\max} = \frac{U_{CC} - U_{CES}}{R_L}$ 求取。本例的 $I_{C\max}$ 取 1.5 A。每管的反向耐压 $U_{(BR)CEO} \geqslant 2U_{CC} = 24$ V。根据以上讨论,通过查阅晶体管手册可知:TIP31 的极限参数为:$P_{CM} = 40$ W,$I_{CM} = 3$ A,$U_{(BR)CEO} \geqslant 45$ V。可以满足设计要求。

R_7 和 R_9 一般按 $R_7 = (3 \sim 5)h_{ie4}$ 和 $R_7 = R_9$ 选择。通常为几十欧到几百欧,本例取 240 Ω。

平衡电阻一般为几十欧到几百欧,这里取 $R_6 = R_8 = 100\ \Omega$。起电流反馈作用的 R_{10}、R_{11} 通常取零点几欧到几欧姆,这里取 $R_{10} = R_{11} = 1\ \Omega$。消振网络的 R_{12}、C_4 参数由实验确定,一般地,

R_{12}为几十欧,这里选 30 Ω。C_4 通常为几十 nF 到 0.1 μF,这里选 0.1 μF。

通常,理论设计完成后,经过实验、技术指标的测试,调整元件参数,再经过技术指标的测试,直至满足设计要求,设计就算完成。

8.3.4 电路搭接调试及性能指标的测试

(1) 利用 EWB 对所示电路进行设计仿真。

(2) 按照设计电路图进行电路的搭接及电路的静态调试。开始可以把功率放大管部分的电源断开(为什么?)。把反馈回路原接输出的那一端接地,检测运算放大器的输出是否为零,若不为零,则加调零电路使其调至零。把 R_{P2} 调至 0 Ω。断开扬声器,接通功放部分的电源和反馈回路。检测电路的输出电压是否为零,若不为零,调节 R_{P2} 使其为零。

(3) 性能指标的测试

1) 最大不失真输出功率。在输入端加 $f = 1$ kHz 正弦波信号并在输出端用示波器观察输出波形。输入信号的幅值从 0 开始,直至输出电压波形开始失真,记下 $U_{O\,max}$。由 $P_{Om} = \dfrac{U_{O\,max}^2}{R_L}$ 间接测得最大不失真输出功率。

2) 直流电源供给的功率 P_E。实际上,音频功率放大器的电源电流是随着声音的大小而变化的不便测试。因此,通常在输入端加一个幅值稳定的信号进行测试。例如在进行 P_{Om} 测试时记下此时的电源电流,由 $P_E = U_{CC}I_{CC} + U_{EE}I_{EE}$ 可以得到直流电源供给的功率 P_E。

3) 功率放大器的带宽。对于一般的交流放大电路,输出幅值随输入信号频率的变化称为幅频特性。在一个较宽的频率范围内,幅频特性曲线是平坦的,即若放大器的输入电压幅值不变,在此范围内输出电压值不随输入信号的频率而变化。保持输入信号幅值不变,而改变输入信号的频率,当输出电压降至曲线平坦部分电压值的 70.7% 时的输入信号的频率称为下限频率,记为 f_L。保持输入信号的幅值不变,而升高输入信号的频率,当输出电压下降至曲线平坦部分电压值的 70.7% 时的输入信号频率称为上限频率,记为 f_H,f_L 和 f_H 之间的频率范围,称为放大器的通频带或带宽,即 $BW = f_H - f_L$。

4) 失真度 γ 的测量。放大器的主要元件——晶体管是一种非线性元件。任何一个交流信号通过非线性系统都会产生失真,功率放大器自然也不例外。失真度是衡量一个功率放大器优劣的一个重要性能指标。功率放大器的失真度通常是指在最大不失真输出电压范围内,在带宽内的失真度。严格说来,在此范围内的失真度也不是完全一样。通常所说的失真度是指在通频带内的最大失真度。失真度通常用失真度测量仪进行测量。我们用 NW4116B 型失真度测量仪测量所设计功率放大器的失真度。

8.3.5 实验报告要求

(1) 自制所需的表格以便填写实验结果。

(2) 根据实验结果,分析理论与实测值之间差别的主要原因。

(3) 简述设计、实验的心得体会。

8.3.6 实验仪器和元器件

实验设备有:TDS2002 通用示波器 1 台,TFG2006V DDS 函数信号发生器 1 台,TH1911 型数字式交流毫伏表 1 台,SS1792F 直流稳压电源 1 台,NW4116B 型失真度测量仪 1 台,VC9807 型数字万用表 1 只,模拟电子技术实验箱 1 个。

8.4　有源滤波器设计

8.4.1　实验目的

（1）通过实验进一步熟悉滤波器的幅频特性。
（2）掌握用运算放大器、电阻、电容组成低通、高通滤波器电路的特点。

8.4.2　预习要求与思考

（1）复习低通、高通滤波器的原理和滤波范围有关的参数。
（2）估算图 8-4 和图 8-5 所示中低通,高通滤波器的截止频率。
（3）自己设计一个带 $f_L = 950\,\text{Hz}$、$f_H = 1050\,\text{Hz}$ 带通滤波器的电路。

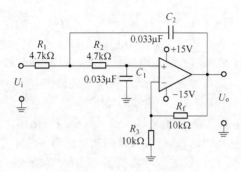　　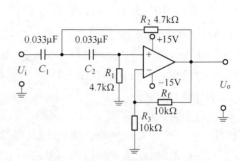

图 8-4　二阶有源低通滤波器实验电路　　　图 8-5　有源高通滤波器实验电路

8.4.3　滤波器电路设计及参考电路

　　滤波器是一种选频电路,它能使有用频率的信号通过,而同时抑制无用频率的信号。由无源元件(电阻、电容、电感)组成的滤波电路称为无源滤波电路,由运算放大器、电阻、电容(通常因电感体积大而较少采用电感元件)组成的滤波电路称为有源滤波电路。根据通过频率的情况分为低通、高通、带通、带阻和陷波滤波器;根据电路的形式可以分为一阶、二阶和高阶滤波器。一阶滤波器电路简单,但滤波效果不好(带阻区衰减太慢)。二阶滤波器是在一阶的基础上再加一级 RC 滤波器,较一阶滤波器,滤波效果大大提高、带阻区衰减变快,应用也较为广泛。真正具有理想特性的滤波器是难以实现的。通常用巴特沃斯最大平坦相应法和切比雪夫等波动响应法去逼近理想特性。即在所给定的带内有允许的波纹差,则采用切比雪夫响应法;若在所给定的带内不允许有波动情况,则采用巴特沃斯响应法。这里介绍具有巴特沃斯响应特性的二阶有源滤波器设计。

8.4.3.1　二阶有源低通滤波器原理

二阶有源低通滤波器的实验电路,如图 8-4 所示。

图 8-4 电路中,运算放大器采用同相输入,输入阻抗高,输出阻抗低,相当于一个电压源,故称 VCVS 电路,应用范围较大。这里介绍 VCVS 型二阶低通滤波器设计。VCVS 型二阶低通滤波器的传递函数为

$$A_{(S)} = \cfrac{A_V \cfrac{1}{R_1 R_2 C_1 C_2}}{S^2 + \left[\cfrac{1}{R_1 C_1} + \cfrac{1}{R_2 C_1} + \cfrac{1 - A_V}{R_2 C_1} \right] S + \cfrac{1}{R_1 R_2 C_1 C_2}}$$

与二阶低通滤波器传递函数的一般形式

$$A_{(S)} = \cfrac{A_V \omega_C^2}{S^2 + \cfrac{\omega_C}{Q} S + \omega_C^2}$$

进行比较可知

$$\omega_c^2 = \frac{1}{R_1 R_2 C_1 C_2}$$

$$A_V = 1 + \frac{R_4}{R_3}$$

$$\frac{\omega_C}{Q} = \frac{1}{R_1 C_1} + \frac{2 - A_V}{R_2 C_1}$$

通常,在给定的二阶低通(高通)滤波器设计指标中有:截止频率 f_c(或截止角频率 ω_c)、带内增益 A_V 和品质因数 Q。显然,企图通过以上三个式子求解出几个电阻电容的值几乎是不可能的。一般情况下,先取 $Q = 0.707$,确定一个或几个元件的值,再利用以上三式求出剩余的元件参数。现在,可以利用计算机将具有巴特沃斯或切比雪夫响应特性的方程组联立求解(可以是2、3…8 各阶滤波器),并以表格的形式给出所用 R、C 元件的值。

表 8-1　二阶低通滤波器(巴特沃斯响应)设计表

滤波器	性能参数	设　计　表					
		电路元件值/kΩ					
电压控制电源电路 VCVS	$Q \approx 0.707$ $A_V = 1 + \dfrac{R_4}{R_3}$ ($A_V \leqslant 2$ 时电路稳定) $\omega_c^2 = \dfrac{1}{R_1 R_2 C_1 C_2}$	A_V	1	2	4	6	8	10
		R_1	1.422	1.126	0.824	0.167	0.521	0.462
		R_2	5.399	2.250	1.537	2.051	2.429	2.742
		R_3	开路	6.752	3.148	3.203	3.372	3.560
		R_4	0	6.752	9.444	16.012	23.602	32.039
		C_2	$0.33C_1$	C_1	$2C_1$	$2C_1$	$2C_1$	$2C_1$
无限增益多路反馈电路 MFB	$Q \approx 0.707$ $A_V = -\dfrac{R_2}{R_1}$ $\omega_c^2 = \dfrac{1}{R_2 R_3 C_1 C_2}$	电路元件值/kΩ					
		A_V	1	2	6	10		
		R_1	3.111	2.565	1.697	1.625		
		R_2	3.111	5.130	10.180	16.252		
		R_3	4.072	3.292	4.977	4.723		
		C_2	$0.2C_2$	$0.15C_2$	$0.05C_2$	$0.033C_2$		

8.4.3.2　二阶 VCVS 低通滤波器设计举例:

给定条件为:$f_c = 2\ \text{kHz}$, $A_V = 2$, $Q = 0.707$

(1) 根据截止频率 f_c 和 $K = \dfrac{100}{f_c C_1}$(C_1 的单位为 μF,通常取 $1 \leqslant K \leqslant 10$)确定 C_1 的电容值。

若取 $C_1 = 0.01\ \mu\text{F}$。由 $K = \dfrac{100}{f_c c} = \dfrac{100}{2000 \times 0.01} = 5$。

（2）从设计表中可以查得：$A_V = 2$ 时，$C_1 = C_2 = 0.01\ \mu\text{F}$，$R_1 = 5.63\ \text{k}\Omega = 5.6\ \text{k}\Omega + 30\ \Omega$，$R_2 = 11.25\ \text{k}\Omega = 11\ \text{k}\Omega + 240\ \Omega$，$R_3 = R_4 = 33.76\ \text{k}\Omega = 33\ \text{k}\Omega + 750\ \Omega$。

8.4.4　实验步骤及内容

（1）利用 EWB 对所示电路进行设计仿真。

（2）搭接电路。根据设计参数搭接有源滤波器电路时注意参数尽量准确，找不到合适的表称系列电阻时，用一只标称系列的电阻串接一个多圈电位器进行调节。

本实验的实验步骤及表格由同学自拟。实验注意事项：在测滤波器的幅频特性时，对于不同频率的输入信号，要保持输入的有效值 $U_i = 0.1\ \text{V}$ 不变；为了保证准确性，每调好一个输入信号的频率都要先测输入信号的幅值，看看它是否改变了。当确认输入为 0.1 V 时，再测输出幅值。

8.4.5　实验报告要求

（1）自拟表格列出实验结果。

（2）在坐标纸上，以频率的对数为横坐标，电压增益的对数为纵坐标，画出低通、高通滤波器的幅频特性。

（3）简要说明实验结果与理论分析之间差异的原因。

（4）写出设计的过程，画出电路，将理论值与实测值进行比较。

8.4.6　实验设备及元器件

实验设备及元器件有：DDS 函数信号发生器 TFG2006V 1 台，双路直流稳压电源 1 台，TH1911 型数字式交流毫伏表 1 台，VC9807 型数字万用表 1 只，模拟电子技术实验箱 1 个。

8.5　正弦波信号发生器

8.5.1　实验目的

（1）通过实验加深理解文氏电桥式 RC 振荡器工作原理，研究负反馈强弱对振荡器的影响。

（2）学习用示波器测量 RC 正弦波振荡器的频率、开环幅频特性和相频特性的方法。

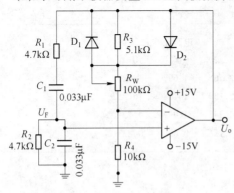

图 8-6　RC 网络低频振荡器电路

8.5.2　预习要求和思考

（1）复习教材中有关信号发生器的内容。

（2）电路图 8-6 中 $R = 4.7\ \text{k}\Omega$，$C = 0.033\ \mu\text{F}$，估算正弦波信号的振荡频率。

8.5.3　电路设计及参考电路

8.5.3.1　电路设计原理

在信号源中，正弦波信号是用得最多的一种。产生正弦波信号可以有多种途径：可以利用运放及 RC 元件实现；可以利用专用集成电路如：ICL8038、XR2206、AD9851 等及 RC 元件实现；可以利用单片机及 DAC 来实现；可以利用 FP-GA 及 DAC 来实现，也可以利用其他形式的 DDS 来实现。每一种实现电路都有自己的优缺点和应用范围。这里采用运放和选频网络进行设计。这种电路结构采用正反馈方式（亦有负反馈用于稳幅)。选频网络可以由 RC 组成,也可以由 LC 组成。RC 网络用于低频振荡器,LC 网络用于高频振荡器。RC 网络低频振荡器电路如图 8-6 所示。他的选频网络由 RC 串并联组成,选频网络的输入为电路的输出端,R_3、R_4、R_w、D_1 和 D_2 为负反馈支路,用于稳幅。由图可知,对于负反馈网络反馈系数为

$$F_- = \frac{R_4}{R_3 + R_w} \qquad (R_f = R_3 + R_w)$$

对于正反馈网络反馈系数为

$$F_+ = \frac{j\omega RC}{[1 - (\omega RC)^2] + j3\omega RC}(通常取 R_1 = R_2 = R, C_1 = C_2 = C)$$

令 $\omega_0 = \dfrac{1}{RC}$ 则

$$F_+ = \frac{1}{3 + j\left(\dfrac{\omega}{\omega_0} - \dfrac{\omega_0}{\omega}\right)}$$

选频网络的幅频特性为

$$|F_+| = \frac{1}{\sqrt{3^2 + \left(\dfrac{\omega}{\omega_0} - \dfrac{\omega_0}{\omega}\right)^2}}$$

选频网络的相幅频特性为

$$\phi_f = -\arctan\frac{\dfrac{\omega}{\omega_0} - \dfrac{\omega_0}{\omega}}{3}$$

当 $\omega = \omega_0$ 时,

$$|F_+| = \frac{1}{3}$$

$$\phi_f = 0, 2\pi$$

RC 正弦波振荡器实验电路如图 8-6 所示,图中 D_1、D_2 的加入是为了利于起振和稳幅。

由

$$f_0 = \frac{\omega_0}{2\pi} = \frac{1}{2\pi RC}$$

可知,改变 R、C 的值即可改变振荡器的振荡频率。

8.5.3.2　设计电路的参数选择

(1) 振荡频率的选择,根据 f_0 与 RC 的关系是确定 RC 的值。有给定的设计频率可知 $RC = \dfrac{1}{2\pi f}$,电容的标称系列值较少,故一般先选电容的值,选电容值时可参考表 8-2。

表 8-2　频率与电容的关系

f/Hz	$1 \sim 10$	$10 \sim 10^2$	$10^2 \sim 10^3$	$10^3 \sim 10^4$	$10^4 \sim 10^5$	$10^5 \sim 10^6$
C	$20 \sim 1\,\mu\text{F}$	$1 \sim 0.1\,\mu\text{F}$	$0.1 \sim 0.01\,\mu\text{F}$	$10^4 \sim 10^3\,\text{pF}$	$10^3 \sim 10^2\,\text{pF}$	$10^2 \sim 10\,\text{pF}$

例如,若设计频率为 1000 Hz,C 选择 $0.033\,\mu\text{F}$ 则

$$R = \frac{1}{2\pi fC} = \frac{1}{2\pi \times 1000 \times 0.033 \times 10^{-6}} \approx 4725\,\Omega \text{ 选取 } R = 4.7\,\text{k}\Omega$$

显然,由于电子元件参数的分散性,根据选取的 RC 值不可能得到准确的频率值,可以把 R 用一只 $4.3\,\text{k}\Omega$ 的电阻和一只 $1\,\text{k}\Omega$ 的多圈电位器来代替。

(2) 负反馈支路参数的选取 R_3、R_4、R_P 参数的选取,根据 $F_- = \dfrac{R_3}{R_3 + R_f}$ 略大于 $\dfrac{1}{3}$,即 $R_f \geqslant 2R_3$ 选择,其值在几百欧到几十千欧之间。

(3) 选择合适的运算放大器。选择运放的一个重要指标是带宽增益,对于振荡器所使用的运放,振荡频率越高,要求运放的单位带宽增益越大。通常,要求运放的单位增益带宽大于振荡

器频率的 10 倍以上。

8.5.4　实验内容和步骤

（1）利用 EWB 对所示电路进行设计仿真

（2）RC 正弦波振荡器：

1）按图 8-6 电路图连接电路。

2）调节 R_W，观察负反馈的强弱对输出波形的影响。

3）将 R_W 调节到刚维持振荡值，由示波器观察正弦波信号不失真，并测出振荡频率。用示波器测出 U_o、U_F 的幅值，并填入表 8-3 中。

表 8-3　RC 正弦波振荡器

项　　目	f	U_o	U_F
测量值			
理论值			

4）测振荡器的开环幅频特性和相频特性。把图 8-6 中的输入信号加在运算放大器的同相输入端，输入信号幅值的大小同步骤 3）中的 U_F（为了保持放大器工作状态不变）。改变输入信号的频率，分别测量 U_o 和 U_F 的值，U_i 和 U_F 的相位，并记入表 8-4 中。

表 8-4　振荡器的开环幅频特性和相频特性

U_i 的频率	50	100	150	200	300	400	600	800	1000	1200	…
U_F 的电压											
U_i 与 U_F 的相位差											

8.5.5　实验注意事项

（1）测量 RC 振荡器的开环幅频特性、相频特性时，要保持输入信号的幅值不变。

（2）在测 RC 振荡器的相频特性时，在 f_0 前后要发生极性变化。

（3）要画完整的幅频特性曲线、相频特性曲线，就要有足够的测试点。在 f_0 附近测试的采样点应尽可能密集些。

8.5.6　实验报告要求

（1）把 RC 正弦波振荡器的振荡频率的实测值与理论计算值进行比较，并分析产生误差的原因。

（2）用半对数坐标画出带选频网络的放大器的开环幅频特性和相频特性曲线。

8.5.7　实验设备和元器件

实验设备和元件有：TDS2002 示波器 1 台，TFG2006V 型信号发生器 1 台，TH1911 型数字式交流毫伏计 1 台，SS1792F 型直流稳压电源 1 台，VC9807 型数字万用表 1 只，模拟电子技术实验箱 1 个。

8.6 函数信号发生器

8.6.1 实验目的

学习应用运算放大器设计比较器、三角波发生器和压控振荡器电路。

8.6.2 预习要求和思考

(1) 在图 8-7 中,当 $U_o = \pm 6$ V 时,计算电路翻转时的 U_i 值。

(2) 根据图 8-8 中的参数,计算三角波的幅值及频率,并绘出方波—三角波的波形图。

(3) 根据图 8-10 中的参数,按表 8-5 计算 $f = F(U_2)$。

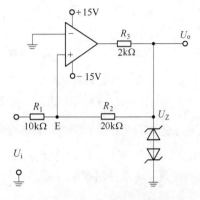

图 8-7 迟滞比较器电路图

8.6.3 电路设计原理及参考电路

8.6.3.1 迟滞比较器

迟滞比较器如图 8-7 所示,由图可见 $U_{ref} = 0$ V,当输入电压 U_i 与输出电压 U_o 在 E 点的合成电压为零时比较器翻转。用节点法列出 E 点的电压方程,则有

$$\left(\frac{1}{R_1} + \frac{1}{R_2}\right)U_E = +\frac{1}{R_1}U_i + \frac{1}{R_2}U_o$$

$$U_E = +\frac{R_2}{R_1 + R_2}U_i + \frac{R_1}{R_1 + R_2}U_o$$

电路翻转时,$U_N = U_P = U_E = 0$ 则有

$$U_i = -\frac{R_1}{R_2} \quad U_o = \pm\frac{R_1}{R_2}U_z$$

8.6.3.2 方波－三角波发生器

把比较器和积分器的首尾相接即得图 8-8 所示的方波—三角波发生器电路。三角波的峰值电压为

$$U_{o2M} = \left|\pm\frac{R_1}{R_2}U_z\right|$$

图 8-8 所示电路的输出波形如图 8-9 所示。U_{o2} 由零上升到 U_{o2M} 所需的时间为四分之一周期 T,故

$$U_{o2M} = \frac{R_1}{R_2}U_z = \frac{1}{C}\int_0^{\frac{T}{4}}\frac{U_z}{R_4}dt = \frac{T}{4R_4C}U_z$$

由此式可得三角波(或方波)的频率为

$$f = \frac{1}{T} = \frac{R_2}{4R_1R_4C}$$

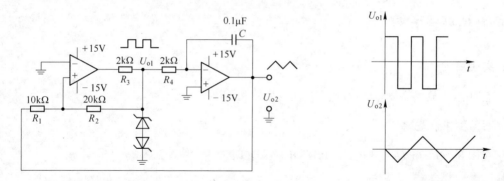

图 8-8　方波－三角波发生器电路图　　　　图 8-9　方波－三角波发生器电路的波形图

8.6.3.3　压控振荡器

图 8-10 中,D_1、D_2 右侧仍为一方波－三角波发生器电路,加入 D_1、D_2 左侧部分的电路的目的在于把积分电压改变为 U_2 而不再是 U_Z。三角波的峰值仍为 $\pm \dfrac{R_1}{R_2} U_Z$ 与 U_2 无关。由于积分器的积分电压为 U_2,U_2 的变化改变了三角波上升和下降的斜率,三角波的频率便因此而改变,从而实现了电压控制频率的目的。

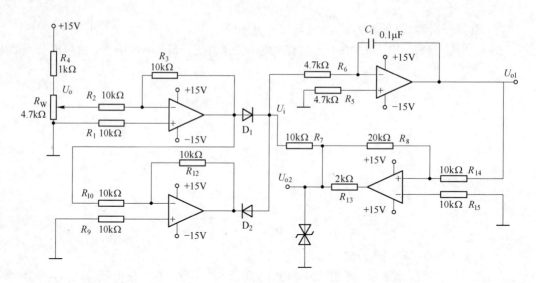

图 8-10　压控振荡器电路图

振荡器的振荡频率为

$$f = \frac{1}{T} = \frac{R_2}{4 R_1 R_4 C} \cdot \frac{U_2}{U_Z}$$

可见,若所有电阻、电容值均不变,则振荡频率随 U_2 作线性变化。

8.6.4　实验内容和步骤

(1) 利用 EWB 对所示电路进行设计仿真。

(2) 过零比较器:

1) 按图 8-7 中的参数在实验板上搭接电路。

2）U_O 若为负电压，在输入端加直流正电压，从 0 V 逐渐增大，测量输出压时的输入电压、输出电压值。

3）输入端加一负直流电压，重复上述步骤。

（3）方波－三角波发生器：

1）按图 8-8 所示的电路图在实验板上搭接。

2）用示波器观察 U_{o1} 和 U_{o2} 的波形，测出其幅值和频率。

3）描绘 U_{o1} 和 U_{o2} 的波形，图中要正确表示出它们的相位关系。

（4）压控振荡器：

1）将 A1、A2 组成的方波－三角波发生器搭接好，并测出 U_{o1}、U_{o2} 的幅值和频率（可以在上述方波－三角波发生器的步骤 2）的基础上继续进行）。

2）将 D_1、D_2 左侧部分的电路接入，改变 U_2，测出输出电压 U_o 的频率与输入电压 U_2 的关系：$f = F(U_2)$，将结果填入表 8-5 中。

表 8-5 数据

U_2/V	0.5	1.0	1.5	2.0	2.5	3.0	3.5	4.0	4.5	5.0
f/Hz										

8.6.5 实验报告

（1）试说明迟滞比较器翻转时，产生 U_2 的测量值与理论值差异的原因。

（2）根据实验描绘出过零比较器的传输特性。

（3）讨论本实验中发现的问题。

8.6.6 实验设备及元器件

实验设备及元器件有：TDS2002 示波器 1 台，TH1911 型数字式交流毫伏计 1 台，SS1792F 型直流稳压电源 1 台，VC9807 型数字万用表 1 只，模拟电子技术实验箱 1 个。

8.7 模拟乘法器的应用

8.7.1 实验目的

（1）模拟乘法器的工作原理和特性。

（2）模拟乘法器的调零技术。

（3）掌握模拟乘法器的使用方法。

8.7.2 预习要求

（1）复习教材中模拟乘法器的有关章节。

（2）掌握模拟乘法器的使用方法。

8.7.3 实验原理

模拟乘法器是模拟电路的重要分支。它不仅可以用于乘、除、平方、平方根等模拟运算，还可用于波形产生、振幅调制，混频、倍频、检波、鉴相等等。模拟乘法器元件是一种通用性很强的功能电路和非线性组件。采用模拟乘法器可以使单元电路的设计更灵活,更易于调整。本实验采用的模拟乘法器 MC1595 是一种优良的通用型乘法器。其电路原理图如图 8-11 所示。经理论推导,集成乘法器 MC1595 的传输特性方程为

$$u_o = KU_xU_y$$

式中　　$K = \dfrac{2R_C}{I_{ox}R_xR_y}$　为乘法器的增益系数。

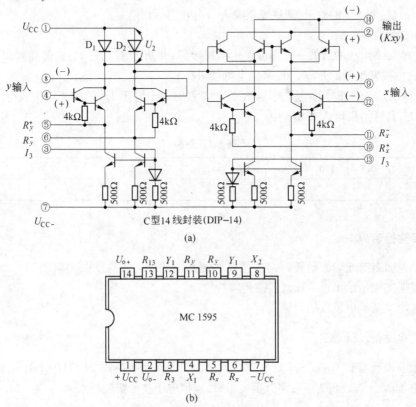

(a)

(b)

图 8-11　MC1595 工作原理图

(a) 内部原理图;(b) 引脚图

8.7.3.1　外接元件参数选取

集成模拟乘法器在使用时,必须施加合适的电源电压(电源典型值:$U_{CC} = +12\,\text{V}$, $-U_{CC-} = -8\,\text{V}$)和必需的外接元件。下面举例说明外接元件参数的确定方法。

例 8-1　已知电源电压 $U_{CC} = +12\,\text{V}$, $-U_{CC-} = -8\,\text{V}$, u_x 和 u_y 的线性动态范围为 $\pm 5\,\text{V}$,乘法器的增益系数 $K = 0.1\,\text{V}^{-1}$,求各外接电阻值。

解:

(1) 偏置电阻 R_3、R_{13} 恒流源电流。一般选 $I_{ox} = I_{oy} = I_o(0.5 \sim 2)\,\text{mA}$,可以保证使晶体管工作在特性曲线的指数关系部分。这里选 $I_o = 1\,\text{mA}$,则有

$$R_3 = \frac{U_{CC-} - U_{BE}}{I_{ox}} = \frac{8 - 0.7}{1} = 7.3\,\text{k}\Omega, \text{取 } R_3 = 7.2\,\text{k}\Omega$$

同理,可以选取 $R_{13} = 7.2\,\text{k}\Omega$。

因为增益系数 K 与 I_{ox} 成反比关系,为使增益系数 K 可调,通常用一只 10 kΩ 电阻和一只

6.8 kΩ 电位器串联构成 R_3。

(2) 反馈电阻 R_x、R_y。电阻 R_x、R_y 值的大小不仅影响负反馈的强弱、输入电压的线性动态范围、输入阻抗,而且影响增益系数。在确定 R_x、R_y 的参数时,可以按在输入电压最大时,令 R_x(R_y)中的电流 $I_x(I_y) \leqslant \dfrac{2}{3} I_{ox}$,所以

$$R_x = \frac{U_{x\,\max}}{I_x} \geqslant \frac{U_{x\,\max}}{\frac{2}{3} I_{ox}} = \frac{3 \times 5}{2 \times 1} = 7.5 \text{ kΩ}$$

同理可得 $R_y \geqslant 7.5$ kΩ,我们选 $R_x = R_y = 8.2$ kΩ。

(3) 负载电阻 R_c。本例的给定条件中 $K = 0.1$ V^{-1},由增益系数和 R_C 的关系式

$$K = \frac{2R_C}{I_{ox}R_xR_y}$$

可以得到

$$R_C = \frac{1}{2} KI_{ox}R_xR_y = \frac{1}{2} \times 0.1 \times 1 \times 8.2 \times 8.2 = 3.36 \text{ kΩ}$$

选取标称值 $R_C = 3.3$ kΩ。

(4) 电阻 R_1。选择 R_1 值时,应考虑输入信号 $U_x = U_{x\,\max}$ 条件下,差动输入的晶体集电位比 $U_{x\,\max}$ 高 2～3 V,考虑到 T_1、T_2 两晶体三极管的正向压降,则有

$$R_1 = \frac{U_{CC} - (U_{x\,\max} + 3 + 0.7)}{2I_{ox}} = \frac{12 - (5 + 3 + 0.7)}{2 \times 1} = 1.5 \text{ kΩ}$$

取标称值 $R_1 = 1.2$ kΩ。

在初步确定了外接元件的参数后,必须校核输入差分管是否工作在放大状态。

$$U_{C3} = U_{CC} - 2I_{ox}R_1 - 0.7 = 12 - 2 \times 1 \times 1.2 - 0.7 = 8.9 \text{ V}$$

因此,输入电压 u_x 和 u_y 在最大幅值 $U_{x\,\max} = 5$ V 情况下,输入差分管工作在放大状态。恒流管 T_7、T_8、T_9 工作状态校验。

电源电压 $U_{EE} = -8$ V 时,恒流源晶体管的基极电位为

$$U_B = -8 + 1 \times 0.5 + 0.7 = -6.8 \text{ V}$$

所以,输入电压 U_x、U_y 的负向摆幅超过 -5 V,不会使恒流管饱和。通过校核可以看出,确定的外接元件参数值能够满足指标要求的最大线性动态范围。

8.7.3.2　MC1595 乘法器的调零

由于工艺技术有可能造成元器件特性的不完全对称及其他误差因素,从而造成误差。所以在使用中还要调零,以便消除误差。完整的 MC1595 电路图如图 8-12 所示。

(1) 输入失调电压调零。乘法器的 U_x 或 U_y 中的一个信号(如 $|U_{ipp}| = 10$ V、$f = 1$ kHz 的正弦波信号)接地,输出电压 U_o 的值称为输入失调电压。调整方法是:先令 $U_x = 0$ V,U_y 端加入 $|U_{ipp}| = 10$ V、$f = 1$ kHz 的正弦波信号,若 U_o 不为零,调节 R_{Px},使 U_o 至最小值;再令 $U_y = 0$ V,U_x 端加入 $|U_{ipp}| = 10$ V、$f = 1$ kHz 的正弦波信号,若 U_o 不为零,调节 R_{py},使 U_o 至最小值。经过反复调整,一般 $U_o = 5$～10 mV,就可以认为已调整好。

(2) 输出失调电压调节。当 $U_x = U_y = 0$ V 时,其输出电压称为输出失调电压。调整方法是:$U_x = U_y = 0$ 调节 R_w 使 $U_o = 0$ V。

(3) 增益系数误差的调整。若 U_x 和 U_y 为已知,输出电压 U_o 达不到要求值。由 $U_o =$

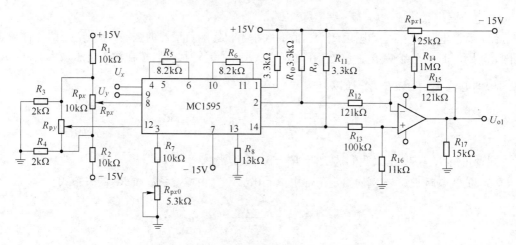

图 8-12　MC1595 乘法器应用的完整电路

KU_xU_y 可以看出增益系数 K 不满足要求。调整方法是,输入一定的 U_x 和 U_y 调节 R_3 使输出电压满足要求。

8.7.3.3　模拟乘法器的应用

(1) 乘法运算。实验电路如图 8-12 所示。

$$U_o = KU_xU_y$$

(2) 乘方运算。把同一输入信号加到乘法器的两个输入端,其输出电压与输入电压的平方成正比,即

$$U_o = KU_xU_y = KU_i^2$$

(3) 除法运算。除法运算电路如图 8-13 所示。图中乘法器的输出为:

$$U_B = KU_2U_o$$

根据运算放大器的虚地特性:
$$\frac{U_1}{R_1} = -\frac{U_B}{R_2}$$
$$R_1 = R_2$$

所以

$$U_1 = -U_B = -KU_2U_o$$

$$U_o = -\frac{U_1}{KU_2}$$

(4) 开方运算。把图 8-13 中的 U_x,U_y 两个输入端均接至运算放大器的输出端,构成了负值开方运算电路图 8-14。由图 8-14 可以看出。

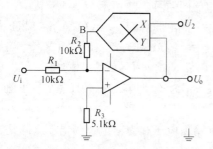

图 8-13　除法运算电路

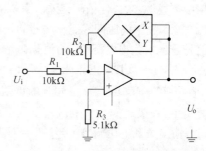

图 8-14　负值开方电路

$$U_B = + KU_xU_y$$
$$= + KU_o^2$$

又因

$$\frac{U_i}{R_1} = \frac{KU_o^2}{R_2}$$

$$R_1 = R_2$$

所以

$$u_o = \sqrt{\frac{-U_i}{K}}$$

（5）倍频器。若输入正弦波信号 u_i 则

$$U_o = KU_i^2 = KU_{im}^2\sin^2\omega t$$

$$= \frac{KU_{im}^2}{2}(1 - \cos 2\omega t)$$

电容 C 隔断直流分量，在输出端的负载上便可以得到频率为输入信号频率 2 倍的输出信号。

8.7.4　实验步骤及内容

（1）利用 EWB 对所示电路进行设计仿真。

（2）图 8-12 所示电路进行乘法器的调零。

（3）模拟乘法器的应用，自拟实验步骤和实验记录表格，并将各步骤的结果填入表格中。

8.7.5　注意事项

（1）模拟乘法器的调零要反复几次，直至满意的最佳状态，这样能减少测量数据的误差。

（2）输入信号 $U_x \leqslant \pm 5\,V$，$U_y \leqslant + 5\,V$（最大输入电压范围）。

8.7.6　实验报告要求

（1）写出实验内容，总结实验结果。

（2）怎样检查模拟乘法器的好坏。

（3）若 U_x、U_y 输入信号波形如图 8-15 所示，其中 $f_x = 50\,Hz$，$f_y = 100\,kHz$，请画出输出信号的波形图。

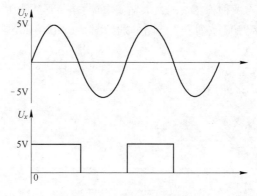

图 8-15　输入信号的波形

8.7.7　实验设备及元器件

实验设备和元件有：TDS2002 示波器 1 台，TFG2006V 型信号发生器 1 台，TH1911 型数字式交流

毫伏计 1 台,SS1792F 型直流稳压电源 1 台,VC9807 型数字万用表 1 只,模拟电子技术实验箱 1 个。

8.8　直流稳压电源电路设计

8.8.1　实验目的

初步培养模拟电子电路设计、安装、调试能力,以及独立进行实验的能力。

8.8.2　实验要求

(1) 根据实验题目要求,独立确定实验方案(画出原理图),拟出实验方法、步骤,提出所需仪器设备、元件的规格、数量。

(2) 独立完成实验,在实验过程中发现问题,可对原方案进行修改。完成实验后,经指导老师验收合格后拆除电路。

(3) 自拟实验报告,内容应包括实验目的、实验电路、实验方法和步骤。说明选择仪器设备及元器件的依据。对实验过程中遇到的现象和实验结果进行分析和讨论。

8.8.3　实验电路

直流稳压电源:稳压电源电路,可以采用分立元件,或采用稳压集成块,也可以采用既用稳压集成块又用分立元件的设计、制作方案。因为稳压集成块体积小,稳压特性好,所以,当稳压集成块能满足电路要求时,常常采用稳压集成块。如果集成稳压块的输出电压、负载电流不能满足电路要求时,通常可在集成稳压块的基础上再加上部分分离元件电路即可。

常见的稳压集成块有固定式三端稳压块和可调试三端稳压块两种。固定式三端稳压块有 CW78L00,CW78M00,CW7800,CW78H00,CW79L00,CW79M00,CW7900,CW79H00(美国产品的前缀为“LM”,如 LM7805 等)系列,几个系列的额定输出电压分 5、6、8、10、12、15、18、24V 几个挡次,(79 系列为负值),其中 CW78L00,CW79L00 两系列的额定输出电流为 100mA;CW78M00,CW79M00 两系列的额定输出电流为 500mA;CW7800,CW7900 两系列的额定输出电流为 1A;CW78H00,CW79H00 两系列的额定输出电流为 5A。常见的可调式三端稳压块有 CW317(LM317)和 CW337(LM337)两种,CW317 的输出电压范围为 + 1.25～37 V;CW337 的输出电压范围为 − 1.25～ − 37 V。这两种稳压块的最大输出电流:塑封形式为 1.5 A,金封形式分别为 3 A 和 5 A。CW7800 系列,CW7900 系列稳压电路分别如图 8-16,图 8-17 所示。

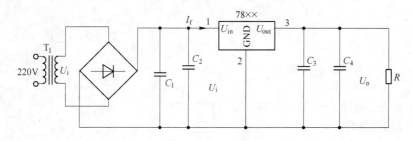

图 8-16　CW78×× 稳压电路

图 8-16,图 8-17 中,U_i 的值必须选择合适,若 U_i 太大,则稳压器的功耗大,温升高,甚至可能烧坏稳压块;若 U_i 太小,电网电压变化大,或负载电流大,三端稳压块根本就不能正常工作,失去了稳压作用。选择 U_i 时,应考虑在最差的条件下,稳压器仍然能正常工作,尽量使三端稳

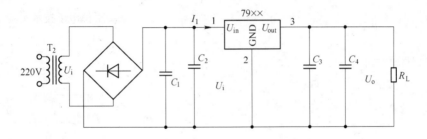

图 8-17 CW79××稳压电路

压块的压降减小,以减少功耗。C_1 和 C_3 起滤波作用,C_2 和 C_4 用于改善电源的动态特性(可取千微法,即当 I_o 突变时,能提供较大的瞬时电流),如果负载电流变化不大,可以省掉,通常大的电解电容的电感效应较大,C_2、C_3 是高频滤波电容,通常选 $0.01\sim0.1\ \mu\mathrm{F}$ 的电容。剩下的只有 C_1 需要设计。图 8-16、图 8-17 中,ΔU_i 可以按下式估算

$$\Delta U_i = \frac{1}{C}\int_0^{10\,\mathrm{ms}} I_1\mathrm{d}t = \frac{1}{C}\int_0^{10\,\mathrm{ms}} I_o\mathrm{d}t$$

$$U_{i\,\mathrm{min}} = \sqrt{2}\,U_{i\,\mathrm{min}} - \int_0^{10\,\mathrm{ms}} i_o\mathrm{d}t - 2\mathrm{V}$$

式中,$U_{i\,\mathrm{min}}$ 为电网电压变化时 U_i 的最小值,若电网电压变化 10%,则 $U_{i\,\mathrm{min}} = 0.9U_i$,最后是考虑桥式整流电路的压降。以 CW7805 为例,查阅手册可知 $U_i \geqslant 7.3\ \mathrm{V}$,显然,$C_1$ 越大,滤波效果越好,但 C_1 太大则整流条件的瞬时电流也大,电容的价格越贵,通常可以按 U_i 的变化量 ΔU_i 最大值不超过 U_i 最小瞬时值的一半进行考虑,即

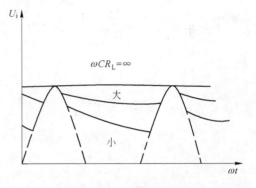

图 8-18 U_i 的电压波形

$$\Delta U_i \leqslant \frac{1}{2} U_{i\,\mathrm{min}} \qquad \frac{1}{C}\int_0^{I_{o\mathrm{max}}} I_o\mathrm{d}t = \frac{1}{C}\times 10\times 10^{-3}\times 1 \leqslant \frac{1}{2}\times 7.3$$

$$C_1 \geqslant 3014\ \mu\mathrm{F},\ \text{取}\ C_1 = 3300\ \mu\mathrm{F}$$

式中 $\quad 7.3 = 2U_{i\,\mathrm{min}} - \dfrac{1}{C}\displaystyle\int_0^{10\,\mathrm{ms}} i_o\mathrm{d}t - 2$

解得 $\qquad\qquad 2U_{i\,\mathrm{min}} = 7.3 + \dfrac{1}{2}\times 7.3 + 2 = 12.95\ \mathrm{V}$

取 $\qquad\qquad\qquad U_i = 12\ \mathrm{V}$

采用 CW78××(或 CW79××)系列固定式三端数压器,输出电压扩展,输出电流扩展稳压电路如图 8-19、图 8-20、图 8-21 所示。

图 8-19 的稳压电路的特点是电路简单,适用于负载电流变化不大的场合;图 8-20 的稳压电路的特点是稳压性能好,适用于负载电流变化大,要求稳压性能较高的场合。

CW317、CW337 系列稳压集成器内部含有过流保护电路、过热保护电路,具有安全可靠,使用方便、性能优良的特点。以 CW317 为例,列举几个稳压电路。

图 8-22 中,$U_o \approx 1.25\times\left(1+\dfrac{R_W}{R_1}\right)$,$D_1$ 和 D_2 分别用于防止输入短路和输出短路而损坏稳压集成电路,C_2 用于抑制纹波。图 8-23 的电路与图 8-21 类似。

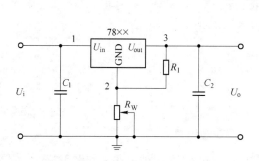

图 8-19 输出电压扩展稳压电路

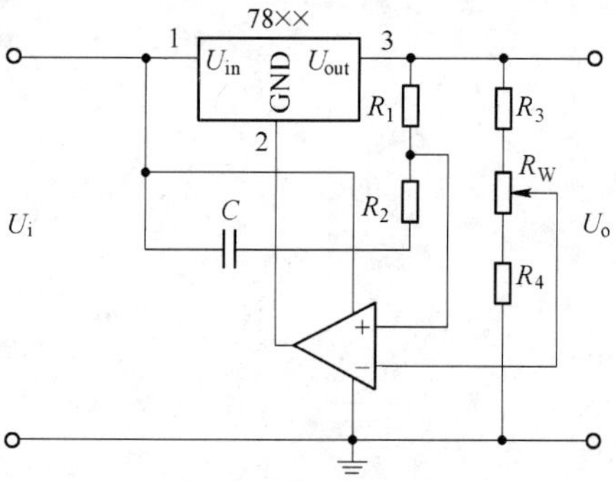

图 8-20 输出电压扩展稳压电路

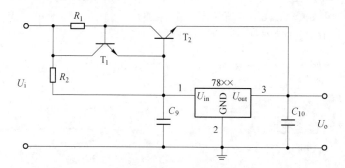

图 8-21 CW78××系列输出电流的稳压电路

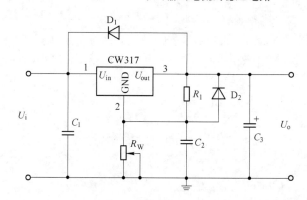

图 8-22 CW317 的典型应用

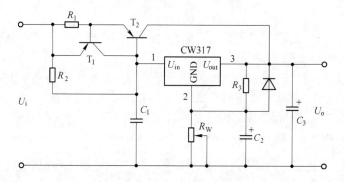

图 8-23 CW317 输出电流扩展稳压电路

8.8.4　实验内容和步骤

8.8.4.1　通过学习设计并制作一个小型直流稳压电源

要求如下：

(1) 输出电路电压：最高电压 24 V、最低电压 3 V，连续可调。

(2) 输出电流：1.0 A。

(3) 当电网电压在 220 V 上下波动 ±15% 时，输出电压误差不超过 ±0.3 V。

(4) 具有过流保护功能。

(5) 在保证正常稳压的前提下，尽量减小功耗。

8.8.4.2　温度检测放大电路

设计并制作一个温度检测放大电路要求如下：

(1) $t = 0℃$ 时，电路输出电压为 0 V；$t = 50℃$ 时，电路输出电压为 5 V。

(2) 输出电压的实际值与理论值的相对误差 $ε ≤ 5\%$。

(3) 为减少或消除干扰，电路应具有低通滤波器特性。

(4) 尽量减少功耗，降低成本。

(5) 安装调试。

8.8.4.3　电网电压异常检测报警器

电网电压太高或太低都可能会使自动控制系统失灵，电子仪器精度下降，家用电器工作不正常，甚至可能造成损坏。为了及时了解电网电压是否正常，可安装电网电压异常检测、报警装置。设计并制作一个电网电压异常报警器的要求如下：

(1) 用扬声器作为发声元件。

(2) 电网电压正常波动范围为 190～250 V（单相），超出此范围报警。

(3) 电网电压低于 190 V 时，扬声器发出一较为低沉的声音；高于 250 V 时发出较为尖锐的声音。

(4) 若不使用电源变压器，可减小体积，降低成本，但必须确保元器件的完好和人身安全。

(5) 保证性能，尽量降低成本，减小功耗，缩小体积。

8.8.5　实验设备及元器件

实验设备和元件有：TDS2002 示波器 1 台，TFG2006V 型信号发生器 1 台，TH1911 型数字式交流毫伏计 1 台，VC9807 型数字万用表 1 只，模拟电子技术实验箱 1 个。

8.9　用 SSI 构成的组成逻辑电路分析、设计与调试

8.9.1　实验目的

(1) 掌握一般 SSI 构成的组合逻辑电路的分析与设计方法。

(2) 验证半加器、全加器的逻辑功能。

8.9.2　预习要求与思考

(1) 复习教材中有关组合逻辑电路的分析、设计方法。

(2) 找出所使用门电路的引脚功能，画出的逻辑图要标明管脚号。

（3）根据任务要求设计电路,并拟定实验步骤。

（4）与或非门不用的输入端如何处理。

（5）有个同学用完好 74LS12 代替 74LS10 组装了一个组合逻辑电路,发现没有输出,查接线也没有问题。请你帮他分析原因。

8.9.3　实验原理及参考电路

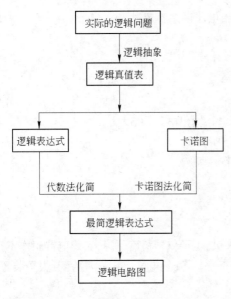

图 8-24　组合逻辑电路设计流程图

组合逻辑电路是一种在任一时刻,电路的输出仅与该时刻的输入信号有关,而与该时刻前电路的状态无关的逻辑电路。组合逻辑电路的分析方法是,首先根据电路中各逻辑元件的功能由输入到输出写出电路的逻辑表达式。这样得到的逻辑表达式不一定是最简的。因此,用逻辑代数法或卡诺图法进行化简。最后,根据化简后的逻辑函数列出真值表,由真值表确定逻辑电路的功能。组合逻辑电路的设计方法:一般情况下,对要设计的组合逻辑电路有一段文字说明,即设计要求。对于这样的设计可按如下步骤进行(见图 8-24):

（1）根据设计要求,确定哪些是输入变量,哪些是输出变量,确定输出变量与输入变量之间的逻辑关系。这一步是关键的,也是最难的一步。

（2）根据确定的逻辑关系,列出真值表,将输入变量赋 0 或赋 1,表示输入信号的状态。根据设计要求对输出信号赋 0 或赋 1,表示输出信号在不同输入信号时的状态。

（3）根据真值表利用卡诺图法进行化简,或者根据真值表写出各输出函数的逻辑表达式,利用代数进行化简。

（4）把最简逻辑表达式变换成能用给定的逻辑门电路实现的逻辑表达式。最后,根据逻辑表达式画出电路图。

8.9.3.1　验证实验电路

验证实验电路分为半加器、全加器。

A　半加器

若输入为 A、B,半加器输出为 S,进位为 C,试验如图 8-25 所示电路的逻辑功能。我们按前面讲的分析方法进行,从输入到输出,写出电路的逻辑表达式:

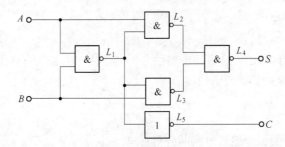

图 8-25　半加器电路

$$L_1 = \overline{AB}$$

$$L_2 = \overline{AL_1} = \overline{A\,\overline{AB}}$$

$$L_3 = \overline{BL_1} = \overline{B\,\overline{AB}}$$

$$L_4 = S = \overline{L_2 L_3} = \overline{\overline{A\,\overline{AB}}\ \ \overline{B\,\overline{AB}}}$$

$$= A\,\overline{AB} + B\,\overline{AB} = \overline{A}B + A\overline{B}$$

$$L_5 = C = L_1 = \overline{\overline{AB}} = AB$$

由 S、C 的逻辑表达式可以看出该电路是一个半加器电路。

B 全加器

若 A_i, B_i 为本位加数和被加数,C_{i-1} 为低位来的进位,S_i 为本位和,C_i 为本位进位,则可写出全加器电路的逻辑表达式

$$L_1 = A_i \oplus B_i$$

$$L_2 = S_i = C_{i-1} \oplus L_1 = A_i \oplus B_i \oplus C_{i-1}$$

$$L_3 = L_1 C_{i-1} + A_i B_i = (A_i \oplus B_i)C_{i-1} + A_i B_i$$

将输入、输出结果列出真值表,不难看出,图 8-26 的确是一个全加器电路。

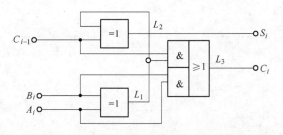

图 8-26 全加器电路

8.9.3.2 组合逻辑电路设计

表决电路设计问题说明:举重比赛有三个裁判,一个主裁判、两个副裁判。杠铃完全举起的判定是每个裁判通过自己前面的按钮来表示自己的评判决定。只有两个以上的裁判(其中必须有主裁判)判明成功时,则表示"成功"的灯才亮。

问题分析:设主裁判为 A,两个副裁判分别为 B 和 C,根据题意,输入为 A、B 和 C,输出用 Z 表示,判决为举起者,压下按钮为 1,否则为 0,判决结果举起者为 1,否则为 0。根据题意,可列出真值表如表 8-6 所示。

表 8-6 表决电路真值表

A	B	C	Z
0	0	0	0
0	0	1	0
0	1	0	0
0	1	1	0
1	0	0	0
1	0	1	1
1	1	0	1
1	1	1	1

用逻辑代数法,将由真值表得到的逻辑表达式化简,由真值表

$$Z = A\,\overline{B}C + AB\,\overline{C} + ABC$$
$$= A\,\overline{B}C + ABC + AB\,\overline{C} + AB$$
$$Z = AC + AB$$

用卡诺图法直接将函数进行化简,由卡诺图(见图 8-27)可以得到

$$Z = AC + AB$$

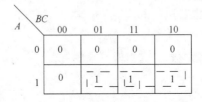

图 8-27　卡诺图

如果用与非门来实现该逻辑功能,将 Z 进行变换

$$Z = AC + AB = \overline{\overline{AC} + \overline{AB}} = \overline{\overline{AC} \cdot \overline{AB}}$$

实现电路如图 8-28 所示。

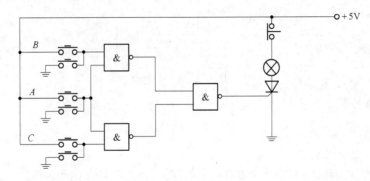

图 8-28　表决电路逻辑图

8.9.4　实验内容和步骤

(1) 利用 EWB 对所示电路进行设计仿真。

(2) 分析半加器的逻辑功能,并根据图 8-25 电路的实验结果列出真值表。

(3) 分析全加器的逻辑功能,并根据图 8-26 电路的实验结果列出真值表。

(4) 仿照本实验表决电路的设计,自己设计表决电路,画出逻辑图,列真值表,通过实验验证。

(5) 试按设计步骤设计一个四位二进制判偶电路。画出逻辑图,通过实验验证。问题说明:若输入信号为 $A_3A_2A_1A_0$,当输入信号中有偶数个 1 时,电路输出为 1。否则,输出为 0(用 74LS00、74LS86 实现)。

(6) 试设计一个一位二进制大小比较电路,画出逻辑图,通过实验验证。

输入信号为 A, B;输出:$L_1(A > B)$,$L_2(A = B)$,$L_3(A < B)$(用 74LS00 实现)。

8.9.5　实验报告要求

(1) 根据实验内容,总结组合逻辑电路的分析方法。

(2) 根据实验内容,总结组合逻辑电路的设计方法。

(3) 所有设计电路均应按步骤、要求进行,由实验验证其正确性。

8.9.6　实验设备及元器件

实验设备及元器件有:数字电路实验箱 1 个,TDS2002 示波器 1 台,VC9807 型数字万用表 1 只。

8.10　MSI 组合逻辑电路的分析、设计

8.10.1　实验目的

(1) 了解中规模集成电路编码器、译码器、数据选择器等数字元件的性能及使用方法。

(2) 用数字译码器设计一个全加器和全减器。

(3) 用数据选择器设计一个函数发生器。

8.10.2　预习要求与思考题

(1) 在本书附录或有关手册中查出 74LS147、CD4511、74LS151 的外引脚排列及功能表,了解其性能。

(2) 根据实验内容设计并画出题目要求的逻辑电路图。

(3) 如果某元件的输出是低电平有效,而后接元件的输入是高电平有效,怎样将两元件连接起来?

8.10.3　实验原理及参考电路

8.10.3.1　编码、译码和显示电路

10 线—4 线优先编码 74LS147,其 74LS147 功能表如表 8-7 所示。

10 线—4 线优先编码 74LS147 可以对输入进行有限编码,以保证只编码最高位数据线。

表 8-7　74LS147 功能表

输　入									输　出			
1	2	3	4	5	6	7	8	9	D	C	B	A
H	H	H	H	H	H	H	H	H	H	H	H	H
×	×	×	×	×	×	×	×	L	L	H	H	L
×	×	×	×	×	×	×	L	H	L	H	H	H
×	×	×	×	×	×	L	H	H	H	L	L	L
×	×	×	×	×	L	H	H	H	H	L	L	H
×	×	×	×	L	H	H	H	H	H	L	H	L
×	×	×	L	H	H	H	H	H	H	L	H	H
×	×	L	H	H	H	H	H	H	H	H	L	L
×	L	H	H	H	H	H	H	H	H	H	L	H
L	H	H	H	H	H	H	H	H	H	H	H	L

它把九条线编码为四线 BCD。当九条线均为逻辑高电平时，由于 0 倍编码，所以这种隐蔽的十进制状态对输入条件没有要求。

BCD—7 段锁存/译码/驱动器 CD4511。CD4511 内部电路包括四锁存器、7 段译码器和驱动器。该电路具有消隐端（$\overline{BI}$）、内部抑制非 BCD 码输入电路、四锁存器选统端 LE 和灯测试端 $\overline{LT}$。$\overline{LT}=0$ 时，输出笔端 $a\sim g$ 全部为高电平；$\overline{LT}=1$ 时，正常译码。$LE=1$ 时，锁存；$LE=1$ 时，允许 BCD 码输入锁存器。CD4511 的真值表如表 8-8 所示。

表 8-8　CD4511 真值表

输入							输出							显示
LE	$\overline{BI}$	$\overline{LT}$	D	C	B	A	a	b	c	d	e	f	g	
×	×	0	×	×	×	×	1	1	1	1	1	1	1	0
×	0	1	×	×	×	×	0	0	0	0	0	0	0	消隐
0	1	1	0	0	0	0	1	1	1	1	1	1	0	0
0	1	1	0	0	0	1	0	1	1	0	0	0	0	1
0	1	1	0	0	1	0	1	1	0	1	1	0	1	2
0	1	1	0	0	1	1	1	1	1	1	0	0	1	3
0	1	1	0	1	0	0	0	1	1	0	0	1	1	4
0	1	1	0	1	0	1	1	0	1	1	0	1	1	5
0	1	1	0	1	1	0	0	0	1	1	1	1	1	6
0	1	1	0	1	1	1	1	1	1	0	0	0	0	7
0	1	1	1	0	0	0	1	1	1	1	1	1	1	8
0	1	1	1	0	0	1	1	1	1	1	0	1	1	9
0	1	1	1	0	1	0	0	0	0	0	0	0	0	消隐
0	1	1	1	0	1	1	0	0	0	0	0	0	0	消隐
0	1	1	1	1	0	0	0	0	0	0	0	0	0	消隐
0	1	1	1	1	0	1	0	0	0	0	0	0	0	消隐
0	1	1	1	1	1	0	0	0	0	0	0	0	0	消隐
0	1	1	1	1	1	1	0	0	0	0	0	0	0	消隐
1	1	×	×	×	×	×	*	*	*	0	*	8	8	消隐

注：* 取决于 LE 段在 0~1 传输时施加于输入 BCD 码的状态。

编码、译码和显示电路如图 8-29 所示。该电路由 10 线—4 线优先编码 74LS147，4 线—7 段译码器/驱动器 CD4511 和 8 段显示器组成。其中 74LS147 输入电路中优先的顺序是 /IN9 为最高位 /IN1 为最低。

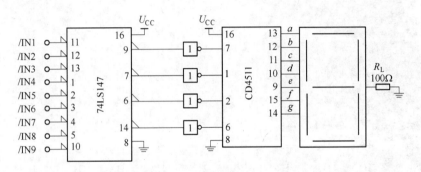

图 8-29　编码、译码和显示电路

8.10.3.2 译码器 CD4028 的应用设计

在 CD4028 的输入端加入 BCD 码时(见图 8-30),可在相应的输出端"0~9"输出"1"。例如,在 DCBA 端加入 0101 时,"5"端输出为"1",其余输出端为"0",试用一片十进制译码器,一片或门构成一个全加器,一个全减器,表 8-9 用 CD4028 及 CD4071 实现全加器的真值表。从真值表可以看出

$$S_i = \text{"1"} + \text{"2"} + \text{"4"} + \text{"7"}$$

$$C_i = \text{"3"} + \text{"5"} + \text{"6"} + \text{"7"}$$

因此,把 C_{i-1}, B_i, A_i 作为输入端,把"1","2","4","7"作为"或"门电路的输入信号,

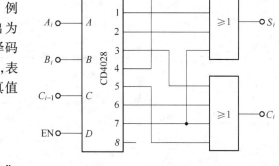

图 8-30 用 CD4028 构成的全加器逻辑电路图

"或"的结果即为全加和 S_i。把"3","5","6","7"的信号作为另一"或"门电路的输入信号,"或"的结果即为全加器的进位信号 C_i,把 D 输入端作为使能控制端 EN,即构成了一个完整的全加器。全减器电路自己设计。

8.10.3.3 数据选择器的应用之一——逻辑函数发生器

八选一数据选择器 74LS151 的外引线功能如图 8-31 所示,逻辑功能如表 8-10 所示,其中 S 为选通控制端。

表 8-9 全加器

输 入				输 出	
A_i	B_i	C_{i-1}	EN	S_i	C_i
0	0	0	0	0	0
0	0	1	0	1	0
0	1	0	0	1	0
0	1	1	0	0	1
1	0	0	0	1	0
1	0	1	0	0	1
1	1	0	0	0	1
1	1	1	0	1	1

表 8-10 74LS151 逻辑功能表

输 入				输 出	
选 择					
C	B	A	S	Y	W
×	×	×	H	L	H
L	L	L	L	D_0	

图 8-31 74LS151 引脚图

由逻辑功能表可以得到

$$Y = \sum_{i=0}^{7} m_i D_i$$

$$W = \sum_{i=0}^{7} m_i \overline{D_i}$$

式中,m_i 为 C、B、A 原变量、反变量的不同组合而构成的最小项,当 $D_i = 1$ 时其相应最小项出现;当 $D_i = 0$ 时,相应的最小项不出现。由此可见,只要控制 D_i 就可以得到最多为八项最小项的函数发生器。例如,利用 74LS151 产生函数 $L = C\,\overline{B}A + CB\,\overline{A} + CB\,\overline{A} + \overline{CBA}$ 把它改写一下,$L = m_0 D_0 + m_2 D_2 + m_4 D + m_6 D_6$。显然,该式与 74LS151 的标准形式

$Y = \sum\limits_{i=0}^{7} m_i D_i$ 是一致的。因此,令 $D_0 = D_2 = D_4 = D_6 = 1$,$D_1 = D_3 = D_5 = D_7 = 0$,即可满足题目要求,由此可以画出该逻辑函数发生器的逻辑图如图 8-32 所示。

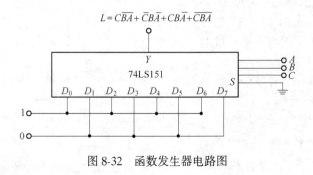

图 8-32　函数发生器电路图

8.10.4　实验内容和步骤

(1) 利用 EWB 对所示电路进行设计仿真。

(2) 利用 CD4028 及与非门、或门等设计一个全减器,并通过实验验证。

(3) 利用 74LS151 等芯片设计一个函数发生器,函数表达式自拟,通过实验验证。

8.10.5　注意事项

注意 CMOS 集成电路电源的极性,不要接反。

8.10.6　实验报告要求

(1) 写出设计的全过程。

(2) 列出必要的真值表,画出逻辑电路图,标明元件型号。

(3) 设计体会。

8.10.7　实验设备与元器件

实验设备与元器件有:数字电路实验箱 1 个,TDS2002 示波器 1 台, VC9807 型数字万用表 1 只。

74LS151 1 片,CD4028 1 片,CD4001 1 片。

8.11　触发器及应用

8.11.1　实验目的

(1) 掌握集成 JK 触发器和 D 触发器的逻辑功能及其测试方法。

(2) 学习用 D 触发器构成时序逻辑电路。

8.11.2　预习要求及思考题

(1) 复习教材中有关触发器工作原理的章节,掌握 JK 触发器、D 触发器的逻辑功能、触发方式及真值表。

(2) 查找手册,熟悉所使用元器件的外引线功能及真值表。

（3）按照实验内容要求，用 D 触发器构成三位二进制计数器，六进制计数器，写出设计报告。

（4）把三位二进制计数器改为可逆计数器，设计方案如何修改？

8.11.3 实验原理及参考电路

在逻辑电路中，触发器是一种有存贮二进制信息功能的元件，同时它也是时序逻辑电路中一个基本的也是重要的逻辑部件，较常用的有 R-S 触发器，D 型触发器，J-K 触发器。CMOS 集成电路四组三态 R-S 锁存器是在一个芯片上集成了四个 R-S 锁存器，每个触发器有一个输出端 Q，而且每个输出端都具有三态特性，即输出状态有"1"、"0"和高阻状态，三态 R-S 锁存器 CD4044 的内部逻辑电路如图 8-33 所示。

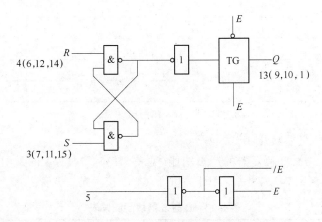

图 8-33　R-S 锁存器逻辑电路

与普通的基本 R-S 触发器相比较，CD4044 不同的地方有两点，一是输出端由传输门控制，实现了输出三态的功能，从而扩大了 R-S 触发器的功能；二是虽然 CD4044 同其他基本 R-S 触发器一样是电平触发方式(低电平触发)，但是，在 R、S 输入均为 0 的情况下（E = "1"），其输出端 Q 的状态是 R = "0"控制，即只要 R = 0 不管 S 是什么逻辑状态输出 Q = "0"。

8.11.4 实验原理

8.11.4.1 R-S 锁存器功能测试

在实验过程中，将触发器的输入端，控制端分别接 $K_0 \sim K_7$ 中的开关信号，Q 接发光二极管 $L_0 \sim L_7$，按各触发器的逻辑功能表进行逻辑功能测试。并注意观察触发器的"状态"变化（见表 8-11）。

表 8-11　基本 RS 触发器功能表

R	S	Q
0	0	
0	1	
1	0	
1	1	

8.11.4.2 JK 触发器逻辑功能测试

本实验测试 74LS78JK 触发器的逻辑功能，74LS78 的外引线功能请参看附录。做实验时，将预置端、清除端、时钟端、J 和 K 输入端分别接实验箱中的开关信号，Q、$\overline{Q}$ 分别接发光二极管。按表 8-12 输入不同的信号，并根据所学知识，判断结果正确与否，如有错误找出原因。

表 8-12　JK 触发器功能测试表

输　　入					输　　出		说　明
预　置	清　除	时　钟	J	K	Q	$\overline{Q}$	
L	H	×	×	×			
H	L	×	×	×			
L	L	×	×	×			
H	H	↓	L	L			
H	H	↓	H	L			
H	H	↓	L	H			
H	H	↓	H	H			
H	H	H	×	×			

注:L 表示低电平;H 表示高电平;↓表示脉冲下降沿;×表示任意状态。

8.11.4.3　D 触发器功能测试

本实验测试 74LS74,D 触发器的逻辑功能(见表 8-13)。74LS74 的外引线功能参看附录。做实验时,输入端同测试 74LS78 一样用开关信号,Q、$\overline{Q}$ 接发光二极管。

表 8-13　D 触发器功能测试表

输　　入				输　　出		说　明
预　置	清　除	时　钟	D	Q	$\overline{Q}$	
L	H	×	×			
H	L	×	×			
L	L	×	×			
H	H	↑	H			
H	H	↑	L			
H	H	L	×			

注:↑表示脉冲上升沿;H、L 表示高低电平;×表示任意状态。

8.11.4.4　触发器功能转换

将 JK 触发器转换成 D 触发器的功能,根据两触发器的特性方程。

JK 触发器　$Q_{n+1} = J\overline{Q_n} + \overline{K}Q_n$

D 触发器　　$Q_n + 1 = D$

比较两触发器的特性方程,可以发现

$$J = D \quad K = D$$

就可以把 JK 触发器转换成 D 触发器的功能,电路如图8-34 所示。

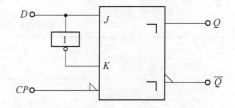

图 8-34　把 JK 触发器转换成 D 触发器功能电路图

8.11.4.5　用触发器构成的时序电路分析

对于给定的时序电路进行分析,就是求出给定时序电路的状态表、状态图或时序图,从而确定其逻辑功能和工作特点。一般来说,分析一个给定电路可以从两个方面着手:一方面,可以根据图纸写时钟方程、输出方程、状态方程及驱动方程,从而画出电路的状态表、状态图、时序图,最后确定电路的逻辑功能和工作特点。这是现场工作人员常用的方法;另一方面,可以根据电路图,搭接成实际的电路、输入信号,根据电路状态的变化,画出状态表、状态图、时序图,最后确定电路的逻辑功能和工作特点。这种方法,只能在有条件的情况下进行。作为实验,这里采用后者。例:有一计数器电路试分析其逻辑功能,电路如图 8-35 所示。

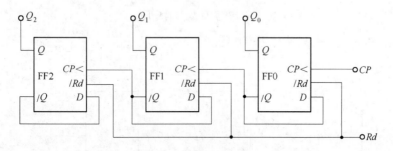

图 8-35　计数器电路图

(1) 按图接线(接好电源和地线)。认真检查接线,确定没有问题,再进行下一步。

(2) 清零, $Q_2 = Q_1 = Q_0$。

(3) 送单脉冲。连续送单脉冲可以得到如表 8-14 所示的状态表。

表 8-14　二进制计数器状态表

CP 数	二　进　制	十　进　制
0		
1		
2		
3		
4		
5		
6		
7		
8		

(4) 根据状态表画状态图:

$$000 \rightarrow 001 \rightarrow 010 \rightarrow 011$$
$$\uparrow \qquad\qquad\qquad \downarrow$$
$$111 \leftarrow 110 \leftarrow 101 \leftarrow 100$$

图 8-35 的计数器状态图。

(5) 画时序图。根据实验可以画出如图 8-36 所示的时序图。实验结果分析:

由电路图可以看出,电路中没有一个统一的时钟脉冲同步,电路状态的改变是由输入信号直接引起的。因此,它是一个异步时序电路。根据实验结果画出的状态图、时序图、状态表,可以看出,该电路是一个三位二进制加法计数器电路。

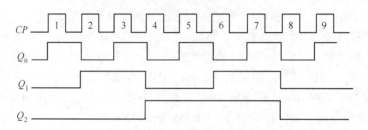

图 8-36　计数器时序图

(6) 试分析图 8-37 所示电路的逻辑功能。

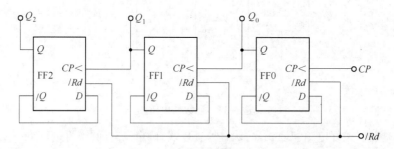

图 8-37　时序逻辑电路图

(7) 试用 D 触发器(74LS74)和与非门设计一个 $N(N \leqslant 7)$ 进制计数器。

8.11.5　实验步骤

(1) 利用 EWB 对所示电路进行设计仿真。

(2) 验证基本 RS 触发器的逻辑功能。

(3) 验证 JK 触发器的逻辑功能。

(4) 验证 D 触发器的逻辑功能。

(5) 把 D 触发器转换成 JK 触发器的逻辑功能,实验步骤,电路自拟。

(6) 用实验的方法分析图 8-37 所示电路的逻辑功能和特性、实验步骤可仿照实验原理 4、5 的方法进行(采用 74LS74 元件)。

8.11.6　注意事项

(1) 清零时,一旦清除完毕,清除端接高电平。

(2) 元件电源不要接错。

8.11.7　实验报告要求

(1) 根据实验结果,填写相应的状态表。

(2) 实验步骤 5 的分析中,根据实验结果填写状态表、绘制状态图、工作时序图。时序图中标出幅值。

8.11.8　实验仪器设备与元器件

实验仪器设备与元器件有:数字电路实验箱 1 个,TDS2002 示波器 1 台,VC9807 型数字万用表 1 只,元器件 CD404 1 片,74LS7 1 片,74LS74 2 片。

8.12 寄存器

8.12.1 实验目的

(1) 熟悉寄存器的工作原理。

(2) 学会灵活应用寄存器。

8.12.2 预习要求与思考题

(1) 学习教材中寄存器工作原理的有关部分。

(2) 利用 D 触发器构成一个双路输出的信号发生器,要求两种输出信号相位差为 90°。

(3) 利用集成移位寄存器 CD4194 设计一个三相位相位差互为 120°的信号发生器。(提示:Q_3 经反相器接 DSR(或 DSL),S_1 和 S_0 中的一个通过复位电路接电源一个接 0,$D_0 \sim D_3$ 中的邻近两个接 0,两个接 1。

(4) 设计内容,要求设计思路,原理图。

8.12.3 实验原理及参考电路

寄存器是计算机和数字电路中经常用到的一种数字元器件。例如,在单片机 8031 中有 32 个寄存器,均为八位寄存器。它的作用是存放数据或暂存运算结果。按照用途划分,寄存器可分为数码寄存器和移位寄存器两大类。从电路结构上来看,基本都是在触发器的基础上加上一些逻辑门,构成一个完整的寄存器。

(1) D 触发器构成的数码寄存器。对于 D 触发器,如果在 D 端有输入信号,在 CP 脉冲作用下,触发器的输出状态 Q 就等于 D,只要 CP 端没有脉冲无论 D 端如何变化,输出状态 Q 都不会改变。因此,用 D 触发器构成一个数码寄存器十分简单,而且只需一步,即可完成存数过程。当然,用 JK 触发器,RS 触发器也可以构成数码寄存器,用 D 触发器构成的四位数码寄存器如图 8-38 所示。

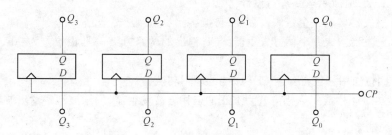

图 8-38 用 D 触发器构成的数码寄存器

(2) 用 D 触发器设计一个相位差为 90°的两路输出信号为信号发生器。只要考虑一下 D 触发器的预置,清除功能设计其他形式的寄存器就很容易了,(对于 CMOS 电路)如欲使 D 触发器完成初始状态的设置可用如图 8-39 所示电路实现,如果采用 TTL 电路,只需将 R 和 C 换个位置即可(自己设计)。CD14194 具有双向移位,数据并行输入,数据双向串入,数据并行输出,保持和清除的功能(见图 8-40)。这些功能可由功能真值表中看出(见表 8-15)。值得指出的是,在使用该器件过程中,在数据输入、在时钟 CP 建立时间和保持时间内,工作方式控制端 S_0、S_1 的电平必须稳定。

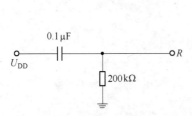

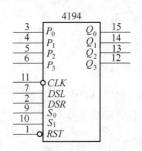

图 8-39　初始状态设置参考电路　　　　　　图 8-40　CD14194 外引脚图

表 8-15　14194 功能真值表

工作方式	输　　入						输　　出			
	CLK	S_1	S_0	DSR	DSL	$P_0 \sim P_3$	RST	Q_0	Q_1	Q_2	Q_3
保　持	0	0	×	×	×	1	Q_0	Q_1	Q_2	Q_3
左　移	1	0	×	0	×	1	Q_0	Q_1	Q_2	0
	1	0	×	1	×	1	Q_0	Q_1	Q_2	1
右　移	0	1	0	×	×	1	0	Q_1	Q_2	Q_3
	0	1	1	×	×	1	1	Q_1	Q_2	Q_3
并　行 置　数	1	1	×	×	0	1	0	0	0	0
	1	1	×	×	1	1	1	1	1	1
不移位	×	×	×	×	×	1	Q_0	Q_1	Q_2	Q_3
复　位	×	×	×	×	×	0	0	0	0	0

注:×为任意状态。

8.12.4　实验内容

(1) 利用 EWB 对所示电路进行设计仿真。

(2) 用 D 触发器构成一个数码寄存器,自拟实验步骤及所需表格。

(3) 用 D 触发器构成一个信号发生器,同时输出的两路方波信号相位差为 90°,用示波器观察输出波形。

(4) 测试四位通用移位寄存器 CD14194 的逻辑功能。

(5) 用 CD14194 构成一个相位差为 120°的三相方波发生器,用示波观察输出波形。

8.12.5　注意事项

(1) 本实验均为 CMOSB 系列集成电路,电源若用 15V,实验箱上的控制信号及显示不能用。

(2) CMOS 芯片不用的输入端(不是 NC 空脚)不得悬空。

8.12.6　实验报告要求

(1) 设计部分的实验要画电路图,数据表、波形图。

(2) 写出问题的思考。

8.12.7　实验用设备及元器件

数字电路实验箱 1 个,TDS2002 示波器 1 台,VC9807 型数字万用表 1 只,元器件:CD4013

2 片,CD14194 1 片,电阻 200K 2 只,电容 0.1 μF 2 只。

8.13 中规模集成计数器、译码器及显示器的应用

8.13.1 实验目的

(1) 学习使用中规模计数器 74LS162 的逻辑功能及使用方法。
(2) 进一步熟悉 CD4511 译码器和共阴极七段显示器的使用。

8.13.2 预习要求及思考题

(1) 复习教材中计数器、译码器及显示器工作原理的有关章节。
(2) 查阅 TTL 集成电路手册,预习中规模集成计数器的逻辑功能及使用方法。
(3) 绘出计数、译码及显示电路图。
(4) 如果选用非同步清除、非同步预置、归零逻辑如何考虑。
(5) 设计一个九十进制计数器。

8.13.3 实验原理及参考电路

计数、译码、显示电路是数字电路中应用得很广泛的一种电路。通常,这种电路是由中规模标准模块功能电路计数器、译码器和显示器组成。

8.13.3.1 计数器

计数器是一种中规模集成电路,种类繁多。如果按计数器中各触发器翻转次序分类,可以分为同步计数器和异步计数器;如果按计数的进位分类,可以分为二进制计数器、十进制计数器、N(整数)进制计数器;如果按计数的数字的增减分类,可以分为加法计数器、减法计数器和可逆计数器。目前,市场上出售的计数器都是一些典型产品,不需自己设计,只需合理选用即可。使用前,查阅有关手册,了解计数器各引脚功能、动态、静态性能指标,再决定使用哪一种器件。本实验选用 TTL 集成同步计数器 74LS162 为 BCD 码输出的十进制同步计数器。如果外加适当的反馈线或组合逻辑电路可以构成十以内的任意进制计数器。如果用多片元件可以构成多位的任意进制计数器。它的主要功能为:

(1) 同步预置,当 LD=0 时,在时钟脉冲 CP 的上升沿,$Q_D=D$,$Q_C=C$,$Q_B=B$,$Q_A=A$。
(2) 清除,当 $CLR=0$ 时,在时钟脉冲 CP 的上升沿,$Q_D=Q_C=Q_B=Q_A=0$。
(3) 计数,$LD=CLR=1$,$S_1=S_2=1$ 时,计数器进行加法计数。
(4) 锁存,当使能端 S_1 或 $S_2=0$ 时,计数器禁止计数。74LS162 集成计数器的引线图如图 8-41 所示,其逻辑功能如表 8-16 所示。

图 8-41 74LS162 外引线功能图

表 8-16　74LS162 的逻辑功能表

CP	LD	CLR	S_1	S_2	A	B	C	D	Q_A	Q_B	Q_C	Q_D	O_{CC}
×	×	×	×	×	×	×	×	×	状态不变				
↑	0	1	×	×	a	b	c	d	a	b	c	d	0
	1	0	×	×	a	b	c	d	状 态 不 变				
↑	1	0	×	×	a	b	c	d	0	0	0	0	0
	1	1	0	1	a	b	c	d	禁　　止				
↑	1	1	0	1	a	b	c	d	禁　　止				
	1	1	1	0	a	b	c	d	禁　　止				
↑	1	1	1	0	a	b	c	d	禁　　止				
↑	1	1	1	1	×	×	×	×	计　　数				

图 8-41 中 A、B、C、D 为数据输入端。值得说明的是使能控制端 S_1、S_2 在有些手册、参考书中用 P、T 表示。

8.13.3.2　译码器、显示器

译码器、显示器的使用方法在 8.10 节中已做了说明。利用十进制计数器构成 N 进制计数器,一般常用的数字计数器元件多为二进制、十进制计数器。这里,我们可以利用十进制计数器构成任意进制器。常用的方法是反馈式任意进制计数器,其步骤是:

第一步:用 S_0 表示 0,S_1 表示 1,$\cdots S_{N-1}$ 表示 $N-1$,S_N 表示 N;

第二步:写出 S_N 的二进制代码;

第三步:写出反馈逻辑 $P_N = \prod_{1\sim n} Q^1$

式中,P_N 是状态 S_N 的译码,$\prod_{1\sim n} Q^1$ 是 S_N 时状态为 1 的各触发器 Q 端的连乘积。

第四步:画逻辑图。反馈式计数器一般有两种形式。第一种是利用清除端 CLR 构成。第二种是利用预置端 LD 构成。值得注意的是:74LS162 的预置、清除功能都是与时钟脉冲同步的。因此,构成 N 进制计数器的二进制代码应为 $N-1$ 的二进制代码:

(1)用一片十进制计数器构成,$N(\leqslant 9)$ 进制计数器:

1)利用清除端的反馈式计数器。例如:用 74LS162 构成六进制计数器。

第一步:用 S_5 表示 5;

第二步:S_5 的二进制代码为 0101;

第三步:写出反馈逻辑,状态为 1 的触发器为 $Q_A = Q_C = 1$,因此,$P_5 = \prod_{1\sim 3} Q_C Q_A$;

第四步:画逻辑图。利用这种方法把现成的集成计数器构成 N 进制计数器的优点是:简单方便,而且比较经济。但也存在一些问题,例如,归零可靠性较差。因为计数器中各触发器的脉冲工作特性和带负载情况不可能完全一样,而且,各种随机的干扰信号总是存在的,就可能出现,只要有一个触发器翻转到 0 状态,归零信号 $R=0$ 就会消失,而没有来得及翻转的触发器显然就无法归零了。解决的办法是用一个基本 RS 触发器将 $CLR=0$ 暂存一下,保证 $CLR=0$ 有足够的时间,使计数器可靠归零。改进后的电路如图 8-43 所示(图中译码,显示未画出来)通常,对可靠性要求不太高的情况下,可以采用图 8-42 所示电路。而对可靠性要求特别高的电路要采用图 8-43 所示的电路。

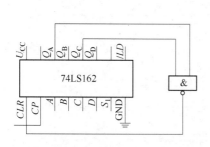

图 8-42　反馈归零式六进制计数器图

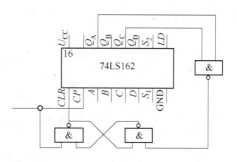

图 8-43　计数器的改进电路

2）用预置端的反馈式计数器把 $DCBA$ 四个数据输入端全部接地，当计数器计数到 0101（十进制数 5）时，利用反馈线使预置端 $LD=0$，当第六个脉冲到来时，$DCBA$ 已经为 0，预置端的作用使 $Q_D=Q_C=Q_B=Q_A=0$，电路如图 8-44 所示（图中译码、显示部分未画出）。这种方案的好处是可以把清除端空出来留作清零使用。

（2）用多片集成计数器构成多位十进制计数器

多片集成计数器的构造：当计数范围较大，一片集成计数器满足不了要求时，可用多片集成计数器增加计数范围进行"级连"。所谓"级连"就是将低位计数器

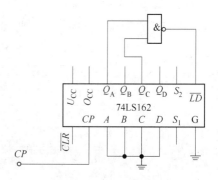

图 8-44　利用预置端构成
的六进制计数器

与高位计数器进行连接。级连对时钟来说有异步（串行亦称行波级连）式和同步式两种。对于十进制计数器 74LS162 来说，异步式的连接方法是把低位的进位输出端 O_{CC} 连接到高位的 CP 端就行了。电路如图 8-45 所示。

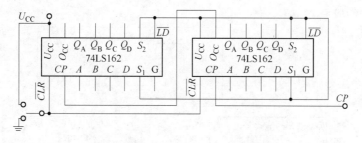

图 8-45　异步式两位十进制计数器

由低位的进位输出端 O_{CC} 直接驱动较高位的 CP 端。这种级连方法电路简单，但是必定产生随着级连数增多而增加延迟时间，速度不如同步级连的电路高。同步级连方法是把低位进位输出端 O_{CC} 连到较高位的 S_1 或 S_2，把 CP 脉冲直接加到所有计数器的脉冲输入端，只有当较低位的输出为满值时（1001），较高位级才能发生同步时钟作用下的计数动作。两位同步十进制计数器级连如图8-46所示。显然，这种级连方法具有较高的工作速度。

（3）多片集成计数器构成任意进制计数器。用多片集成计数器构成任意进制计数器的方法与用单片集成计数器构成任意进制计数器的方法一样。即可以用清除端构成任意进制计数，也可以用预置端构成任意进制计数器。

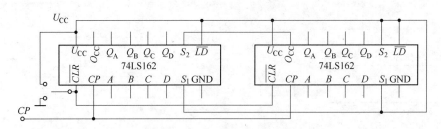

图 8-46　同步式两位十进制计数器

例 8-2　用两片集成计数器构成二十四进制计数器。考虑到所用芯片 74LS162 的同步清除、归零逻辑应为十位的 $Q_B = 1$，个位的 $Q_B = Q_A = 1$ 时，在清除端加低电平信号，待下一个脉冲到来时使计数器的输出全部为 0。利用清除功能构成二十四进制计数器的计数器连接方法如图 8-47 所示。

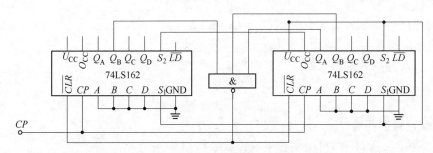

图 8-47　利用清除端构成同步式二十四进制计数器

例 8-3　用两片集成计数器构成六十进制计数器。六十进制计数器的归零逻辑应为：十位计数器应为 $Q_c = Q_A = 1$（即 0101，十进制的 5），个位计数器应为 $Q_D = Q_A = 1$（即 1001，十进制的 9），在第 59 个脉冲到来时，预置端为 0，$A = B = C = 0$，待下一脉冲到来时，计数器的全部输出为 0，电路如图 8-48 所示。

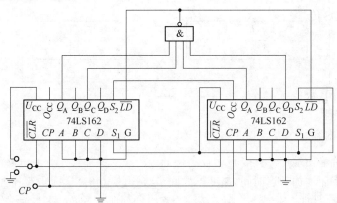

图 8-48　利用预置端构成同步式六十进制计数器

8.13.4　实验内容和步骤

（1）利用 EWB 对所示电路进行设计仿真。

（2）测试 74LS162 的逻辑功能（计数、清除、预置、使能及进位等），并将测试结果填入自制的逻辑功能表中。输出接发光二极管显示。

(3) 按图 8-42 构成六进制计数器,并接入译码显示电路,观察电路的自启动、计数、译码、显示过程。

(4) 按图 8-44 构成用预置端构成的六进制,并接入译码显示电路,重复 2 的过程。

(5) 按图 8-44,电路 CP 改为 100 Hz 的连续脉冲信号,用示波器观察 CP、Q_D、Q_C、Q_B、Q_A 的输出波形,注意观察它们的时序关系。

(6) 根据图 8-46、图 8-48 电路自己设计一个九十进制的计数器。要求当十位计数器的输出为 0 时,显示器不显示 0。

8.13.5   注意事项

(1) 显示器的公共端"COM"与地之间要跨接电阻(100)。

(2) 注意不要把电源接错。

8.13.6   实验报告要求

(1) 按实验内容要求画出计数、译码、显示电路中各集成芯片之间的连接图。

(2) 用坐标纸画出六进制计数器的 CP、Q_D、Q_C、Q_B、Q_A 波形图。

(3) 回答思考题。

8.13.7   实验所用元器件

数字电路实验箱 1 个,TDS2002 示波器 1 台,VC9807 型数字万用表 1 只,计数器 74LS162 2 片,译码器 CD4511 2 片,共阴极七段 LED 显示器,四输入与非门。

8.14   传输门和数据选择器的应用

8.14.1   实验目的

(1) 掌握 CMOS 传输门 CD4066 和数据选择器 CD4052 的功能及应用。

(2) 用传输门和数据选择器构成可编程运算放大器。

8.14.2   预习要求及思考

(1) 复习传输门、数据选择器的工作原理,了解集成传输门 CD4066 和数据选择器 CD4052 的外引线排列及特性。

(2) 根据实验内容所给元件自拟实验步骤。

8.14.3   实验原理和参考电路

(1) 传输门是一种能够传输模拟信号和数字信号的模拟开关。它以其微功耗(每片的静态功耗约 $0.1\,\mu\text{W}$)、大的通/断输出电压比(65 dB)、无残余电压和可双向传输信号等优点,在电子线路中得到广泛的应用。一个由一个 P 沟道和一个 N 沟道增强型 MOS 管并联而成的 CMOS 传输门如图 8-49(a)所示,表示符号如图 8-49(b)所示。其中 T_P 和 T_N 是结构对称的 MOS 管,为使衬底与漏极、源极之间的 PN 结任何时候都不致正偏,故 T_P 的衬底接 $+5\,\text{V}$ 电压,T_N 的衬底接 $-5\,\text{V}$ 电压。当 C 端接低电平时,T_P、T_N 均不导通,输入与输出端之间呈高阻状态($> 10^7\,\Omega$),当 C 端接高电平时,传输门导通。

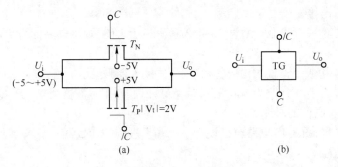

图 8-49　CMOS 传输门
(a) 电路原理；(b) 电路符号

CD4066 的电路如图 8-50 所示，电路包括开关和控制两部分。开关部分由一个 P 沟道一个 N 沟道增强型 MOS 管 T_1 和 T_2 构成一个传输门。T_3 和 T_4 构成一个传输门与 N 沟道的 MOS 管 T_5 及两反相器构成控制电路。图 8-50 中，当 $C = 1$ 时，T_1、T_2 构成的传输门导通，T_3、T_4 构成的传输门也导通，T_5 截止，从而使 T_2 的衬底电压跟随输入信号电压，减小了衬底的偏置效应，提高了开关传输信号的线性度。当 $C = 0$ 时，开关部分的传输门 T_1、T_2 和控制部分的传输门 T_3、T_4 截止，串联的 N 沟道 MOS 管 T_5 导通使 T_2（N 沟道）的衬底得到一个需求的低电压值 U_{SS}，尽可能地获得大的断开阻抗，CD4066 导通电阻的典型值为 120 Ω。传输门在 CMOS 电路的设计过程中广泛地采用，从而简化了电路结构，提高了电路的集成度。在使用过程中，传输门既可以作为开关使用，也可以构成基本的门电路。表 8-17 就是利用传输门构成基本电路的实例。

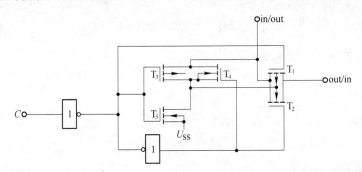

图 8-50　CD4066 的逻辑电路

表 8-17　利用传输门构成基本电路的实例

名　称	符　号	电　路
单刀单掷	U_{IS}　　　U_{OS}	U_{IS} SU U_{OS}　U_C
单刀双掷	U_{IS}　U_{OS1}　U_{OS2}	U_{IS} SU1 U_{OS1}　SU2 U_{OS2}　U_C

名　称	符　号	电　路
双刀单掷	U_{ISA}　U_{OSA}　U_{ISB}　U_{OSB}	U_{ISA} SU1 U_{OSA}　U_{OS2}　U_{ISB} SU2 U_{OSB}　U_C
双刀双掷	U_{OSA1}　U_{ISA}　U_{OSA2}　U_{OSB1}　U_{ISB}　U_{OSB2}	U_{ISA} SU1 U_{OSA1}　SU2 U_{OSA2}　U_{ISB} SU3 U_{OSB1}　SU4 U_{OSB2}　U_C
或　门	A B $\geqslant 1$ $A+B$	A SU1 $F=A+B$　B SU2 "1" R "0"
与　门	A B & $A*B$	U_C A　U_C B $F=A*B$　U_{IS} SU1 U_{OS} SU2 U_{OS}　U_{IS} "1" R "0"
低功耗或门	A B $\geqslant 1$ $A+B$	A SU1 $F=A+B$　B SU2 SU3 $\bar{B}$ "1" SU4 $\bar{A}$ "0"
反相器	A 1 $\bar{A}$	A U_C　U_{IS} SU U_{OS} $F=\bar{A}$ "1" R "0"

续表 8-17

名　　称	符　　号	电　　路
或　门	A —— $\&$ —— $A+B$，B 输入	SU1、SU2 电路，U_{IN}、U_{OS}、U_{OS}，$F=A+B$，R
与　门	A —— $\geqslant 1$ —— $A*B$，B 输入	SU1、SU2 电路，U_{OS}，R

（2）数据选择器又叫多路选择器或者多路开关，是一种由门电路和传输门组成的具有地址选择数据的组合逻辑电路。根据功能不同有模拟数据选择器和数字数据选择器。数字数据选择器既可以做数据选择器，也可以做数据分配器。CD4052 是双通道模拟传输器／分离器，或者说，它是一个双通道的多路开关。逻辑电路如图 8-51 所示。它由电平位移、带禁止端的双四选一时序译码器和由译码器输出加以控制的八个 CMOS 模拟开关（传输门）组成。该电路结构中除了有 U_{DD} 和 U_{SS} 端以外，还有一组电源 $-U_{EE}$ 作电平位移时使用。如果 $U_{DD} = +5\,V$，$U_{SS} = 0\,V$，$-U_{EE} = -5\,V$，它可以把单电源下工作的 CMOS 电路所提供的数字信号直接控制模拟传输器／分离器传输幅度为 $-5\,V$ 到 $+5\,V$ 内的模拟信号。CD4052 的真值表如表 8-18 所示。作为应用，我们可以利用传输门、数据选择器以及运算放大器构成一个多输入信号的可编程运算放大器，电路如图 8-52 所示。其中，数据选择器用于选择正弦波、方波、三角波、锯齿波信号中的一种，传输门 CD4066 用于选择运算放大器的运算放大倍数。

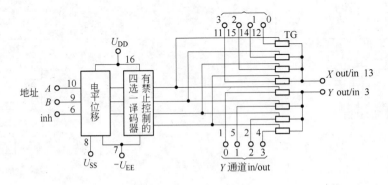

图 8-51　CD4052 逻辑图

表 8-18　CD4052 真值表

输 入 状 态			接 通 通 道
Inh	B	A	
0	0	0	0x，0y

输 入 状 态			接 通 通 道
0	0	1	1x,1y
0	1	0	2x,2y
0	1	1	3x,3y
1	×	×	均不接通

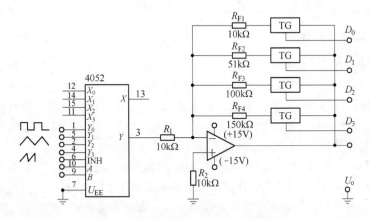

图 8-52　多输入信号可编程运算放大器

8.14.4　实验内容

（1）利用 EWB 对所示电路进行设计仿真。

（2）测试传输门 CD4066 的功能。

1）$U_{DD} = +5$ V，$U_{SS} = 0$ V，在 CD4066 的 in/out(1,4,8,11)端加 $U_i = 4$ V，$f = 1$ kHz 的正弦波信号，改变控制端(13,5,6,12)信号(电平信号)观察输出信号(2,3,9,10 端)的波形、幅值。

2）将输入端作输出端，输出端作输入端使用，重复上述过程。

3）测试数据选择器 CD4052 的功能。按表 8-18 所示真值表测试。

4）按图 8-52 组装程控多输入信号放大电路，正弦波、方波、三角波、锯齿波的幅值为 0.1V，频率为 $f = 1$ kHz，改变 CD4052、CD4066 的控制信号，用示波器测试输出信号的幅值、频率。

① 根据实验内容 1），画出 $U_{DD} = +5$ V，$U_{EE} = 0$ V 和 $U_{DD} = +5$ V，$U_{EE} = -5$ V，$U_{SS} = 0$ V 时的传输门的输出电压波形。

② 根据实验内容 2），画出不同 D_3,D_2,D_1,D_0 时四种输出信号的电压波形，并将电压放大倍数与理论计算的电压放大倍数进行比较。

8.14.5　实验元器件

数字电路实验箱 1 个，TDS2002 示波器 1 台，VC9807 型数字万用表 1 只。集成元件 CD4066 1 片，CD4052 1 片，μA4052 1 片，电阻：10 kΩ×3 只。51 kΩ 1 只，100 kΩ 1 只，150 kΩ 1 只。

8.15　A/D 转换器

8.15.1　实验目的

（1）熟悉 A/D 转换器 MC14433 的工作原理，并掌握其使用方法。

（2）掌握 A/D 转换器 MC14433 应用电路的设计、组装、调试。

8.15.2　预习要求及思考

（1）预习教材及参考书中有关 MC14433 芯片的功能、工作原理及使用方法。

（2）采用 MC14433 芯片，设计一只数字电压表。电压表的测量范围：直流电压 0～1.999 V，0～19.99 V，0～199.9 V，0～1999 V。画出数字电压表的电路图。

（3）通过实验，谈谈对 A/D 转换器主要参数的影响。

8.15.3　A/D 转换器件说明

从电子测量到自动控制等各个领域，电子计算机的应用日益广泛。而电子计算机本身只能识别和处理数字量，通常被测对象、被控对象，大部分是模拟量。因此，必须经过转换器，把模拟量转换成数字量（A/D 转换）或将数字量转换成模拟量（D/A 转换），才能实现计算机与被测、被控对象之间的信息交换。通常对信号的处理过程是模拟量→ADC→DAC→模拟量。因而 ADC、DAC 起到一种桥梁作用，是必不可少的部分。

根据用途的不同，ADC、DAC 的性能亦有区别，例如数字电压表类应用中，要求使用方便，精度高，抗干扰性好，对数据采集，实时处理设备中则要求转换速度快，通道多。因此在使用 ADC，DAC 之前必须了解各种器件的性能指标。根据不同的要求确定器件的型号。本实验主要介绍 MC14433 转换器的特性，以便了解 A/D 转换器的工作原理。MC14433 为 $3\frac{1}{2}$ 的 A/D 转换器，内部电路总框图如图 8-53 所示。

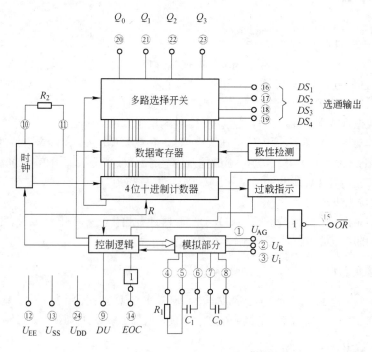

图 8-53　MC14433A/D 转换器内部电路总框图
①～㉔同图 8-54 引脚功能说明

MC14433A/D 转换器主要由模拟和数字两部分组成，它的作用是将输入的直流电压信号转换成数字信号,并动态分时输出个位、十位、百位、千位的 BCD 码数字信号。

模拟部分:模拟部分有十几个模拟电子开关,3 个运算放大器 A_1,A_2,A_3,其中 A_1 为电压跟随器,其作用在于提高 A/D 转换器的输入阻抗,输入阻抗可以大于 $100\,M\Omega$ 以上。A_2 和外接 R、C 构成积分器,A_3 为电压比较器,其输入信号用于内部数字控制电路的一个判别信号。电容器 C_0 为自动调零补偿电路。

数字部分:包括时钟电路,四位十进制计数器,数据寄存器,多路开关,极性检测,过载指示和控制逻辑。

MC14433 完成一次 A/D 转换,需要三个工作期,这三个工作期分别是,失调电压积分期,输入信号积分期和反积分期。

失调电压积分期有三个工作阶段,在第一工作阶段将 A/D 转换器中缓冲器、积分器上的失调电压寄存在外接失调电压补偿电容 C_0 上,同时,积分电容 C_1 被短路。第二工作阶段,将正参考电压 $+U_R$ 接入模拟电路的缓冲器实现对失调电压进行积分,与此同时内部计数器进行计数,即完成把失调电压转换成数字,并把它寄存在锁存器内。第三工作阶段仍然是失调电压寄存阶段,它将失调电压寄存在失调电压补偿电容 C_0 上,以便在反积分阶段,失调电压叠加在输入电压 U_i 上,与经过第二工作阶段记录的失调电压的相应值进行比较,然后消去它。输入信号积分期,对输入信号 U_i 进行积分。反积分期,这一工作期分两个工作阶段。第一工作阶段将内部计数器的数值与第一工作期的第二工作阶段中失调电压的数字(在锁存器内)进行比较,并将相应失调电压的相应数字清除掉。第二工作阶段,在缓冲器的同相输入端输入 $+U_R$,积分器进行反积分,积分器积到输出下降到低于地电位值时,电压比较器从"0"跳到"1"表示这一工作阶段结束。从第一阶段结束到电压比较器跳变到"1"这一段时间内计数器所计的数值就是对应输入电压的数字量。第二工作阶段一旦结束,电路将产生一个转换周期结束信号 EOC。若将 EOC 与 DU 接通,可将内部计数器的值送入锁存器。由内部电路发出数据选择信号 $DS_1 \sim DS_4$ 依次按顺序扫描,在输出端 $Q_0 \sim Q_3$ 输出。

MC14433 采用 24 引线双列直插式封装。外引脚排列如图 8-54 所示。

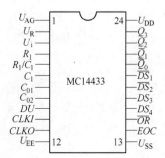

图 8-54 MC14433 外引脚图

各引脚功能说明:

(1) U_{AG} 模拟地,作为输入电压 U_i 和参考电压 U_{REF} 的参考点地;

(2) U_R 参考电压端;

(3) U_i 被测电压输入端;

(4) R_1 积分电阻连接端;

(5) R_1/C_1 积分电阻 R_{INT} 和积分电容 C_{INT} 的公共端;

(6) C_1 积分电容连接端;

(7)、(8) C_{01},C_{02} 失调电压补偿电容 C_0 连接端;

(9) DU 显示更新控制端"1"电平有效;

(10)、(11) CLKI、CLKO 时钟信号输入,输出端。可外接 R_{OSC}、LC、晶振,可以从 CLKI 端外部输入时钟脉冲,从 CLKO 向外输出时钟脉冲;

(12) U_{EE} 负电源端,整个电路的电源最负端,主要作为模拟电路部分的负电源,该端电流约为 $0.8\,mA$;

(13) U_{SS} 数字电路的电源负端;

(14) EOC 转换结束信号输出端"1"电平有效;

（15）OR 超量程检查端"0"电平有效；

（16）、（17）、（18）、（19）$DS_4 \sim DS_1$ 分别是多路调制选通脉冲信号个位、十位、百位和千位输出端；

（20）、（21）、（22）、（23）Q_0, Q_1, Q_2, Q_3 数据输出端；

（24）U_{DD} 整个电路的电源正端。

MC14433 有关外部参数的选择：

（1）参考电压 U_R。满量程 2 V 和 200 mV 时，U_R 分别选择 2 V 和 200 mV。

（2）电源电压：

$$U_{DD} \sim U_{AG} = \pm 5 \sim \pm 8\ V; U_{EE} \sim U_{SS} = -2.8 \sim -8\ V$$

$$U_{DD} \sim U_{SS} = 3 \sim 16\ V; U_{AG} - U_{EE} \geqslant 2.8\ V$$

MC14433 既可以采用双电源工作方式，也可以采用单电源工作方式。采用双电源工作方式时：$U_{DD} = +5 \sim +8\ V; U_{SS} = U_{AG} = 0\ V（地）; U_{EE} = -2.8 \sim -8\ V$。

采用单电源工作时，可采用如图 8-55 所示电路。

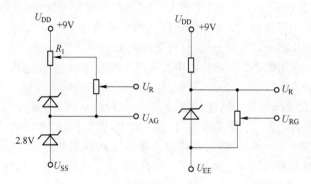

图 8-55　单电源工作电路

（3）积分电阻 R_1。积分电阻 R_1 可以按下式估算：

$$R_1 = \frac{U_{i(max)} T}{C_1 \Delta U}$$

式中　$U_{i(max)}$——满量程电压，即最大输入电压；

　　　　T——信号积分周期，$T = 4000 \times 1/f_{CLK}$；

　　　　ΔU——积分器允许输出幅值 $\Delta U = U_{DD} - U_{i(max)} - 0.5\ V$。

例如：

满量程 2 V 时，$f_{CLK} = 66\ kHz, C_1 = 0.1\ \mu F, U_{DD} = 5\ V, R_1 = \frac{U_{i(max)} T}{C_1 \Delta U} = 480\ k\Omega$（选取 470 kΩ）；

满量程 200 mV 时，$R_1 = 28\ k\Omega$（选取 27 kΩ）。

（4）失调电压补偿电容 C_0。通常取 $C_0 = 0.1\ \mu F$。

（5）时钟频率 f_{CLK}。MC14433 本身是一个时序电路，它需要一个稳定的时钟脉冲，由于 MC14433 内部电路在设计时已考虑到方便用户，在 CLKI 和 CLKO 之间有逻辑电路，因此，在两端外接一电阻即可。外接电阻与时钟振荡频率 f_{CLK} 的关系可从 $R \sim f$ 曲线查得。例如：$R_2 = 300\ k\Omega$ 时，$f_{CLK} = 66\ kHz$。

8.15.4　实验原理

本实验采用 MC14433 设计一只数字电压表，数字电压表是将直流电压这一模拟量转换成数字信号,并进行实时显示。

数字电压表电路参考图如图 8-56 所示。该电压表由 MC14433—31∕2 位 A∕D 转换器, MC1413 七路达林顿驱动器阵列,CD4511BCD 码七段锁存-译码-驱动器,MC1403 基准电源集成电路,及共阴极 LED 发光数码管等器件组成。

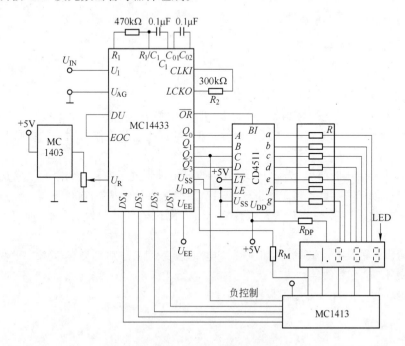

图 8-56 数字电压表电路图

其工作原理为:U_i 信号经 MC14433 进行 A∕D 转换,MC14433 把转换后的数字信号采用多路调制方式输出,在输出个、十、百和千位数字信号的同时发出相应的 $DS_1 \sim DS_4$ 的信号。所以配上一片译码器 CD4511 就可以将转换结果以数字方式实现四位数字的 LED 发光数码管动态扫描显示。$DS_1 \sim DS_4$ 为多路调制数字脉冲选通信号的个位、十位、百位、千位输出端,DS_1 端为高电平时,选通对应数字信号(个位、十位、百位、千位)的数据:$Q_0 \sim Q_3$ 为 BCD 码数字信号的输出端。EOC 为转换标志输出。DS_i 和 EOC 的时序关系是在 EOC 脉冲结束后,紧接着是 DS_1 输出正脉冲,以下依次 DS_2,DS_3,DS_4。在对应 DS_2,DS_3,DS_4 选通期间 $Q_0 \sim Q_3$ 输出 BCD 全位数据。在 DS_1 选通期间,$Q_0 \sim Q_3$ 输出千位的半位数 0 或 1 及过量程、欠量程和极性标志信号。在 DS_1 选通期间 $Q_0 \sim Q_3$ 表示的输出结果:

Q_3 表示千位数:$Q_3 = 0$ 千位数的数字显示为 1;

$\qquad\qquad Q_3 = 1$ 千位数的数字显示为 0。

Q_2 表示被测电压极性:$Q_2 = 1$ 表示正极性,即 $U_i > 0$;

$\qquad\qquad Q_2 = 0$ 表示负极性,即 $U_i < 0$。

显示数的负号,由 MC1413 中的一只晶体管控制。符号位的阴极与千位数的阴极接在一起,当输入信号 U_i 为负电压时,Q_2 端输出置"0",通过限流电阻 R_M 使显示器的"—"亮。当输入信号 U_i 为正电压时,Q_2 端输出置"1",负号控制位使 MC1413 达林复合晶体管导通,电阻 R_M 接地,"—"不亮。

小数点显示由正电流通过限流电阻 R_{DP} 点亮。

OR 为过量程标志,当输入信号 U_i 超过量程范围时 OR 输出"0"。

即:当 $OR = 0$ 时,$|U_i| > 1999$,则溢出。$|U_i| > U_R$ 则 OR 输入低电平。

当 $OR = 1$ 时,表示 $|U_i| < U_R$。平时 OR 为高电平,表示被测量在量程内。

OR 与 CD4511 的消隐端 BI 直接相连,当超量程时,$OR = 0 \rightarrow BI = 0$,使 CD4511 译码器输出全为 0,数码管显示的数字熄灭,而负号和小数点依然亮。

8.15.5　实验内容和步骤

(1) 利用 EWB 对所示电路进行设计仿真。

(2) 根据设计的实验电路,按图接好线。

(3) 用示波器测试观察 MC14433 的 11 脚 f_{CLK},调整 R_2 使 $f_{CLK} = 66$ kHz。

(4) 调整基准电压的电位器,使 U_R 为设定值(可将此电压值作为输入的模拟量,用标准数字表监视)。

(5) 观察积分电压的波形,调整 R_1,使积分电压的波形既不饱和又为最大不失真的摆幅。

(6) 测试自动调零功能。将 U_i 与 U_{AG} 短路,观察数字显示是否"0000"。

(7) 检测超量程功能,令 $|U_i| > 2$ V(或 200 mV)测试 OR 是否为低电平,观察显示器,显示情况。

(8) 检查极性转换功能,将同一数值的输入电压,改变极性,分别加入 U_i,观察"-"变化与否。

(9) 检测 EOC 有无信号。

(10) 调整分压器,检查各量程是否准确。

8.15.6　注意事项

(1) 检查电源电压,一定要准确无误,极性不能接错。

(2) 元件接触一定要好。

8.15.7　实验报告要求

根据预习要求及思考题写好实验报告。

8.15.8　实验用元件及仪器

数字电路实验箱 1 个,TDS2002 示波器 1 台,VC9807 型数字万用表 1 只。MC14433 1 片、MC1403 1 片、CD4511 1 片、MC1413 1 片、八段共阴极 LED 显示块 4 只,电阻、电容、导线等,根据设计要求选择。

8.16　D/A 转换器

8.16.1　实验目的

(1) 熟悉 D/A 转换的工作原理。

(2) 掌握用集成 D/A 转换器 DAC0808 实现数/模转换的方法。

8.16.2　预习要求及思考参考电路

(1) 了解 DAC0808 数/模转换器的工作原理及外部引线功能。

(2) 画出利用 DAC0808 产生锯齿波电压的实验图,并拟定实验步骤。

（3）如果改变输入信号的频率（增大或减小），DAC0808 输出端的电压波形会发生什么变化？

8.16.3　D/A 转换电路的基本原理

D/A 转换电路是实现把数字信号转换为模拟信号的器件。它通常用 DAC 表示。D/A 转换器的主要形式有电流相加方式和加权电流方式。它的主要组成部分是一个权电阻网络,这个电阻网络把输入的每一位二进制数字量按其权值的大小变换为相应的电流,再将各位的电流相加,进而得到与输入数字量成比例的输出直流电流或直流电压。图 8-57 是一个 D/A 转换电路的原理示意图。各位控制开关受输入数字量对应位的控制,哪位数字为"1",哪位开关就合上,为"0"的则断开。不难看出,由于权电阻网络的各支路阻值按二进制数的位权来配置,所以开关 S_7 合上所产生的电流 I_7 就是开关 S_0 合上所产生电流 I_0 的 2^7(128)倍。当各个开关分别合上时,运算放大器输出电压 U 的表达式如下:

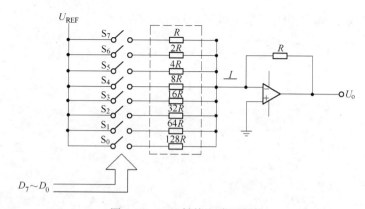

图 8-57　D/A 转换电路原理图

D_0 位开关 S_0 合上: $U = U_0 = -U_{REF}R/128R = U_{REF}/128 = -2^0 U_{REF}/128 = 2^0 E$

式中, $E = -U_{REF}/128 = -U_{REF}/2^7$,即参考电压的 $1/2^7$。

D_1 位开关 S_1 合上: $U = U_1 = 2^1 E$

D_2 位开关 S_2 合上: $U = U_2 = 2^2 E$

⋮

D_7 位开关 S_7 合上: $U = U_7 = 2^7 E$

若全部开关都合上时,输出电压为:

$$U = -U_{REF}R\left(\frac{1}{R} + \frac{1}{2R} + \cdots + \frac{1}{128R}\right)$$
$$= (2^7 + 2^6 + 2^5 + \cdots + 2^0)E$$
$$= U_7 + U_6 + U_5 + \cdots + U_0$$

可见凡开关合上的那一位,其相应的位电压就表现在输出电压 U 的和式中。而开关断开的那一位,则其相应的位电压就为 0,从而实现了输出模拟电压正比于输入数字量的转换。

除权电阻网络外,用得较多的是 R-$2R$ 梯形网络和倒梯形网络。图 8-58 所示为一倒梯形转换的原理图。

该图是一个四位二进制 DAC 转换器的原理图,它由数码控制的双掷开关,电阻网络和一个运算放大器构成。当某位数码为 1 时开关接通左边触点,电流 I_1 流入运算放大器的反相输入端,当某位数码为 0 时,开关接通右边触点,电流流入地。根据运算放大器虚地的概念,从 A、B、

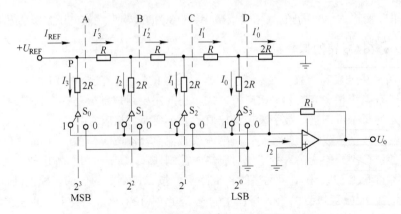

图 8-58　倒梯形 DAC 原理图

C、D 处向左看两端网络的电阻的等效电阻都是 $2R$，因此

$$I_3 = I'_3 = \frac{I_{REF}}{2}$$

$$I_2 = I'_2 = \frac{I'_3}{2}$$

$$I_1 = I'_1 = \frac{I'_2}{2}$$

$$I_0 = I'_0 = \frac{I'_1}{2}$$

运算放大器反相输入端的总电流为

$$\sum I = I_0 + I_1 + I_2 + I_3 = I_{REF}\left(\frac{1}{16} + \frac{1}{8} + \frac{1}{4} + \frac{1}{2}\right)$$

$$= \frac{U_{REF}}{R}\left(\frac{1}{16} + \frac{1}{8} + \frac{1}{4} + \frac{1}{2}\right)$$

若以 S_0、S_1、S_2、S_3 表示各位数码的变量，$S_i = 1$ 表示接通左边触点，$S_i = 0$ 表示接通右边触点，则有

$$\sum I = \frac{U_{REF}}{R}\left(\frac{S_0}{16} + \frac{S_1}{8} + \frac{S_2}{4} + \frac{S_3}{2}\right)$$

$$= \frac{U_{REF}}{2^4 R}(2^0 S_0 + 2^1 S_1 + 2^2 S_2 + 2^3 S_3)$$

如果数码有 n 位，则可表示成

$$\sum I = \frac{U_{REF}}{2^n R}(2^0 S_0 + 2^1 S_1 + 2^2 S_2 + 2^3 S_3 + \cdots + 2^{n-1} S_{n-1})$$

运算放大器的输出电压为：

$$U = -R_f \sum I = -\frac{U_{REF} R_f}{2^n R}(2^0 S_0 + 2^1 S_1 + 2^2 S_2 + 2^3 S_3 + \cdots + 2^{n-1} S_{n-1})$$

由于 R 和 R_f 在 DAC 芯片制作时已固定，故由上式可知，放大器输出电压的幅值与参考电压及输入的数码有关。

DAC0808 D/A 转换器芯片采用 R-$2R$ 梯形转换网络，原理图如图 8-59 所示，DAC0808 的外引线排列如图 8-60 所示。

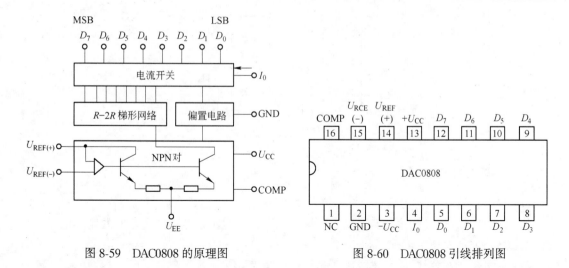

图 8-59　DAC0808 的原理图　　　　图 8-60　DAC0808 引线排列图

8.16.4　器件说明

DAC0808 是一种单片 8 位的数/模转换器,DAC0808 的输出形式是电流,其大小取决于 $U_{REF}(+)$、$U_{REF}(-)$、U_{EE},COMP 端是补偿端,它可与地、$-U_{EE}$ 之间跨接电容,为内部参考控制放大器提供适当的相角储备,一般为十几皮法到几十皮法。在大多数应用中不需要对基准电流进行微调,有 8 位的单调性和线性性,零电平输出电流小于 4 μA,保证 $I_{REF} \geqslant 2$ mA 时有 8 位的零电平精度。

DAC 转换器的几项技术指标:

(1) 分辨率。它是由二进制数码的最低位确定的输出电压的最小值,分辨率与可用于输入数码的有效位数有关,位数越多,分辨率越高,DAC0808 的分辨率为 $1/2^8 = 1/256$,即 0.39%;当 $U_{REF} = 10$ V 时,分辨率为 39 mV。

(2) 转换精度:指对应于给定的满刻度数字量,实际的模拟输出电压与理想的输出电压之间的差值,一般不考虑其他 D/A 的转换误差时,D/A 精度即为分辨率的大小,DAC0808 的最大满刻度偏差为 ± 1LSB,DAC 的转换精度与元件外电路的器件及电源误差有关。

(3) 转换时间:当转换器输入数字量变化后,输出模拟量稳定到相应数值范围内(稳定值 $\pm \varepsilon$,通常 $\varepsilon = 1/2$LSB)所经历的时间,DAC0808 的转换时间小于 150 ns。

DAC0808 典型应用电路如图 8-61 所示,只要在数字输入端输入数字量,就可以在输出端得到相应的模拟量。比例系数 $\dfrac{U_{REF} R_f}{2^n R_1}$ 可以通过实验测出来。利用 DAC0808 构成的梯形波发生器原理图,如图 8-62 所示。

其中 CD40161 的 Q_D,Q_C,Q_B 和 Q_A 分别接 DAC0808 的低四位数据输入端,DAC0808 的高四位数据输入端接地,从示波器上可以看出阶梯波。

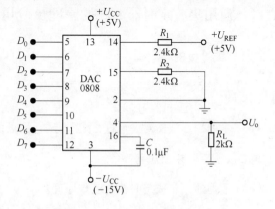

图 8-61　DAC0808 典型应用电路

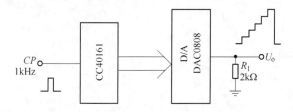

图 8-62　梯形波发生器原理图

8.16.5　实验内容

（1）利用 EWB 对所示电路进行设计仿真。

（2）按图 8-62 接好线,输入不同的数字量($D_0 \sim D_7$ 接电平信号),测量相应的输出电压,并将结果填入自制的表格中。

（3）按图 8-62 接好线,用示波器观察输出波形,并将结果记录下来。

8.16.6　注意事项

（1）一定要注意电源极性的连接,不要接错,仔细检查实验线路,确认无误后,方可通电。

（2）CMOS 电路不用的输入端不能悬空,将其接地(或接 + 5 V,视具体情况而定)。

8.16.7　实验报告要求

（1）实验内容(1)的结果填入自制表中,表中要有理论值一栏。

（2）描绘阶梯波发生器波形图,并标明步长。

8.16.8　实验元器件

数字电路实验箱 1 个,TDS2002 示波器 1 台,VC9807 型数字万用表 1 只。

元器件:DAC0808 1 片,计数器:CD40161 1 片,电阻:2.4 kΩ 2 只;2 kΩ 1 只,电容:0.1 μF 1只,脉冲信号发生器 1 台。

8.17　通用集成定时器 555 的原理及应用

8.17.1　实验目的

（1）熟悉 555 集成定时器的组成及工作原理。

（2）学习用定时器构成 RS 触发器、单稳态电路、多谐振荡器和施密特触发器等。

（3）学习用示波器对波形进行定量分析,测量信号的周期、脉宽和幅值。

8.17.2　预习要求及思考

（1）复习通用集成定时器的工作原理。

（2）复习由 555 构成单稳态触发器、多谐振荡器、施密特触发器、RS 触发器的工作原理。

（3）按实验要求,估算所应采用的阻容参数。

（4）用 555 构成的多谐振荡器占空比是多少?

（5）在施密特触发器中,若想把整个方波上移 1 V,电路如何改进。

8.17.3 实验原理及参考电路

8.17.3.1 通用集成定时器的工作原理简介

通用集成定时器 555 是一种将模拟电路和数字逻辑电路巧妙地组合在一起的中规模集成器,分单极型(CMOS)和双极型(TTL)两种。大多数情况下,两种定时器可以互相代换。外加少量的阻容元件就可以组成性能稳定而精确的多谐振荡器、单稳电路、施密特触发器等,应用十分广泛。

通用集成定时器的内部逻辑电路图如图8-63所示,它由三个电阻、两个比较器(C_1、C_2)、基本 RS 触发器、输出级和放电管等五部分组成。三个 5 kΩ 电阻(CMOS 为 100 kΩ)串联组成分压器,为比较器 C_1 的反相输入端提供 $\frac{2}{3}U_{CC}$ 的参考电压,而为比较器 C_2 的同相输入端提供 $\frac{1}{3}U_{CC}$ 的参考电压。当同相输入端的电压值大于反相输入端的电压值时,比较器输出高电平号;当同相输入端的电压值小于反相输入端的电压值时,比较器输出低电平信号。输出级是定时器的驱动级,用于提高电路的负载能力。放电管是为了应用方便,用于电容充放电的三极管(场效应晶体

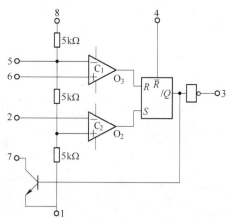

图 8-63 集成定时器 555 内部电路图

管)。TTL 器件的 555 芯片的电源电压范围是 + 4.5~ + 18 V(CMOS 器件为 + 2~ + 18 V),而且,可以接成 $U_{DD}= + U_{CC}$,$U_{SS}= - U_{CC}$,$|U_{CC}| = |-U_{CC}|$,使输出波形正负对称,输出电流可达 100~200 mA,能直接驱动微型电机、继电器和低阻抗扬声器。综上所述,可以把通用集成定时器 555 的工作情况概括为:输入信号与参考信号通过比较器相比较后,控制基本 RS 触发器的状态,再通过输出级驱动负载。

8.17.3.2 通用集成定时器 555 的应用

A RS 触发器

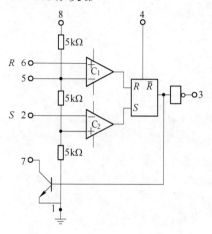

图 8-64 555 定时器作 RS 触发器用

因为集成定时器 555 本身就包含一个 RS 触发器,所以,不加任何元件就可以做 RS 触发器用。当 R 端电压大于等于 $\frac{2}{3}U_{CC}$ 时,$U_{C1} = 1$,$Q = 0$;当 S 端电压值小于 $\frac{1}{3}U_{CC}$ 时,$U_{C2} = 1$,$Q = 1$。电路如图8-64所示。

B 单稳态电路

单稳态电路只有一个稳态,一个暂态。在未加输入信号时,电路一直处于稳态,当触发器的输入信号到来时,电路翻转到暂态,经过一定时间间隔后,电路又回到稳态。图 8-65 所示的单稳态电路的工作原理是:当输入信号 $U_i < \frac{1}{3}U_{CC}$ 时,比较器 C_2 输出高电

平,555 的输出为高电平,放电三极管截止。电源通过 R 对 C 充电,充到 $\frac{2}{3}U_{CC}$ 时,触发器又回到"0"态,即输出低电平。可以看出,输出高电平维持的时间取决于 RC 的大小,这个时间称之为脉宽,其大小为 $\tau = 1.1RC$。图 8-65 电路中 $\tau = 1.1RC = 1.1 \times 104 \times 10^{-7} = 1.1$ ms。电路返回稳态之后,如果再加信号,电路又会再重复上述过程。

C　多谐振荡器

多谐振荡器是一种能产生矩形脉冲输出的电路。用 555 元件构成的多谐振荡器电路如图 8-66 所示,它没有稳态,只有两个暂态。它的工作原理:电源接通后,由于电容 C 没有电荷,555 中 C_2 的同相输入端电压值大于反相输入端电压值,因此,输出高电平。电源通过电阻 R_A、R_B 向电容 C 充电,充电时间常数为 $(R_A + R_B)C$。当电容电压 $U_C = \frac{2}{3}U_{CC}$ 时,比较器 C_1 翻转,输出由高电平跳到低电平,同时,放电三极管导通,电容 C 上的电荷通过电阻 R_B 和三极管放掉。放电时常数为 $R_B C$。当电容电压下降至 $\frac{1}{3}U_{CC}$ 时,比较器 C_2 翻转到"1",输出电压又为高电平放电三极管截止,又开始重复充电过程,周而复始,形成振荡,振荡周期为:$T = t_{pH} + t_{pc} = 0.7(R_A + 2R_B)C$。

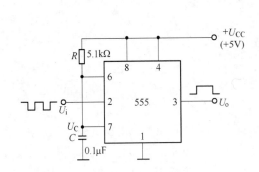

图 8-65　单稳态电路

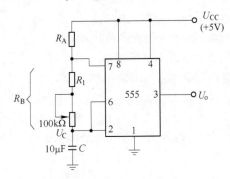

图 8-66　多谐振荡器

振荡频率为:$f = 1/T = \dfrac{1}{t_{pH} + t_{pc}} = \dfrac{1.43}{(R_A + 2R_B)C}$,图 8-66 所示的最高振荡频率为:

$$f = \frac{1.43}{(10 \times 10^3 + 2 \times 2 \times 10^3) \times 10^{-7}} \approx 1000 \text{ Hz}$$

由此可见,该电路的振荡周期仅与外接电阻 R_A、R_B 和电容 C 有关,也不受电源电压变化的影响。如果把复位端 4 加一控制信号,可以控制电路振荡与否。

D　施密特触发器

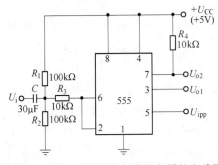

图 8-67　用 555 构成施密特触发器的电路图

施密特触发器是一种波形变换电路,它可以把诸如正弦波、三角波、锯齿波等其他任何形状的波形变换成矩形波。这种电路是利用输入信号的高电平、低电平触发工作的。利用集成定时器 555 构成的施密特触发器电路如图 8-67 所示,其中 R_1 和 R_2 组成的分压器是为提高电路的触发灵敏度加入的,电容 C 的作用是:一方面起隔直作用,保证触发器的静态电位不受信号源的影响;另一作用是耦合。工作过程:若设输入信号为三角波形的信号,当输入

信号 $U_i = \frac{2}{3}U_{CC}$ 时，C_1 翻转到高电平，输出 $U_{o1} = 0$，$U_{o2} = 0$（放电三极管饱和导通），当输入信号 U_i 降至 $\frac{1}{3}U_{CC}$ 时，C_2 翻转到高电平，输出 $U_{o1} = 1$，放电三极管截止，$U_{o2} = 1$，因 $+U_{CC}$ 可根据需要自己选择，因此，U_{o2} 的高电平电压值可以满足需要。施密特触发器的回差电压为 $\frac{1}{3}U_{CC}$。如果要改变回差电压值，可以通过改变控制输入端 5 的电压大小来实现，但控制电压的最大值不能超过电源电压值 U_{CC}。

8.17.4 实现内容及步骤

（1）利用 EWB 对所示电路进行设计仿真。

（2）用集成定时器 555 构成 RS 触发器，如图 8-64 所示，根据实验结果列出真值表。

（3）用集成定时器 555 构成单稳态电路，电路如图 8-65 所示，做实验时在按图接好线后，要合理选择输入信号的幅值、频率，保证 $|U_{imax}| \leqslant 5$ V，$T < \tau$，用示波器观察 U_i、U_c、U_o 的电压波形，比较它们的相序关系。

（4）用集成定时器 555 构成多谐振荡器，电路如图 8-66 所示。按电路图接线，用示波器观察 U_c、U_o 的波形，测出输出波形的幅值、周期。

（5）用集成定时器 555 构成施密特触发器，电路如图 8-67 所示，按图接好线后，输入 $U_{ipp} = 3$ V，$f = 1$ kHz 的正弦波，用示波器观察 U_i 和 U_o 的波形，注意周期、幅值、上限触发电平、下降触发电平，计算回差电压。

8.17.5 注意事项

（1）输入信号的幅值不能过大，按要求加入。

（2）绘制所需的波形图，均按时间坐标对应描绘，图中标明波形的周期、脉宽和幅值等。

8.17.6 实验报告要求

（1）整理实验数据，列出 RS 触发器的真值表，绘制单稳电路、多谐振荡器、施密特触发器的波形图。

（2）将实验结果与理论计算值进行比较。

8.17.7 实验元器件与设备

实验元器件与设备有：数字电路实验箱 1 个，TDS2002 示波器 1 台，VC9807 型数字万用表 1 只。

NE555 1 只，电容：0.1 μF 1 只，电阻：10 kΩ 1 只、2 kΩ 1 只、51 kΩ 1 只、500 kΩ 1 只、100 kΩ 1 只。

8.18 电子技术综合设计实验 A：智力竞赛抢答器设计

智力竞赛抢答器作为智力竞赛的一个项目，是一个很有意义的活动。它锻炼参赛者的智力，测试参赛者的知识面、应变能力等。各参赛者考虑好后都想抢先回答问题，这就需要有合适的设备，判断他们的先后。智力竞赛抢答器就是为此设计的。

8.18.1 任务和要求

（1）最多可容纳 7 名选手或 7 个代表队参加，他们的编号分别为 1，2，3，4，5，6，7 各有一个抢答按钮,其编号与参赛者的号码——对应。此外,还应有一个供主持人使用的按钮,用来清零。这 8 个按钮均采用自制的触摸按钮。

(2) 抢答器具有锁存功能,锁存的数据用 LED 显示出来,主持人将抢答器清零后,若有参赛者触摸按钮,数码管立即显示出最先动作的选手的编号,同时,蜂鸣器发出音响信号约 1 s。

(3) 抢答器应有很强的分辨能力,即使参赛者动作的先后只有几毫秒,抢答器也能分辨出来。

(4) 在各抢答器按钮为常态时,主持人可用清零按钮,将数码管变为零状态,此状态一直保持到有参赛者按抢答按钮为止。

8.18.2 设计参考电路及原理

8.18.2.1 触摸按钮

触摸按钮电路如图 8-68 所示。触摸探头由两根相距 1 mm 的裸导线或铜箔板、电阻和 CMOS 反相器构成。当人的手指触及到绝缘间隙两边的导体时,相当于在探头上跨接一个约 2 MΩ 的电阻(实际值与人体手指的干湿程度有关),反相器的输出端就会输出不同的高、低电平。(a)输出低电平,因此,称为 OL 型;(b)输出高电平,因此,称为 OH 型。

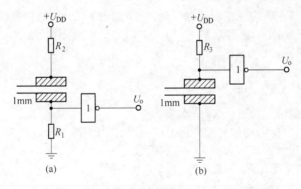

图 8-68　触摸按钮示意图
(a) OL 型;(b) OH 型

8.18.2.2 智力竞赛抢答器工作原理框图

智力竞赛抢答器工作原理框图如图 8-69 所示。

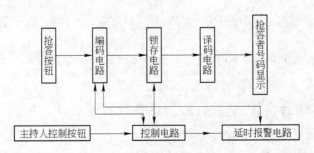

图 8-69　智力竞赛抢答器电路原理框图

根据智力竞赛的要求,智力竞赛抢答器由抢答部分、控制部分和延时报警等电路组成。

抢答部分:抢答者按动抢答按钮,通过编码电路、锁存电路和译码电路、显示电路,显示优先抢答者的号码,之后有其他参赛者按动按钮,则信号被封锁。

8.18.2.3 控制部分

当主持人宣布完抢答题,说一声"开始"并按动节目主持人控制按钮后,延时电路开始计时,控制电路允许编码,锁存电路开始工作。一旦有参赛者按动按钮,优先抢答者的号码被锁存,通过控制电路将其他各路电路封锁,不允许其他抢答者的信号通过。如果抢答时间(延时时间)到,发出报警信号,同时封锁编码电路(见图8-70)。

延时报警部分:延时报警电路从主持人按动控制按钮开始计时,到设定时间(一般为30s)时,发出报警信号,并封锁编码电路。

8.18.2.4 抢答部分电路设计参考电路

抢答部分电路由触摸开关、8线—3线优先编码器、锁存器、译码器和显示器组成。其中,电路中的锁存器用D触发器74LS74构成,但这里只用预置和清除功能。译码器CD4511在以前的实验中已用过,这里,只是"锁存"控制端,由编码器CD4532的群选择线GS控制,这样做的目的是只有$D_0 \sim D_7$有信号输入时,允许译码器BCD码输入。CD4532是一个由$D_0 \sim D_7$八根输入线,真值表如表8-19所示,其中,D_7的优先级最高,D_0的优先级最低。"EI"为片选信号,$EI =$"0"时,禁止输入,$EI =$"1"时允许输入。EO为允许输出。如果$D_7 \sim D_0$中没有信号输入,则$EO = 1$。因习惯上没有"0"号编码的代码,因此,此处的D_0端不用(接地)。电路的工作原理是:当任何一个参赛者优先按动按钮后,编码器输出优先按动按钮的二进制代码,此代码被锁存在锁存器中,由于GS输出信号使译码器允许BCD码输入,经译码输出显示出优先按动按钮的号码。同时,输出允许端输出一个"0"信号,经控制电路,使允许输入端置低电平"0",从而使其他参赛者的信号不能输入。

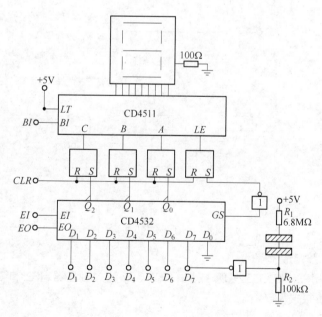

图8-70 抢答器抢答电路图

表 8-19 CD4532 真值表

输 入									输 出				
EI	D_7	D_6	D_5	D_4	D_3	D_2	D_1	D_0	GS	Q_2	Q_1	Q_0	EO
0	×	×	×	×	×	×	×	×	0	0	0	0	0

输　入									输　出				
EI	D_7	D_6	D_5	D_4	D_3	D_2	D_1	D_0	GS	Q_2	Q_1	Q_0	EO
1	0	0	0	0	0	0	0	0	0	0	0	0	1
1	1	×	×	×	×	×	×	×	1	1	1	1	0
1	0	1	×	×	×	×	×	×	1	1	1	0	0
1	0	0	1	×	×	×	×	×	1	1	0	1	0
1	0	0	0	1	×	×	×	×	1	1	0	0	0
1	0	0	0	0	1	×	×	×	1	0	1	1	0
1	0	0	0	0	0	1	×	×	1	0	1	0	0
1	0	0	0	0	0	0	1	×	1	0	0	1	0
1	0	0	0	0	0	0	0	1	1	0	0	0	0

8.18.2.5　控制部分参考电路

能否满足设计要求,控制部分的电路设计非常关键,参考电路如图 8-71 所示,当 $D_7 \sim D_0$ 没有输入信号,EO 输出为 1,经反相器后,使与非门输出为 1,允许 $D_7 \sim D_0$ 中的任何一个输入。任何一个参赛者优先按动按钮后 EO 输出为 0,经反相器后与基本 RS 触发器的 Q 端的信号进行"与非"使 EI 变为"0",其他参赛者再按动按钮,信号就进不来了。主持人使用的清除/起始按钮,经基本 RS 触发器的 Q 端,一方面是用于清除锁存器的,另一方面是用于启动定时器工作。

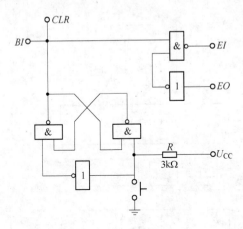

图 8-71　控制部分电路图

8.18.2.6　定时报警电路

定时报警电路用三片 CA555 实现。其中,IC1 为单稳态触发器,IC2 和 IC3 为多谐振荡器。IC2 和 IC3 的频率可根据需要调整。

对于单稳态触发器,$t_{po} = 1.1 R_1 C_1$。

一般取 $t_{po} = 30$ s,$R_1 = 1$ kΩ~10 MΩ,$C_1 > 1000$ pF。

这里取 $C_1 = 10$ μF,$R_1 = 2.4$ MΩ + 510 kΩ,其中 510 kΩ 为可调电阻,对于 IC2、IC3 多谐振荡器,根据 $f = \dfrac{1.43}{(R_A + 2R_B)C}$ 选取参数。

例如:取 $f_1 = 1$ Hz,$R_2 = 470$ kΩ,$R_3 = 430 + 51$ kΩ,$C_2 = 1$ μF,$f_2 = 1$ kHz,$R_4 = 4.7$ kΩ,$R_5 = 4.3 + 510$ kΩ,$C_3 = 0.1$ μF。

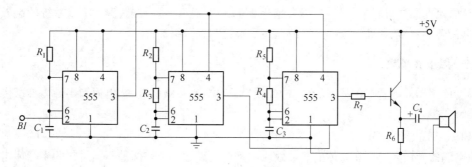

图 8-72 定时报警电路

8.18.3 主要器件及安装调试

(1) 集成电路芯片 CD4511、CD4532、74LS00、μA555。

(2) 电路的安装、调试,可以从输入级到输出级的顺序进行。最后,安装、调试报警部分,也可以按照输出级→输入级的顺序进行安装、调试。最后,进行安装、调试报警部分。例如,可以首先安装、调试锁存、译码和显示部分,将 BI、CLR 置 1,A、B、C 和 LE 分别置不同的信号,验证电路是否满足设计功能,接着安装调试编码电路,置 EI 为 1,在 $D_0 \sim D_7$ 分别输入信号,验证显示正确与否?再将控制电路接入进行联调。把报警部分单独进行调试,用示波器测试两多谐振荡器的振荡频率(调制信号频率为 1Hz 左右,被调制信号频率为 1 kHz 左右),最后,进行系统的统调,直至满意为止。

8.18.4 设计及调试提示

(1) 设计时化整为零,先将系统分成几个单元设计,最后,将各单元连接起来。
(2) 调试时,先调各单元电路,最后进行联调。

8.18.5 实验报告要求

(1) 画出数字抢答器的各单元电路图和系统图。
(2) 列出设计数据,实验数据和时序波形图。
(3) 谈谈收获、体会、建议。

8.18.6 思考题

(1) 本设计实验中,如果将 D_0 端利用起来,在显示器上显示"8"电路如何改进。
(2) 如果把抢答组数扩大到 10 组,电路如何设计。

8.19 电子技术综合设计实验 B:温度测量系统设计

温度是表征物体冷热程度的物理量,在工农业、国防及日常生活等众多领域都是一个很重要而普遍的参数。温度测量的目的:纯粹为了了解被测对象的温度,例如:测体温、测室温等;为了控制对象的温度,例如,冶金行业的冶炼、热处理过程中,要求按照一定的工艺曲线进行温度控制。

由于测量环境、测量要求和资源的限制,测量电路千变万化。而且,随着电子技术、传感器技术的发展,温度测量将越来越简单、越来越智能化、越来越普及。目前,温度测量系统的组成主要有:温度传感器、小信号处理(放大、滤波)、显示及控制部分组成。

8.19.1　温度传感器

温度传感器的数量在传感器的数量方面居于首位,有热敏电阻、热电偶和半导体温度传感器几种类型。

8.19.1.1　热电偶

热电偶的应用是建立在物体的热电效应的理论基础之上。将两种不同材料的半导体组成一个闭合回路,如果两结点的温度不同则回路将产生一定的电流(电势),电流的大小与半导体的材料及结点温度有关。这类传感器主要用于高温测量,如冶金行业的炉温有 1000 多度。

8.19.1.2　热敏电阻

热电阻和热敏电阻是利用金属材料的温度系数而制成的温度传感器。由物理学可知,大多数金属材料的电阻,都具有随温度变化的特性,其特性满足

$$R_t = R_0 [1 + \alpha(t - t_0)]$$

常用的热电阻和热敏电阻有:铂热电阻,温度复现性好,广泛用于温度的基准、标准的传递;铜热电阻,灵敏度高,但易于氧化。一般用于 150℃ 以下的低温测量、没有水和无腐蚀性的介质中的温度测量。

8.19.1.3　半导体温度传感器

一般来说,半导体比金属具有更大的温度系数,所以利用半导体制作温度传感器就是很自然的事了。半导体温度传感器分为:正温度系数(PTC)、临界温度系数(CTR)和负温度系数(NTC)几种类型。常用的半导体温度传感器有:半导体热敏温度传感器、二极管 PN 结、晶体三极管和集成温度传感器(如 LM35、AD590、MAX6610/6611、LM94022 和 μPC616 等)几种。

8.19.2　传感器常用电路

对于热电偶和热敏电阻类的模拟传感器,在电路中的电压变化量为毫伏级。通常,接成桥路的形式(有共模电压,参看后面的电路图)。

8.19.3　信号处理电路

信号处理电路要遵循:不影响被测对象和传感器的正常工作;稳定可靠;易于调整等几条基本原则。通常,采用仪表放大器(亦称测量放大器)加滤波器的结构。如图 8-73 所示为常用仪表放大器电路。采用仪表放大器的主要特点是:输入阻抗高,输出阻抗低,失调及零漂小,放大倍数精度可调,具有差动输入、单端输出,共模抑制比很高。适用于大的共模电压背景下,对缓变微弱的差值信号进行放大,常用于热电偶、应变电桥、生物信号等信号的放大。图 8-73 所示电路在实际调试过程中,往往要经多次调试才能成功。可以采用统用型仪表放大器:INA110、INA114/115、INA128、INA131 等,高精度型:AD522、AD524、AD624 等。

仪表放大器的结构:

仪表放大器一般是由三个放大器和经过激光调阻修正的电阻网络构成,如图 8-74 所示。在传统的三片运放方式的基础上做一些改进,内部阻值的校准保证用户只需要外接一个电阻即可实现由 1 到上万倍的增益精确设定,减少了由于增益相关误差带来的数据采集误差,同时这种结构保证其具有高输入阻抗和低输出阻抗,且每一路输入都有输入保护电路以避免损坏器件。采

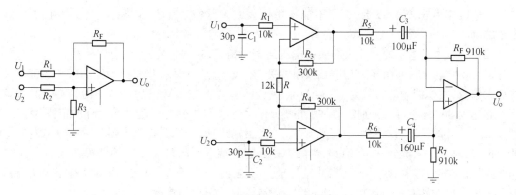

图 8-73　常用仪表放大器电路

用激光调阻,使其具有低失调电压、高共模抑制比和低温漂。

图 8-74 所示为 BB(Burr Brown)公司的 INA114、INA118 等仪表放大器的结构原理框图及引脚。在实际应用时,正负电源引脚处应接滤波电容 C,以消除电源带来的干扰。5 脚为输出参考端,一般接地。实际应用中即使 5 脚对地之间存在很小的电阻值,也将对器件的共模抑制比产生很大的影响,如 5 Ω 的阻值将导致共模抑制比衰减到 80dB。输入共模电压范围:仪表放大器对共模信号有较强的抑制作用,例如 INA114,共模抑制比可高达 120 dB, 但这是在放大倍数、输入共模电压在一定范围内以及输入共模电压的频率较低的条件下才可以达到的。而所放大的差分信号,是指仪表放大器的两个输入端对地所存在的差值。如一个典型的惠斯通电桥应用电路,桥路供电电压为 10 V,根据其中的条件可以得到共模电压值为 5 V,而差模电压的大小为 0.0144 V,经过差分 IA 后输出为对地的单端信号。其中共模电压由于 IA 的高共模抑制比而不能通过,放大的是两输入端的差模电压。仪表放大器抑制的共模信号既可以是交流信号也可以是直流信号,但这是受一定条件限制的,并非任何情况下的共模信号通过时都有同样的抑制比,选择时应注意相应的应用范围。

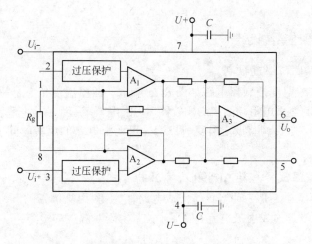

图 8-74　INA118 等仪表放大器的结构原理框图及引脚

(1)输入共模电压的范围与供电电压有关,在输入共模电压大约小于供电电压 1.25 V 左右时,才有较理想的抑制比。一般仪表放大器的供电电压允许在很大的范围内变化,如 INA114,INA118 等在 ±2.25 V 到 ±18 V 内都可以使用,在一定的应用场合下,如果共模电压较大时,相应仪表放大器要选择较高的供电电压才能获得理想的效果。如共模电压为 5 V,则仪表放大器的电源电压应为 6.25 V 以上,否则不能使用仪表放大器作为前置信号放大级。其主要原因是 IA 的前面一组放大器 A_1、A_2 容易饱和。

(2) 输入共模电压抑制能力与共模电压的频率相关,频率越高,抑制效果越差。

(3) 共模电压的抑制能力与增益大小相关,在低增益工作段,共模抑制能力较差,1000 左右的放大倍数,共模抑制能力较好。INA114、INA118 基本上在 1 MHz 频率范围内的共模抑制能力都能够达到 80 dB 左右。特别需要注意的是,有时当输入共模电压超过其允许的范围时会出现输出似乎正常的情况,这主要是由于 A_1、A_2 放大器输出饱和导致 A_3 放大器测得的输出为零造成的。例如,对于上面提到的 INA114,当两个差分输入端电压超过 A_1、A_2 的共模输入所允许的范围时,将造成共模抑制比急剧下降,共模信号会有输出,但由于 A_1、A_2 饱和,使其输出电压相等,最后使整个放大器共模输出电压为零,给人们造成似乎正常的错觉。

差分放大器的差模放大倍数:器件的差模放大倍数由 1、8 脚之间的外接电阻 R_g 决定(见图 8-74),以 INA114 为例,放大倍数可按下面公式计算

$$G = 1 + \frac{50 \text{ k}\Omega}{R_g}$$

式中,50 kΩ 为放大器 A_1、A_2 的反馈电阻之和,并且这两个电阻都经过激光调阻修正,以保证精度和温度系数满足使用要求。实际上外接增益调整电阻对放大器的增益精度和温漂影响较大,必须选择温度系数小的高精度电阻。需要强调的是,从上述的增益计算公式中可以看出,对小信号放大需要较大增益时,电阻 R_g 值较小,如 2000 倍的增益对应的 R_g 值为 25.01 欧姆。如果线路中的电阻与之可比拟,则对放大倍数影响很大,会带来增益误差,在某些情况下,甚至造成增益的不稳定,影响测量精度。因此对于弱信号比较理想的选择是采用多级放大的方式,尽量避免使用放大器的高增益段。同时必须注意外接电阻 R_g 实际上是引脚 1 和 8 之间的阻抗,为了减小增益误差应避免与 R_g 串联较大的寄生电阻。为了减小增益漂移,外接电阻的温度系数必须很低。另外增益的大小与被测信号频率高低关系极大。以 INA114 为例,根据该器件的增益带宽及指标,当输入信号频率在 1kHz 时,增益大小不能超过 1000 倍;当输入信号频率为 10 kHz 时,则增益值不能超过 100 倍。

8.19.4　温度测量电路系统设计

8.19.4.1　热敏电阻温度控制器

由热敏电阻组成的温度控制器电路如图 8-75 所示。图中温度传感器采用在 25℃、电阻为 10 kΩ 的正温度系数的热敏电阻。图中的比较器 A_1 用于控制温度,A_2 用于检测热敏电阻损坏或断线指示电路。调整 R_w 可调整设定温度,调整 R_5 可调整电路的反转时间(避免继电器频繁动作)。

8.19.4.2　集成温度传感器 AD590 及其应用

集成温度传感器实质上是一种半导体集成电路,它是利用晶体管的 b-e 结压降的不饱和值 U_{be} 与热力学温度 T 和通过发射极电流 I 的下述关系实现对温度的检测:

$$U_{be} = \frac{KIT}{q} \ln I$$

式中　K——波尔兹常数;

　　　q——电子电荷绝对值。

集成温度传感器具有线性好、精度适中、灵敏度高、体积小、使用方便等优点,得到广泛应用。集成温度传感器的输出形式分为电压输出和电流输出两种。电压输出型的灵敏度一般为 10

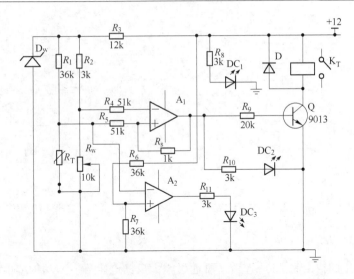

图 8-75　热敏电阻温度控制器

mV/K,温度 0℃ 时输出为 0,温度 25℃ 时输出为 2.982 V。电流输出型的灵敏度一般为 1 mA/K。

A　AD590 简介

AD590 是美国模拟器件公司生产的单片集成两端感温电流源。它的主要特性如下:

(1) 流过器件的电流(mA)等于器件所处环境的热力学温度(开尔文)度数,即:

$$\frac{I_r}{T} = 1$$

式中　I_r——流过器件(AD590)的电流,mA;

　　　T——热力学温度,K。

(2) AD590 的测温范围为 $-55 \sim +150℃$。

(3) AD590 的电源电压范围为 $4 \sim 30$ V。电源电压可在 $4 \sim 6$ V 范围变化,电流变化 1 mA,相当于温度变化 1 K。AD590 可以承受 44 V 正向电压和 20 V 反向电压,因而器件反接也不会被损坏。

(4) 精度高。AD590 共有 I、J、K、L、M 五挡,其中 M 挡精度最高,在 $-55 \sim +150℃$ 范围内,非线性误差为 $\pm 0.3℃$。

B　AD590 的应用电路

a　基本应用电路

图 8-76(b)中因为流过 AD590 的电流与热力学温度成正比,当电阻 R_1 和电位器 R_2 的电阻之和为 1 kΩ 时,输出电压 U_o 随温度的变化为 1 mV/K。但由于 AD590 的增益有偏差,电阻也有误差,因此应对电路进行调整。调整的方法为:把 AD590 放于冰水混合物中,调整电位器 R_2,使 $U_o = 273.2$ mV。或在室温下(25℃)条件下调整电位器,使 $U_o = 273.2 + 25 = 298.2$ mV。但这样调整只可保证在 0℃ 或 25℃ 附近有较高精度。

b　摄氏温度测量电路

如图 8-77 所示,电位器 R_2 用于调整零点,R_4 用于调整运放 LF355 的增益。调整方法如下:在 0℃ 时调整 R_2,使输出 $U_o = 0$,然后在 100℃ 时调整 R_4 使 $U_o = 100$ mV。如此反复调整多次,直至 0℃ 时 $U_o = 0$ mV,100℃ 时 $U_o = 100$ mV 为止。最后在室温下进行校验。例如,若室温为 25℃,那么 U_o 应为 25 mV。冰水混合物是 0℃ 环境,沸水为 100℃ 环境。

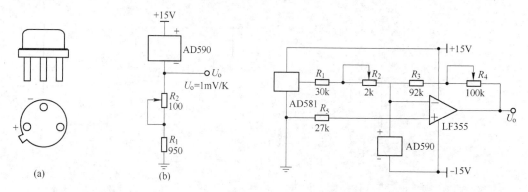

图 8-76　AD590 的封装及基本应用

(a) AD590 的封装形式；

(b) AD590 基本应用电路

图 8-77　测量摄氏温度的电路

要使图 8-77 中的输出为 200 mV/℃，可通过增大反馈电阻(图中反馈电阻由 R_3 与电位器 R_4 串联而成)来实现。另外，测量华氏温度时，因华氏温度等于热力学温度减去 255.4 再乘以 9/5，故若要求输出为 1 mV，则调整反馈电阻约为 180 kΩ，使得温度为 0℃ 时，$U_o = 17.8$ mV；温度为 100℃ 时，$U_o = 197.8$ mV。AD581 是高精度集成稳压器，输入电压最大为 40 V，输出 10 V。

c　温差测量电路及其应用

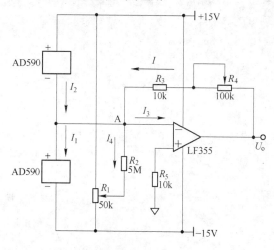

图 8-78　测量温度差的应用电路

电路与原理分析：

图 8-78 是利用两个 AD590 测量两点温度差的电路。在反馈电阻为 100 kΩ 的情况下，设 1 号和 2 号 AD590 处的温度分别为 t_1(℃)和 t_2(℃)，则输出电压为 $(t_1 - t_2)100$ mV/℃。图中电位器 R_1 用于调零。电位器 R_4 用于调整运放 LF355 的增益。

由基尔霍夫电流定律：

$$I + I_2 = I_1 + I_3 + I_4 \tag{8-1}$$

由运算放大器的特性知：

$$I_3 = 0 \tag{8-2}$$

$$U_A = 0 \tag{8-3}$$

调节调零电位器 R_2 使：

$$I_4 = 0 \tag{8-4}$$

由式(8-1)、式(8-2)、式(8-4)可得：$I = I_1 - I_2$

设：$R_4 = 100$ kΩ

则有：
$$U_o = I(R_3 + R_4) = (I_1 - I_2)(R_3 + R_4) = (t_1 - t_2)100 \text{ mV/℃} \tag{8-5}$$

式中，$(t_1 - t_2)$ 为温度差，单位为℃。

由式(8-5)知，改变 $(R_3 + R_4)$ 的值可以改变 U_o 的大小。AD590 测量热力学温度、摄氏温度、两点温度差、多点最低温度、多点平均温度的具体电路，广泛应用于不同的温度控制场合。由于

AD590 精度高、价格低、不需辅助电源、线性好,常用于测温和热电偶的冷端补偿(见图 8-79 和图 8-80)。

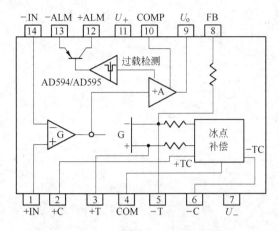

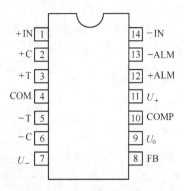

图 8-79 AD594/AD595 原理框图   图 8-80 AD594/AD595 引脚功能

8.19.4.3 AD594/AD595 的应用

AD594/AD595 具有热电偶信号放大和冰点补偿双重功能。它所具有的特性:低阻抗电压输出 10 mV/℃ ;片内冰点补偿;电源电压范围 +5~ +15 V ;热电偶断线报警功能;高阻抗差动输入(可抑制引线上的共模噪声电压)。芯片输出电压关系式

$$U_\mathrm{o} = (\text{T 型热电偶电势} + 16 \mu V) \times 193.4 \qquad \text{AD594}$$
$$U_\mathrm{o} = (\text{K 型热电偶电势} + 11 \mu V) \times 247.3 \qquad \text{AD595}$$

+5 V 单电源供电实际应用电路。

图 8-81 所示电路,1 脚和 14 脚间接热电偶,可得到 10 mV/℃,测量范围:0~300℃ 。

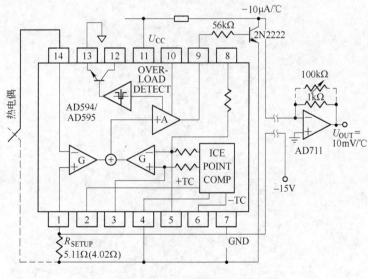

图 8-81 应用电路

8.19.5　设计要求

(1) 设计一个完整的温度测量电路。要求：

1) 画出完整的电路图(LED 数码管显示)、计算各部分的参数。

2) 用文字叙述电路的工作原理。

(2) 完成电路的搭接、调试、功能测试。

(3) 写出一份完整的实验报告。

9　EDA 技术实验

EDA 技术从 20 世纪 70 年代的原理图绘制、PCB 绘制(CAD 阶段),80 年代的 PAL、GAL 的开发应用及电子电路设计前的功能检测(逻辑模拟、定时分析、故障仿真、布局布线)的 CAE 阶段,90 年代的片上系统(SOC)设计,到今天的嵌入式系统设计,已经发生了巨大变化。而且,仍在不断进步、不断变化。以大规模可编程逻辑器件为设计载体,以硬件描述语言为系统逻辑描述的主要表达方式,以计算机、大规模可编程逻辑器件的开发软件为设计工具,通过有关的开发软件,自动完成用软件方式设计的电子系统到硬件系统的编译、逻辑化简、逻辑分割、逻辑综合及优化、逻辑布局布线、逻辑仿真、对特定目标芯片的适配编译、逻辑映射、编程下载等,最终形成集成电子系统或专用集成芯片的 EDA 技术,更具影响力、更为普及,它已经成为工科电类本、专科大学生必须掌握的一门实用型新技术。Quartus Ⅱ 是世界第二大 FPGA/PLD 生产商 Altera 新一代 FPGA/PLD 开发软件,适合新器件和大规模 FPGA 的开发,已经取代曾被普遍认为是最优秀的 PLD 开发平台之一——Maxplus Ⅱ(适合开发早期的中小规模 PLD/FPGA,不再推荐使用)。EDA 技术实验是利用硬件描述语言设计电子系统,利用软件开发平台进行设计的编译、逻辑化简、分割、综合、优化、布局布线、仿真、下载,在实验箱上进行验证的一种现代实验方法。本章是配合 EDA 技术及应用的理论教学安排的实验教学内容。

9.1　Quartus Ⅱ 基本使用

9.1.1　实验目的

(1) 了解 Quartus Ⅱ 的基本功能。
(2) 熟悉、掌握 Quartus Ⅱ 的使用方法。
(3) 熟悉利用 Quartus Ⅱ 设计数字电子系统的过程。

9.1.2　Quartus Ⅱ 的基本功能简介

9.1.2.1　简述

Quartus Ⅱ 是 Alter 公司为用户提供的第四代可编程逻辑器件开发软件,是一个完整高效的设计环境,非常容易适应具体的设计需求。它提供了多操作系统,具有简单易用的设计输入、快速编译的器件编程。它支持百万门级设计。Quartus Ⅱ 提供和其他 EDA 工具的无缝接口,可以在 Quartus Ⅱ 集成环境中自动运行其他 EDA 工具。Quartus Ⅱ 可以识别 EDIF 网表文件、VHDL 网表文件、Verilog-HDL 网表文件,并且可以产生这些网表文件,为其他 EDA 工具提供方便。

Quartus Ⅱ 包括模块化的编译器。编译器的功能模块有:分析综合器(Analysis & Synthesis)、适配器(Fitter)、装配器(Assembler)、时序分析器(Timing Analyzer)、设计辅助模块(Design Assistant)、EDA 网表文件生成器(EDA netlist)、编辑数据接口(Compiler Database Interface)等。设计人员可以通过选择 Start Compilation 运行所有的编译器模块,可以选择 Start 单独运行各个模块,可以选择 Tool/Compile Tool 运行该模块来启动编译器模块。

基于自上而下的设计思想,设计人员可以从容地在多层次化的项目管理中组合各种不同类型的设计文件。设计人员可以首先利用 Block Edit 设计系统框图,用于在顶层描述系统结构。

利用其他框图、原理图、AHDL 设计文件(.tdf)、VHDL 设计文件(.vhd)、Verilog HDL 设计文件(.v)和 EDIF 输入文件(.edf)产生底层文件。由于这些文件具有相对的独立性,设计者在设计文件时,可以不管最终的目标芯片是什么。

Altera 还在 Quartus II 软件工具中提供可参数化宏功能模块和 LPM(Library of Parameterized Modules)函数,LPM 函数是十分有用的,它是构建复杂或高级系统的重要组成部分,在 SOPC 中被大量使用,也可以与 Quartus II 普通设计文件一起使用。

9.1.2.2　Quartus II 支持的器件

Quartus II 支持的器件包括:APEX20K 系列、ARM-based Excalibur 系列、FLEX6000 Cyclon 系列、Cyclon II 系列。

9.1.2.3　Quartus II 的软件安装

Quartus II 软件工具分商业版、工业版和教学版。商业版、工业版功能强大,且有很多的 IP 核可以直接引用,需要较多费用购置;教学版是 Altera 公司基于推广应用满足教学需要免费使用的,但有很多的 IP 核不能用(网络版属于此类)。获得教学版的 Quartus II 软件工具有两个途径:一是直接从网上下载(www.Altera.com/,www.pld.com.cn/均可下载);二是从 Altera 公司的代理商处索取(如骏龙公司)或 EDA 教学设备生产商处索取。如有 CD 盘可按下述步骤进行安装。

(1)安装盘放入光驱,会自动运行出现如图 9-1 所示窗口。

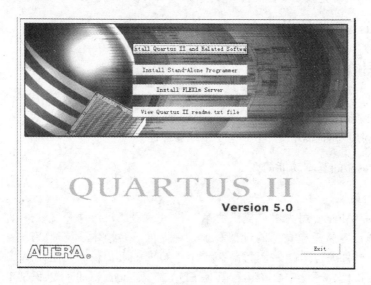

图 9-1　安装选择界面

(2)单击 Install Quartus II and Relate Software 出现如图 9-2 所示对话框。

(3)单击 Next,出现安装软件对话框,如图 9-3 所示。

(4)根据需要选择软件后,单击 Next,出现 License Agreement 对话框,如图 9-4 所示。

(5)在同意接受协议处单击 Next 后,弹出图 9-5 对话框。

(6)填写用户名和公司名称,单击 Next,出现安装路径对话框,可单击 Browse 选择安装路径,如图 9-6 所示。

(7)单击 Next,出现安装方式对话框,如图 9-7 所示。

（8）选择 Complete 后，单击 Next，出现程序目录选择对话框，如图 9-8 所示。

（9）单击 Next，弹出启动拷贝文件对话框，如图 9-9 所示。

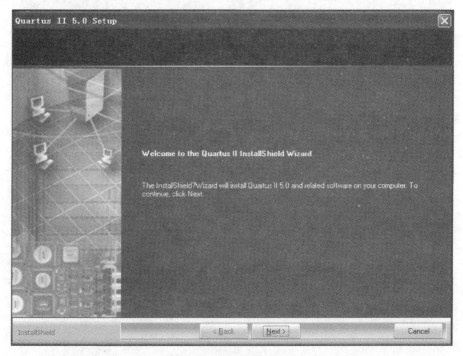

图 9-2　安装对话框

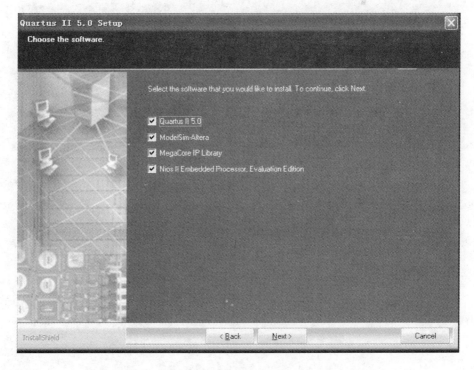

图 9-3　安装向导框

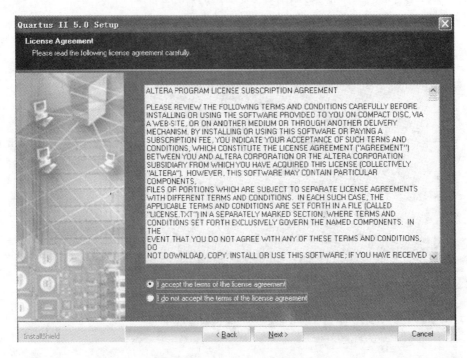

图 9-4　安装协议条款框

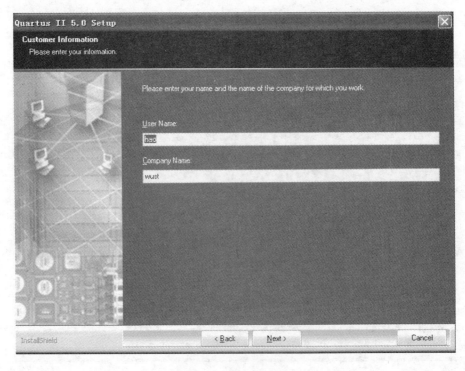

图 9-5　用户对话框

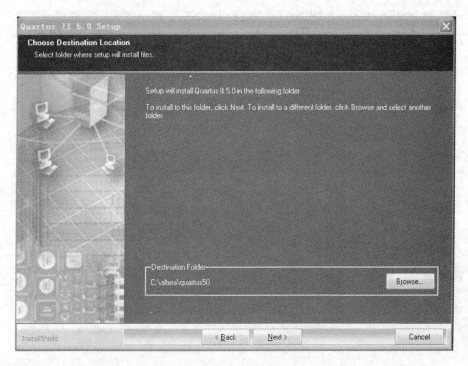

图 9-6　安装路径选择框

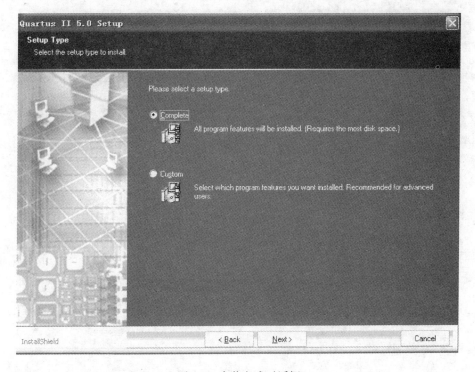

图 9-7　安装方式对话框

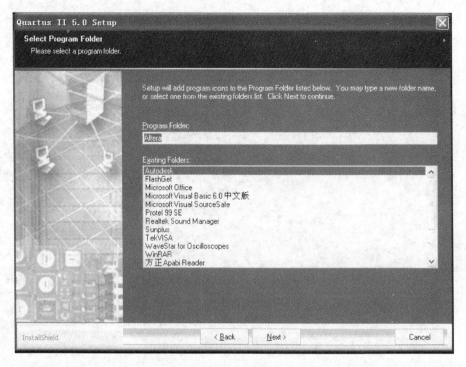

图 9-8　程序目录选择对话框

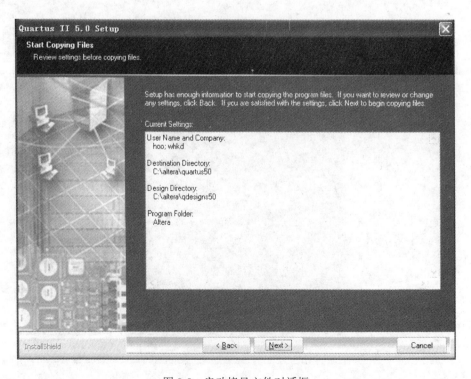

图 9-9　启动拷贝文件对话框

9.1.3　实验内容和步骤

9.1.3.1　QuartusⅡ软件工具的使用

利用 EDA 工具设计数字系统的基本流程如图 9-10 所示。使用 QuartusⅡ软件工具设计一个数字系统,主要有:设计输入、设计编译、设计定时分析、设计仿真、器件编程(下载)和测试各步骤。我们以图形设计输入为例予以说明。文本输入方式除输入方式不同,其后面各步骤完全一样。

首先建立工作库目录,用于存储设计工程项目。

通常,我们建立一个文件夹,来放置与工程有关的所有文件。此文件夹将被 EDA 软件默认为工作库(Work Library)。注意:同一工程的所有文件放在同一文件夹中;不同设计项目的文件放在不同文件夹中;文件夹不能用汉字、数字取名;不要把此文件夹设在计算机已有的安装目录中,更不能把工程文件放在安装目录中。新建文件夹可以利用 Windows 资源管理器建立。例如:本项目的文件夹取名为 DECODER,在 D 盘中的路径为 d\DECODER。

建立工作库的另一种方法是,利用 QuartusⅡ软件在 File 提供的 New Project Wizard 创建一个新的工程项目。

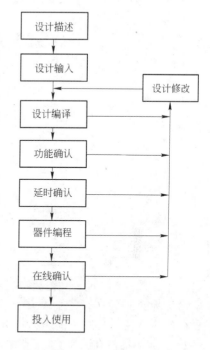

图 9-10　QuartusⅡ的开发流程图

打开 QuartusⅡ软件主窗口时,选择 File→New Project Wizard,如图 9-11 所示。

其中,项目导航(Project Navigator)、状态(Status)和信息(Messages)等窗口可以通过菜单 View→Utility Windows 或快捷工具栏中相应的按钮打开或关闭。

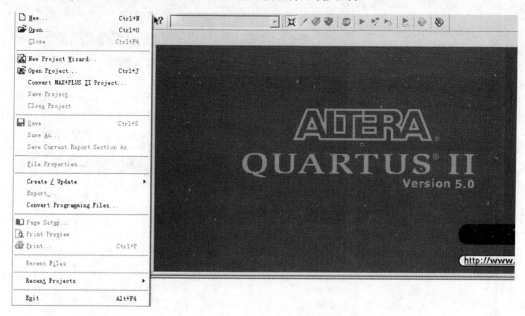

图 9-11　File 菜单窗口

单击 New Project Wizard 菜单,出现图 9-12 所示的窗口。

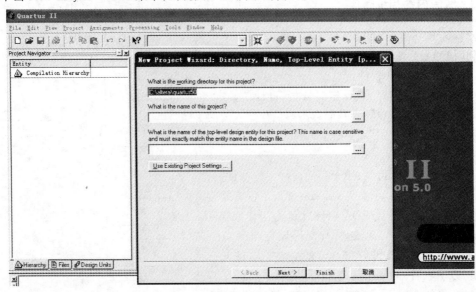

图 9-12　新建项目目录、名称、顶层设计实体名称窗口

　　出现新建项目目录、名称、顶层设计实体名称三个空格。在图中的三个空格内分别填入设计项目存放的路径(如:d:\fpga\decoder1)和项目名称 decoder1 及项目顶层设计的实体名 decoder1。如果当前没有设计文件,直接点击 Finish;否则单击 Next,出现图 9-13 所示的对话框。单击 File 栏的按钮,将与工程项目相关的所有 VHDL 文件(或其他硬件语言描述文件)加入该工程。此工程文件加入的方法有两种:一是单击 Add All 按钮,将设定工程目录中的所有 VHDL 文件加入到工程文件栏中;二是单击 Add 按钮,从工程目录中选出相关的 VHDL 文件加入到工程文件栏中。单击 Finish 按钮,结束创建新项目向导。

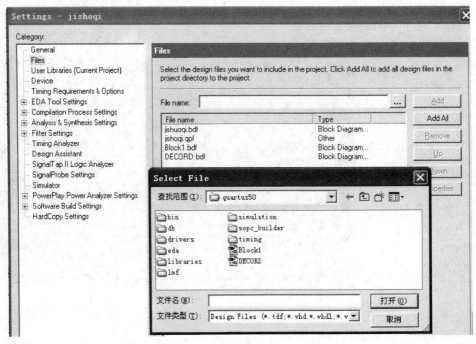

图 9-13　新建项目向导添加设计文件

9.1.3.2 设计输入

如果工程项目已有设计文件,只需点击 File→Open,打开设计文件进行修改或直接进行后续的编译等工作。如果是一个新设计项目则需按如下步骤进行。

打开 Quartus Ⅱ 软件主窗口时,选择 File→New,出现如图 9-14 所示的对话框。

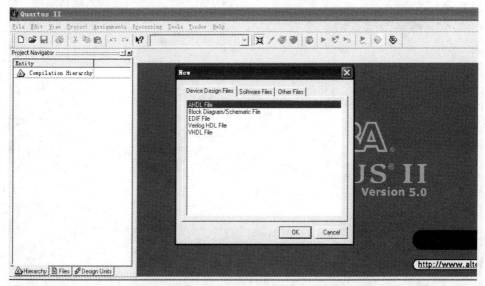

图 9-14　设计文件类型选择(文本(哪一种语言)、图形)

若选择图形输入选 Block Diagram/Schematic File,单击"OK"进入到图形编辑窗口,如图 9-15 所示。

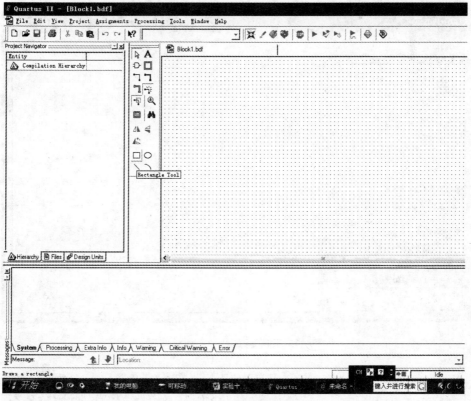

图 9-15　图形编辑窗口

在编辑输入区双击左键,弹出如图 9-16 所示的窗口。窗口中左上框为 Quartus 的 libraries,双击 c:/altera/quartys50/libraries,该窗口显示出几个系列元件库,如图 9-17 所示。

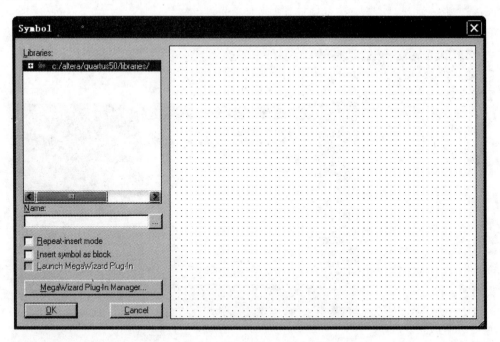

图 9-16　符号库窗口

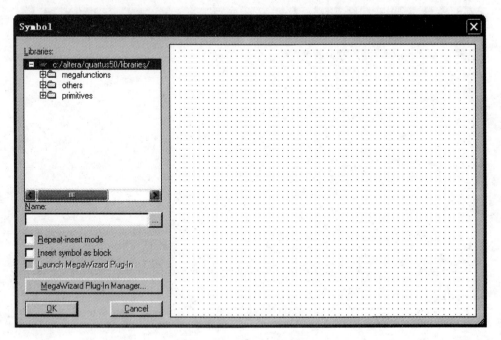

图 9-17　libraries 中几个系列元件库

其中,megafunctions,others 和 primitives 又有两级下拉菜单。megafunctions 为参数可编程的元件,others 中有 maxplus2 的元件,primitives 中为通用元件。下面以 3-8 译码器为例说明设计的全过程。

鼠标双击"primitives/logic",其下拉菜单中出现很多逻辑电路。单击"and3",编辑区就会出现一个三输入与门,如图 9-18 所示。本例中需要八个三输入与门,其余七个与门可用三种方法:一是先选中编辑区的元件,利用主菜单的 edit/copy/paste 功能;二是用鼠标选中该门电路按住左键不动,按下 Ctrl,移动鼠标到合适位置放开鼠标左键即可得到一个同样的门电路,三是先在"Repeat-insert mode"前面的小方框处点击(小方框中出现√),双击选中的元件,则在编辑区出现一个元件光标,点一下左键出现一个元件,移动到需要的位置再点左键,有个元件在编辑区……,如果放置的元件满足要求,点击右键,会出现如图 9-19 所示的图标,点击 cancel 即可。用同样的方法拖出三个反相器和输入输出端子。元件放置完以后,根据逻辑关系连线。如连接最上面的反相器和三输入与非门,把鼠标拖至反相器的输出端按左键,在反相器的输出端出现一个大的十字形光标,按住左键一直拖到与非门的输入端松手,在反相器的输出端与与非门的输入端留下一条线,依次类推,直至全部器件连接完毕。改变输入输出端子符号的方法是,点击(输入输出)端子,在染色的地方输入名称(如输入端的 A)即可。最后得到如图 9-20 所示的电路。电路图画完以后,点击 file/save(save As),编辑区出现如图 9-21 所示框图。

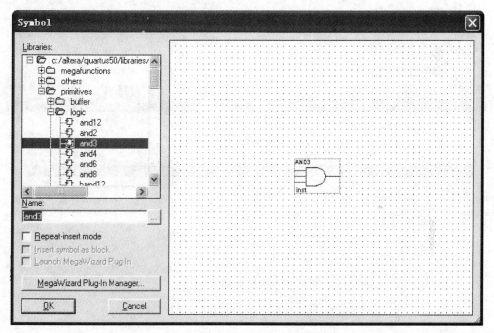

图 9-18　从 primitives/logic 中拖出门电路

输入以 .bdf 后缀的工程文件名。至此,完成了设计输入。

9.1.3.3　设计编译

Quartus Ⅱ 的编译器主要完成工程设计的查错、逻辑综合、适配到器件中和产生输出文件。输出文件将在设计仿真、定时分析和器件编程时使用。完成这些功能的编译器是由一系列模块组成的。编译器的工作过程是:首先从定义项目的不同设计文件的层次连接中提取信息,检查设计文件的(输入)错误,产生一个设计的组织图表,最后,将设计文件组合到单一可以高效处理的数据库中。在进行工程文件的编译处理前,必须进行必要的设置。通过不同的设置使编译器使用各种不同的综合和各种适配技术,提高设计的工作速度,优化器件的资源利用率。通过不同的设置,可以在进行编译后,从编译报告窗口中获得相关的详细编译结果,有利于设计者及时调整设计方案,提高设计效率。

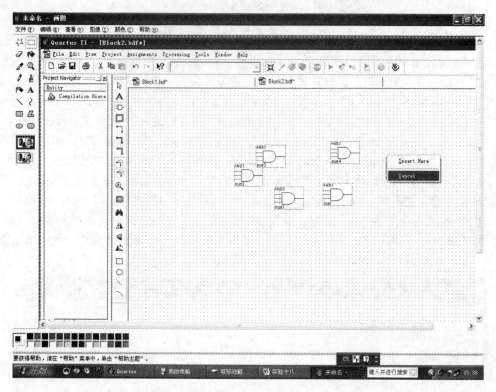

图 9-19　停止放置元件

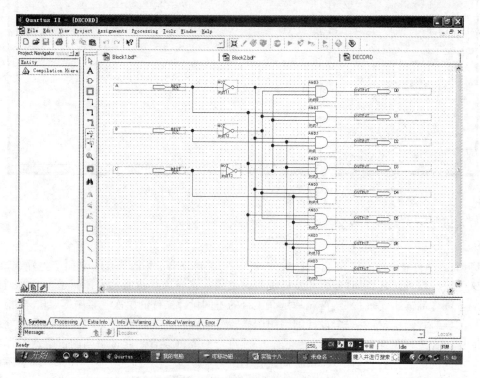

图 9-20　DECORD 电路图

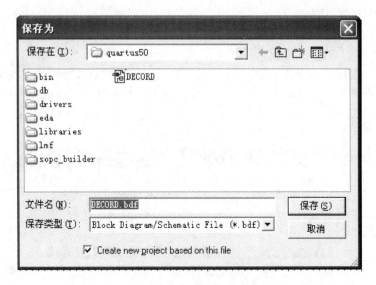

图 9-21　文件存盘

A　编译前的设置

a　选择目标芯片

选择菜单 Assignments→Device,弹出如图 9-22 所示的对话框。

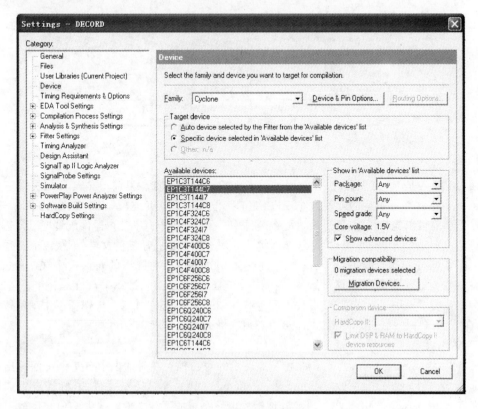

图 9-22　器件选择对话框

在对话框中选择 EP1C3T144C8,再点击 OK 就行了。也可以选择 Assignments→Setting→General→Device 在出现如上的对话框中选择器件。

b　指定配置器件的工作方式

单击图 9-22 中的 Device & Pin Options 弹出如图 9-23 所示的对话框。单击对话框中的 General,在 Options 栏中选中 Auto-restart Configuration after error,使得对 FPGA/CPLD 配置失败后能自动重新配置。在 JTAG user code[32-bit hexadecimal]后面的空格处填入用户编码。对话框下方的说明随选择项目的不同而不同。

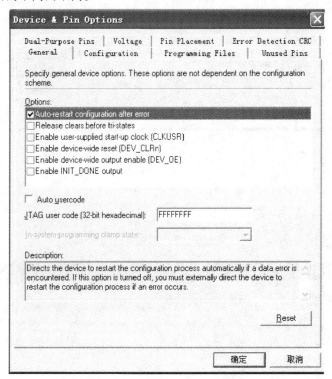

图 9-23　器件配置工作方式选择

c　选择配置器件和编程方式

因为 FPGA 是 RAM 型器件,在使用过程中必须有配置器件。目前,Altera 公司提供三种与 Cyclone 系列 FPGA 相适应的配置器件:EPCS1(1 兆位)、EPCS4(4 兆位)、EOCS16(16 兆位)。配置文件下载前可以先行压缩,再下载进配置器件中。配置器件向 Cyclone 器件配置时,Cyclone 器件能自动识别是否压缩过的文件,并能实时解压。对于需要进行压缩的文件,下载以前必须做好设置。配置器件操作步骤为:单击图 9-23 中的 Configuration,在弹出的对话框中,Configuration scheme 一栏为配置模式,它有两种选择:主动串行(Active Serial)和被动串行(Passive Serial)。主动串行配置模式仅用于专用的 Flash 技术配置芯片如 EPCSI、EPCS4 等。当选择了主动串行配置模式,在配置器件栏(Configuration device)中必须选择 EPCSI、EPCS4。

d　输出设置

单击 Programming Files,会弹出如图 9-24 所示的对话框。在对话框中有 7 种文件输出格式可供选择,选中 Hexadecimal (Intel-Format) output File。则在生成下载文件的同时,产生二进制配置文件 singt.hexout,可用于单片机或其他配置电路系统的下载文件。选中该项文件输出格式后,下面的起始地址、计数方式(加、减)可以选择。此项操作可以不做,保持默认。

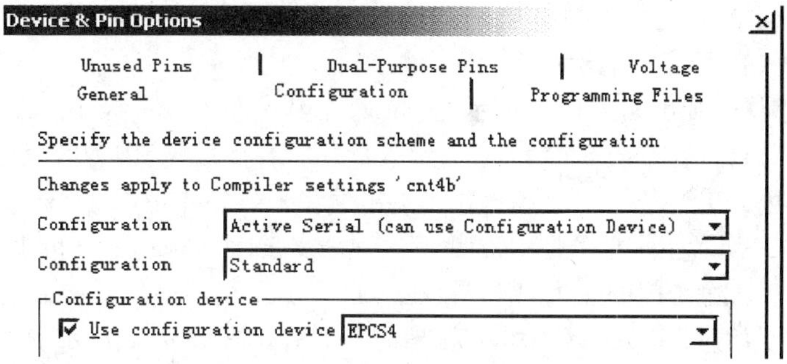

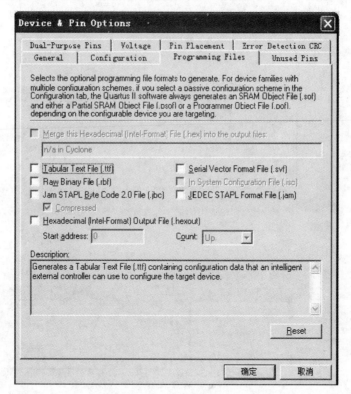

图 9-24　配置器件和编程方式的选择

e　目标器件闲置引脚设置

在很多情况下，有些引脚不用，可以选择为：输入状态、输出状态、高阻状态、输出不定状态或不作任何选择（见图 9-25）。一般推荐选择高阻状态。该项选择在点击 used Pin 后选择。

图 9-25　输出文件选择

除上述 4 项设置选择以外的设置选择，点击后参看说明。

B　设计文件编译

在完成编译前的设置以后开始编译。选择菜单 Processing →Start Compilation，启动全程编译。编译过程包括：对设计输入的多项操作，其中有排错、数据网表文件提取、逻辑综合、适配、装配文件生成和基于目标器件的工程时序分析等。

在编译过程中要注意工程管理窗下方 Processing 栏中的信息。如果该栏中有多条错误信息，要先检查和纠正最上方的错误。因为，前面的一条错误可能导致后面的多条错误。对于文本输入,双击此条错误信息,会立即弹出对应的文本文件,深色标记处即为文件中的错误。错误排除后要再进行编译,直到错全排出为止。

对本例进行编译后弹出如图9-26所示的对话框。其中左下框为编译模式,中间框为编译报告,最下方为错误数目。在错误数目中,已显示分析和综合不成功,因为有5处错误,0条警告;全程编译不成功,因为有5条错误,0条警告。点击编译报告栏中的 Analysis & Synthesis→Messages,弹出如图9-27所示指示框。框中说明:标号为 inst、inst1、inst2、inst3 的 IN3 均无信号输入。查看原图可以看出,三个与门的输入"IN3"接在一起后没有和下面的反向器输出连接。连接正确再编译,没有错误信息,完成编译工作。完成编译后,弹出如图9-28所示的提示框。左侧为编译报告,右侧为编译报告各项内容显示。图中右侧显示 Flow Summary 的内容:EP1C3144C8 有2910 个逻辑单元,设计项目用了8个,104 个 I/O 引脚用了 11 个。

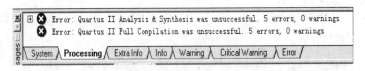

图 9-26　编译后错误统计

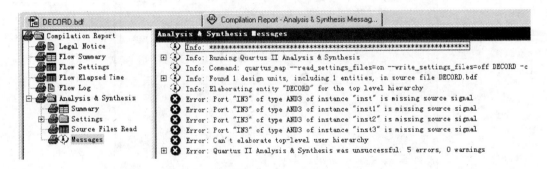

图 9-27　错误位置提示

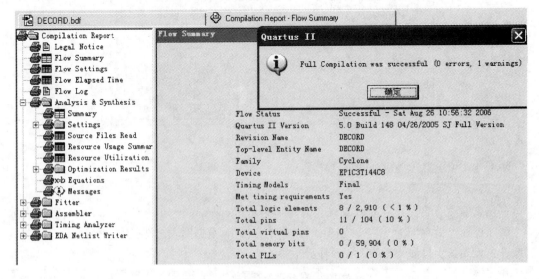

图 9-28　全程编译成功后的提示框

9.1.3.4　时序仿真

时序仿真的目的是测试电路功能和时序性质,观察设计结果是否满足设计要求。

A　打开波形编辑器

选择菜单 File→New,在弹出的图 9-29 中,选择 Vector Waveform File 并单击 OK,弹出图9-30所示的空白波形编辑器。

图 9-29　选择波形编辑

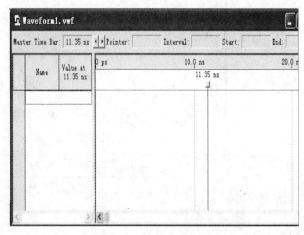

图 9-30　空白波形编辑器

B　设置仿真时间

在进行时序仿真时,需要设置一个合理的时间范围,通常在几十微秒内。

选择菜单 Edit→End Time。再弹出图 9-31 所示的窗口中填入时间(例如 5 μs),单击 OK 按钮结束设置。

C　波形文件存盘

选择菜单 File→Save As,在弹出的对话框中,单击保存,将以默认名 singt.vwf 存入文件夹 DECORD 中,如图 9-32 所示。

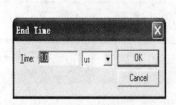

图 9-31　仿真时间选择　　　　　图 9-32　仿真波形文件存盘

D　将工程的端口信号节点送入波形编辑器

选择菜单 View→Utility Windows→Node Finder,在弹出的对话框图 9-33 中的 Filter 中选择 Pin:all,在单击 List,Nodes Found 下方出现所有端口引脚名。将端口节点(输入输出信号)选中后按住左键一个个拖入 Name 下面。得到如图 9-34 所示波形图。

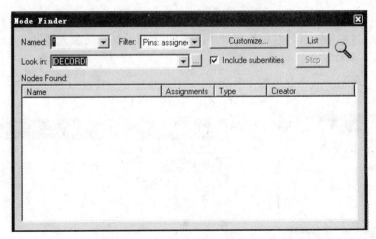

图 9-33　节点送入对话框

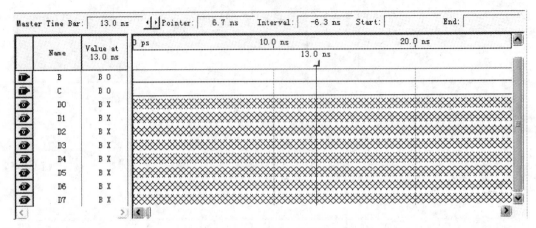

图 9-34　节点送入后的窗口

E　输入激励信号

首先选中某一输入信号的时间间隔,例如:A 选中 10~20 ns,这一段时间间隔的 A 信号变为蓝色,点击左侧的"1",在 10~20 ns 这一段时间间隔内为"1",如图 9-35 所示。

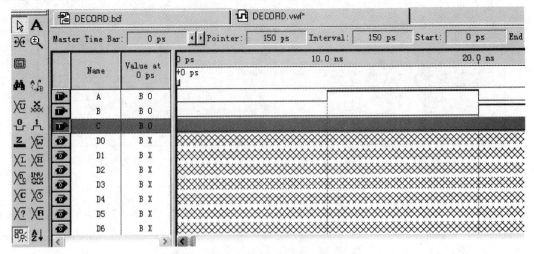

图 9-35　输入信号编辑

F 仿真参数设置

选择菜单 Assignment→Settings,弹出图 9-36 所示的对话框,再选中 Category→Fitter Settings →Simulator,图 9-36 右侧变为现在的情形。点击仿真模式选择,弹出图 9-37 所示的对话框,可以看出 QuartusⅡ有三种仿真模式:时序仿真、逻辑功能仿真和快速时序仿真。我们选择时序仿真;在仿真输入一栏,点击…,再弹出的菜单中选择 DECORD,在仿真输入栏弹出波形编辑文件 DECORD.vwf;选中 Run simulation until all vector stimuli are used 全程仿真;选择 Glitch detection 毛刺检测(例如 1ns)。设置完毕,单击 OK。

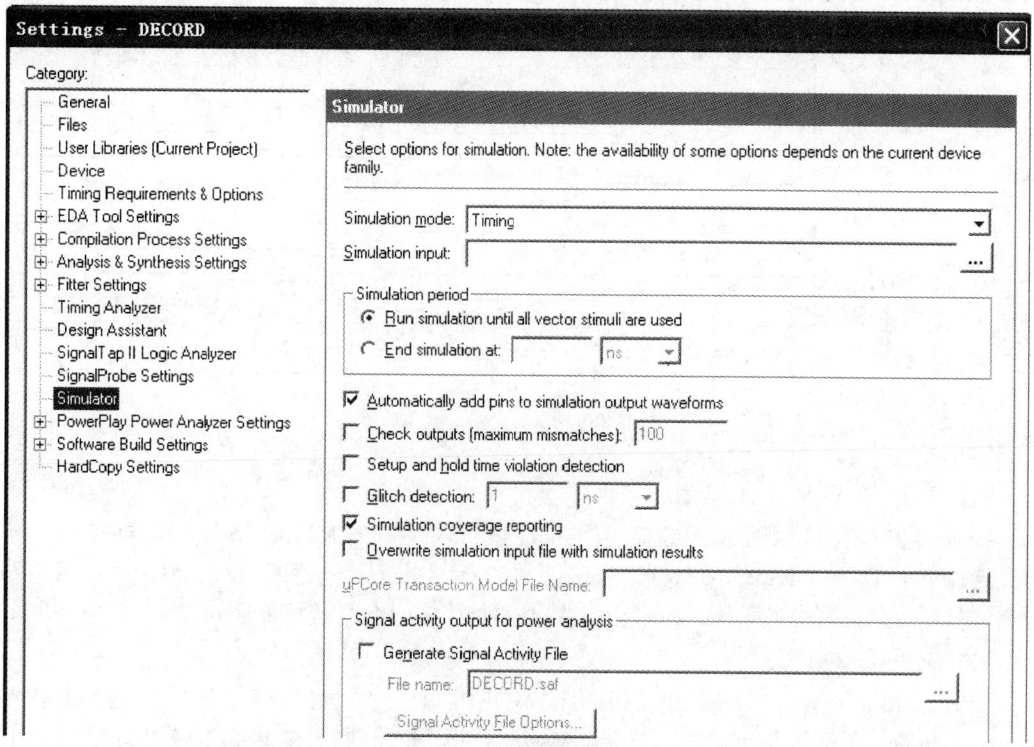

图 9-36 仿真参数设置

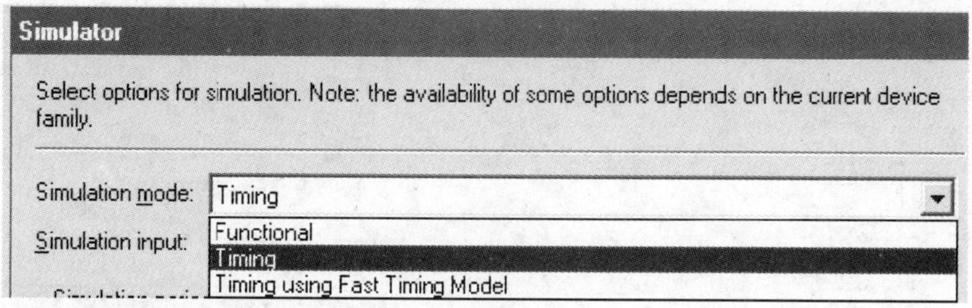

图 9-37 仿真模式选择

G 启动仿真器

选择菜单 Processing→Start Simulation,等待 10 s 左右,弹出图 9-38。单击 OK。完成编译工作。

H 观察仿真结果

选择菜单 Processing→Simulation Report 即可弹出图 9-39 所示的波形。从仿真波形图看出:输出 D3、D5、D7 有不到 1 ns 的毛刺。

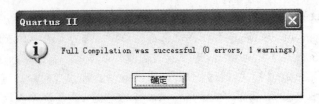

图 9-38 全程编译成功

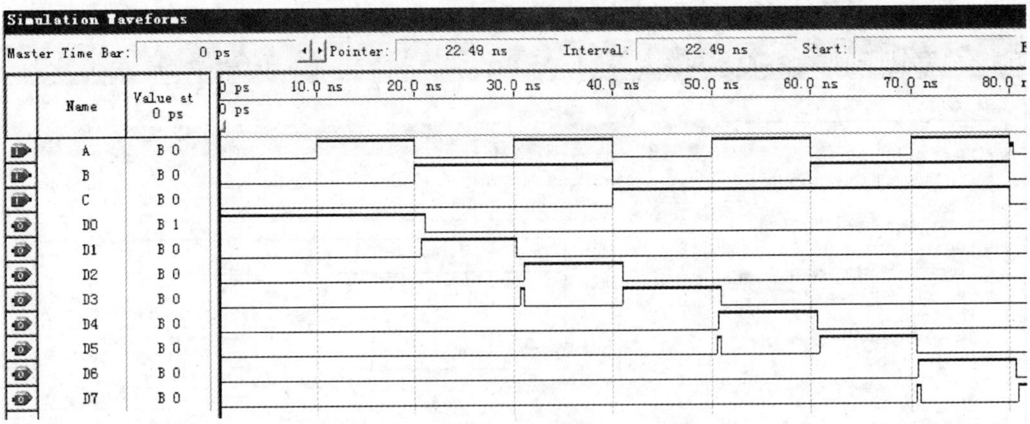

图 9-39 仿真结果

9.1.3.5 观察 RTL 电路图

Quartus Ⅱ 具有可以观察由硬件描述语言或网表文件生成的 RTL 电路图。其方法是:

选择菜单 Tools →RTL View,即可弹出图 9-40 所示的逻辑电路图。对于复杂的逻辑电路,可以通过双击相关模块了解各层次的电路结构(本例中的门电路已经是最低层次)。

9.1.3.6 引脚锁定

EP1C3T155C8 有 104 个 I/O 可供引用,本例只用 11 个。锁定引脚的方法是:选择菜单 Assignments→pin, 在菜单 Assignments 中,选 Assignments Editor 项(见图 9-41),弹出的对话框如图

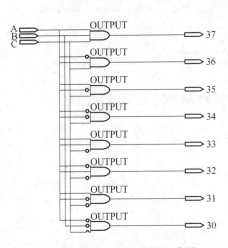

图 9-40 设计工程的逻辑电路图

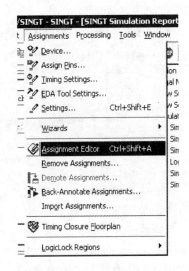

图 9-41 进入引脚锁定编辑器

9-42 所示,先选中右上方的"Pin",再双击下方最左栏的《New》,将弹出信号名栏(见图 9-43),选择 CLK,再双击其右侧栏,对应的《New》,选中需要的引脚名(如 179),依此类推,I/O Standard 用于选择各引脚电压。如果把不能用作 I/O 的引脚用作 I/O 的引脚,在编译后将出现错误,改做其他引脚方可。锁定所有引脚。最后点击存盘。关闭对话框。引脚锁定后,必须再编译一次(Processing→Start Compilation),将引脚锁定信息编译进入下载文件中。

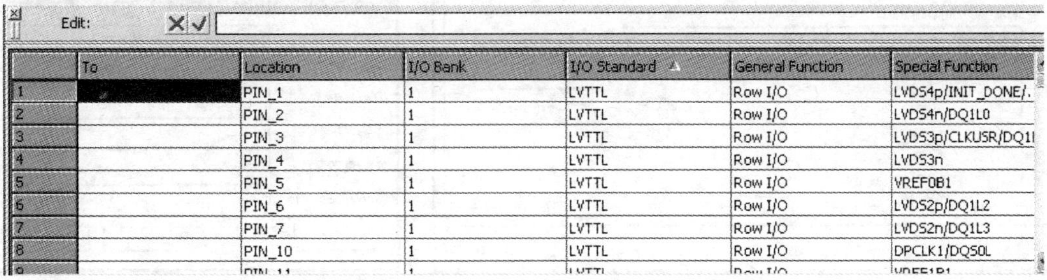

	To	Location	I/O Bank	I/O Standard ▲	General Function	Special Function
1		PIN_1	1	LVTTL	Row I/O	LVDS4p/INIT_DONE/.
2		PIN_2	1	LVTTL	Row I/O	LVDS4n/DQ1L0
3		PIN_3	1	LVTTL	Row I/O	LVDS3p/CLKUSR/DQ1I
4		PIN_4	1	LVTTL	Row I/O	LVDS3n
5		PIN_5	1	LVTTL	Row I/O	VREF0B1
6		PIN_6	1	LVTTL	Row I/O	LVDS2p/DQ1L2
7		PIN_7	1	LVTTL	Row I/O	LVDS2n/DQ1L3
8		PIN_10	1	LVTTL	Row I/O	DPCLK1/DQS0L
		PIN_11	1	LVTTL	Row I/O	VREF1B1

图 9-42　空白引脚锁定图

	To	Location	I/O Bank	I/O Standard	General Function	Special Function
1	CLK	Pin_179	3	LVTTL	Row I/O	LVDS35n
2	DOUT[0]	Pin_21	1	LVTTL	Row I/O	LVDS7n/DM0L
3	DOUT[1]	Pin_41	1	LVTTL	Row I/O	
4	DOUT[2]	Pin_128	3	LVTTL	Row I/O	DQ1R6
5	DOUT[3]	Pin_132	3	LVTTL	Row I/O	LVDS48n/DQ1R5
6	DOUT[4]	Pin_133	3	LVTTL	Row I/O	LVDS48p/DQ1R4
7	DOUT[5]	Pin_134	3	LVTTL	Row I/O	LVDS47n
8	DOUT[6]	Pin_135	3	LVTTL	Row I/O	LVDS47p
9	DOUT[7]	Pin_136	3	LVTTL	Row I/O	LVDS46n
10	<<new>>	Pin_136	I/O Bank 3	Row I/O	LVDS46n	
		Pin_137	I/O Bank 3	Row I/O	LVDS46p	
		Pin_138	I/O Bank 3	Row I/O	LVDS45n	
		Pin_139	I/O Bank 3	Row I/O	LVDS45p	
		Pin_140	I/O Bank 3	Row I/O	LVDS44n	

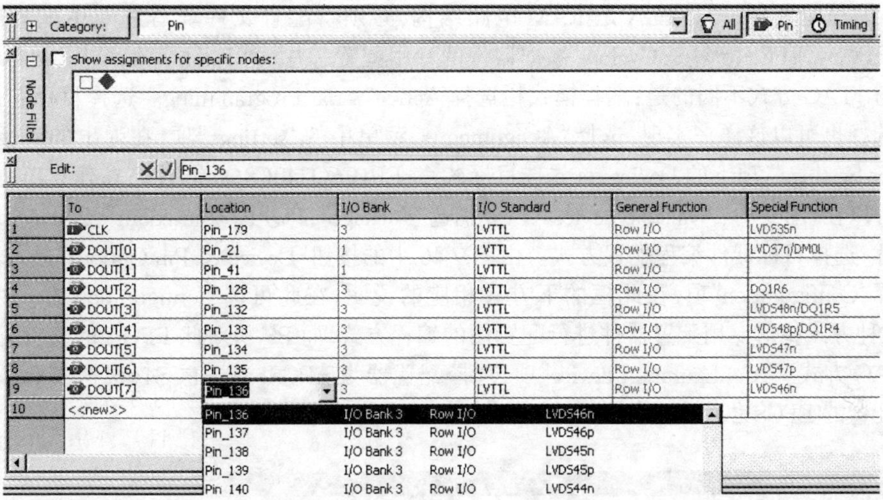

图 9-43　引脚锁定编辑窗

9.1.3.7　配置文件下载

这里讲的配置文件下载,是指将配置文件下载到 FPGA 中,可在实验装置进行测试。对于成功的设计,可以省略这一步,直接下载到配置器件中。步骤如下:

(1) 连接好实验系统、下载线,打开电源。

(2) 选择菜单 Tool→Programmer,弹出图 9-44 所示的对话框。在 Mode 一栏中选择 JTAG,在 Hardware Setup 栏选择硬件设置,单击 Hardware Setup 弹出图 9-44 对话框,单击 Add Hardware,弹出图 9-45 对话框。在 Hardware Type,点击下拉菜单,选择 ByteBlasterMV or ByteBlasteⅡ(选用 Cyclone 必须选择这种编程方式),其他各栏选择与日常操作没有特别不同。设置完后单击 OK,关闭图 9-44。最后单击 ⬥ 按钮,进入对目标器件的下载。当 Progress 显示 100%,弹出"Configuration Succeeded"表示下载成功。如果要测试设计电路功能,在实验箱上输入不同的信号,观察输出信号即可。

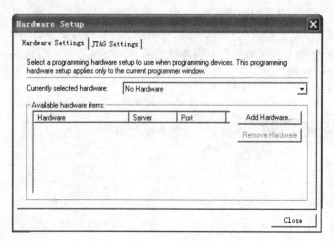

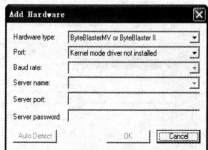

图 9-44　JTAG 设置对话框　　　　　　　　图 9-45　JTAG 设置选择

（3）编程配置器件。FPGA 是 RAM 电路结构,必须将配置文件烧写进专用配置芯片中。EPCS1、EPCS4、EPCS16 等是 Cyclone 系列器件的专用配置芯片,为 Flash 存储结构,可以擦写 10 万次。与 JTAG 方式不同的是:编程模式栏选择 Active Serial Programming。选择目标芯片:目标芯片的选择也可以这样来实现:选择"Assignmemts"菜单中的"settings"项,在弹出的对话框中选"Compiler Settings"项下的 Device,首先选目标芯片:EP1C6Q240C8(此芯片已在建立工程时选定了),也可以在(图 9-8)"Available devices"栏分别选"Package":PQFP;"Pin count":240;"Speed":8,来选芯片;选择目标器件编程配置方式。由图 9-46 中的按钮"Device & Pin Options"进入选择窗,首先选择"Configuration"项,在此框的下方有相应的说明,在此可选 Configuration 方式为 Active Serial,这种方式指对专用配置器件进行配置用的编程方式,而 PC 机对此 FPGA 的直接配置方式都是 JTAG 方式。"Configuration device"项,选择配置器为 EPCS1 或 EPCS4(根据实验系统上目标器件配置的 EPCS 芯片决定如图 9-47 所示)。

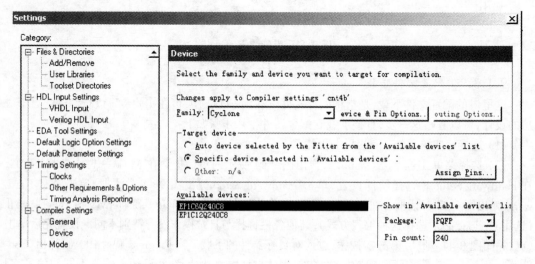

图 9-46　选定目标器件

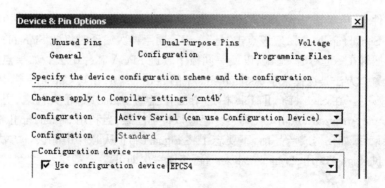

图 9-47 选择配置器件和配置方式

9.1.3.8 逻辑分析仪 SignalTapⅡ 的使用

逻辑分析仪 SignalTapⅡ 用于解决复杂逻辑系统仿真测试耗时太大,一种高效硬件测试手段和传统系统测试方法相结合的方法。是一种虚拟仪器。它随设计文件一起下载到目标芯片中,捕捉芯片内部相关节点信息。它将测得的样本信息暂存于嵌入式 RAM 中,通过 JTAG 口和 ByteBlasterⅡ 下载线,将信息送入计算机进行分析。操作步骤如下。

A 打开 SignalTapⅡ 编辑窗

选择菜单 File→New,在 New 窗口选择 Other Files 中的 SignalTapⅡ,单击 OK,弹出 SignalTap Ⅱ 编辑窗口,如图 9-48 所示。

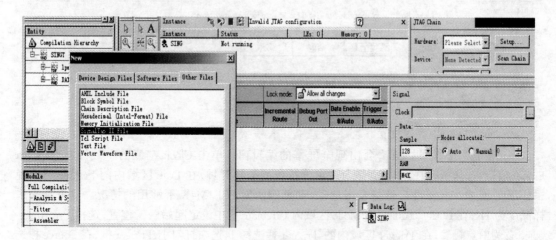

图 9-48 SignalTapⅡ 编辑窗口

B 调入待测信号

单击 Instance 栏内的 auto-signaltap-0,根据自己的意愿将设计的工程文件名写入(例如 control),再下面的 control 栏中的空白处双击,弹出 Node Finder 窗口,单击 List 按钮,则会在左栏出现与此工程有关的所有信号(包括内部信号)。点击 OK 后即可将这些信号调入 SignalTapⅡ 信号观察窗(见图 9-48)。选择所需观察的信号。注意,不能将工程的主频时钟信号调入信号观察窗;如果有总线信号的,只须调入总线信号名即可;相对的慢速信号可不调入;调入信号的数量应根据实际需要来决定,调入过多的、没有实际意义的信号,这会导致 SignalTapⅡ 无谓地占用芯片内过多的资源。信号调入观察后,是 SignalTapⅡ 文件存盘。选择菜单 File 中的 Save As 项,键入此

SignalTapⅡ文件名,后缀是"stp",默认的。点击"保存"后将出现一个提示(见图9-49):"Do you want to enable SignalTapⅡ...",应该点击"是"。表示同意再次编译时将此 SignalTapⅡ文件(核)与工程(sindt)捆绑在一起综合/适配,以便一同被下载进 FPGA 芯片中去。如果点击了"否",则必须自己去设置。方法是选择菜单 Assignments 中的 Settings 项,在其 Category 栏中选"SignalTap Ⅱ Logic Analyzer"。在 SignalTapⅡ File 栏选中已存盘的 SignalTapⅡ文件名,并选中"Enable SignalTapⅡ Logic Analyzer",点击 OK 即可。但应该特别注意,当利用 SignalTapⅡ将芯片中的信号全部测试结束后,如在构成产品前,不要忘了将 SignalTapⅡ从芯片中除去。方法也是在此窗口中关闭"Enable SignalTapⅡ Logic Analyzer",再编译一次即可。

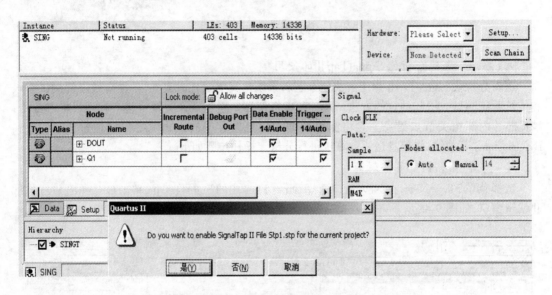

图 9-49　信号调入观察窗、存盘

C　SignalTapⅡ参数设置

　　单击屏幕左下角的 Setup,会出现全屏幕的编辑窗。单击 Clock 左侧的"...",弹出 Noder Finder 窗口,选择主频时钟 CLK 作为逻辑分析仪的采样时钟;在 Date 区域内的 Sample 栏选择采样深度,选择采样深度必须综合考虑,否则可能发生 ESB/M4K 不够用的情况。这里选择采样深度为 1K;在 Buffer acquisition mode 区域内 Circulate 栏中设定起始触发位置,选择 Pre trigger position 为前点触发;在 Trigger 区域内的 Trigger 栏选择 1,选中打勾小 Trigger 框,在 Source 栏选择触发信号,例如选择工程中的使能(EN)为触发信号;在 Pattern 栏选择触发方式(上升/下降沿)。

D　文件存盘

　　单击菜单 File→Save As,输入 SignalTapⅡ的文件名并以 .stp1 后缀。单击保存后,弹出一个提示"Do you want to enable SigalTapⅡ..."单击"是"表示同意再次编译时将此 SignalTapⅡ文件与工程文件一起综合/适配,并被下载进 FPGA 中完成实时测试任务;如果单击"否",则需自己设置:选择菜单 Assignments→Settings,在 Category 栏中选择 SignalTapⅡ的文件名,在弹出的对话框中,点击 SignalTapⅡ File 右侧的"...",选中已存盘的 SignalTapⅡ的文件名,并选中 Enable SignalTapⅡ Logic Analyzer 复选框,单击 OK 完成设置。

图 9-50　打开 SignalTapⅡ窗口

E　编译下载

选择菜单 Processing→Start Compilation 启动全程编译。编译结束后会自动打开 SignalTapⅡ的观察窗，如果没有打开，可选择菜单 Tool→SignalTapⅡ Analyzer 命令便可打开窗口，如图 9-50 所示。下一步是打开开发系统的电源，连接好 JTAG；设定通讯模式。单击 Setup，选择硬件通讯模式：ByteBlasterⅡ或 ByteBlasterMV；单击 Scan Chain，如果在 Device 栏出现 FPGA 的型号，说明系统 JTAG 通讯正常，可以进行下载。最后在 File 栏中选中以 .sof 后缀的文件，单击下载标号，观察下载信息（见图 9-51）。

F　启动 SignalTapⅡ进行采样和分析

单击 Instance 栏的工程文件名，在单击 Autorun Analysis，启动 SignalTapⅡ。在弹出的对话框"Do you want to enable SignalTapⅡ File stp1.stp for the current project?"的下方点击"是"，单击 Data 和"全屏控制"，可在 SignalTapⅡ 数据窗通过 JTAG 口观察系统内部的实时信号，如图 9-52 所示。

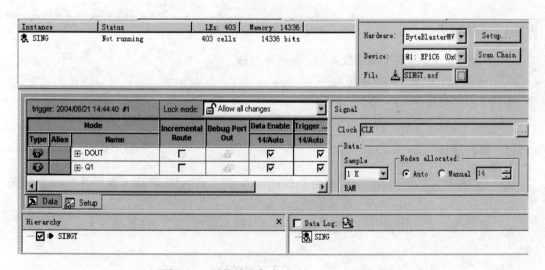

图 9-51　下载并准备启动 SignalTapⅡ的窗口

数据窗的上沿坐标是采样深度的二进制位数，全程是 1K 位。如果点击总线名（如 DOUT）左侧的"+"号，可以展开此总线信号，同时可用左右键控制数据的展开。如果要观察相应的模拟波形，右键点击 DOUT（或其他相应输出端）左侧的端口标号，在弹出的下拉栏中选择"Bus Display Format"→"Line Chart"于是得到如图信号情况。

9.1.4　练习题

按照 9.1.2 和 9.1.3 的方法步骤，自己练习设计一个六十进制电路。

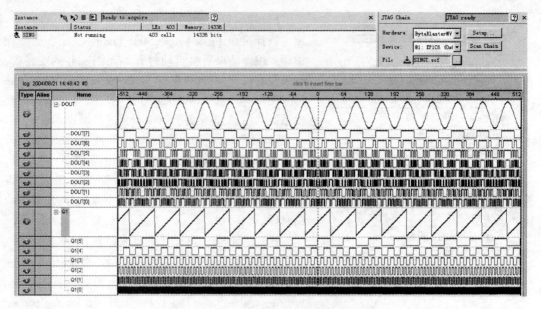

图 9-52　SignalTap Ⅱ 数据窗的实时信号

9.2　用 EDA 技术完成组合逻辑电路设计

9.2.1　实验目的

(1) 熟悉 Quartus Ⅱ 的 VHDL 文本设计流程全过程。

(2) 掌握 VHDL 程序的基本结构。

(3) 学习简单组合逻辑电路的设计。

(4) 学习 VHDL 程序的数局对象、数据类型、顺序语句、并行语句的综合使用。

9.2.2　实验原理

(1) 7 段数码显示译码器设计。给定条件:输入 4 位二进制数;驱动 7 段共阴极 LED 数码管;显示:0,1,2,3,4,5,6,7,8,9。建议采用 case 语句。

7 段数码显示译码器原理图,如图 9-53 所示。7448 真值表,如表 9-1 所示。

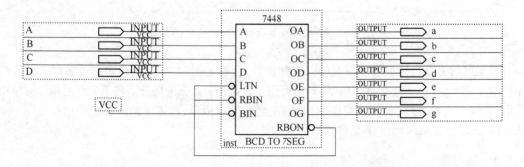

图 9-53　7 段数码显示译码器原理图

表 9-1 7448 真值表

输入							输出							
LTN	RBIN	BIN	D	C	B	A	OA	OB	OC	OD	OE	OF	OG	RBON	Disply
H	L	H	L	L	L	L	H	H	H	H	H	H	L	H	0
H	H	H	L	L	L	L	L	L	L	L	L	L	L	L	–
H	H	H	L	L	L	H	H	H	L	L	H	L	H	1
H	H	H	L	L	H	L	H	H	L	H	H	L	H	H	2
H	H	H	L	L	H	H	H	H	H	H	L	L	H	H	3
H	H	H	L	H	L	L	L	H	H	L	L	H	H	H	4
H	H	H	L	H	L	H	H	L	H	H	L	H	H	H	5
H	H	H	L	H	H	L	L	L	H	H	H	H	H	H	6
H	H	H	L	H	H	H	H	H	H	L	L	L	L	H	7
H	H	H	H	L	L	L	H	H	H	H	H	H	H	H	8
H	H	H	H	L	L	H	H	H	H	L	L	H	H	H	9
L	H	H	×	×	×	×	H	H	H	H	H	H	H	H	8
H	H	L	×	×	×	×	L	L	L	L	L	L	L	H	

(2) 8 位 7 段数码扫描显示电路设计。给定条件:输入 4 位二进制数;驱动 7 段共阴极 LED 数码管;每位显示:0,1,2,3,4,5,6,7,8,9。输入扫描时钟信号为 clk,要求显示不闪烁(见图 9-54)。

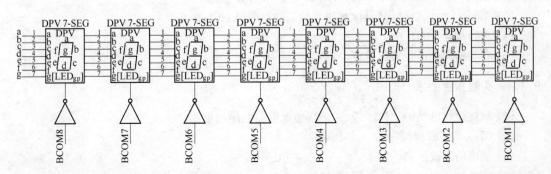

图 9-54 译码驱动电路

提示:建议用三个进程,一个进程用于将输入的二进制数译成显示的段码,一个进程用于计数器,令一个进程用于将第二个进程的计数值译码,该译码输出驱动位的控制。

9.2.3 实验要求

(1) 编写各个 VHDL 源程序。
(2) 按照实验(1)的方法步骤进行编译、仿真、下载。
(3) 在实验箱上对设计电路进行验证。
(4) 记录编译、仿真、实验验证结果。
(5) 记录在实验过程中出现的问题,并进行讨论。

9.3　设计 74162 计数器功能模块

9.3.1　实验目的

(1) 熟悉 Quartus Ⅱ 的 VHDL 文本设计流程全过程。
(2) 熟悉 IEEE.STD_LOGIC_UNSIGNED 的使用。
(3) 熟悉时序电路的设计方法。

9.3.2　设计分析

74162 是一种同步计数器,对所有触发器同时加上时钟,使得当计数使能输入和内部发出指令时输出变化彼此协调一致而实现同步工作。这种工作方式保证了消除输出计数尖峰。它具有如下功能:

同步清零:当 CLR = 0 时,在 CP 的上升沿,$Q_A = Q_B = Q_C = Q_D = 0$;

同步置数:当 LD = 0 时,在 CP 的上升沿,$Q_A = A, Q_B = B, Q_C = C, Q_D = D$;

超前进位:$Q_D Q_C Q_B Q_A = 1001$ 时,$O_{CC} = 1$;再来脉冲时,$Q_D Q_C Q_B Q_A = 0000, O_{CC} = 0$;

使能控制:使能控制 P 和 T 中任何一个为 0 时,计数器不计数。

9.3.3　实验内容

(1) 信号:输入:CP、CLR、LD、A、B、C、D、T、P;

输出:Q_A、Q_B、Q_C、Q_D、O_{CC}。

(2) 叙述设计电路的工作原理,并画出整个电路的结构框图。

(3) 编写一个计数、译码(可以利用实验二的程序)VHDL 源程序。

(4) 进行编译、仿真。

(5) 在实验箱上进行实验验证。

9.3.4　实验报告要求

(1) 叙述设计电路的工作原理,并画出整个电路的结构框图。

(2) 编写 VHDL 源程序。

(3) 画出仿真波形图。

(4) 实验过程中出现过什么问题,如何解决的。

9.4　半整数分频器设计

9.4.1　实验目的

(1) 熟悉 EEE.STD_LOGIC_UNSIGNED 的使用。
(2) 熟悉半整数分频器的设计方法。

9.4.2　设计分析

对于给定的一个时钟信号,我们往往希望经过分频后得到一个合适的频率信号,如果能用一个整数分频器解决问题当然不存在问题了。如果需要用 1.5、2.5…分频,怎么办? 本实验设计一个分频系数为 N-0.5(N 为整数)的分频器。分频系数为 N-0.5(N 为整数)的分频器的逻辑电路为:一个模 N 的减法计数器、一个 2 分频器和一个异或门组成。如图 9-55 所示。其中,模 N 减法计数器设计成带预置数功能,便于实现任意分频系数 N-0.5 当模 N 减法计数器的 N=5 时,便可实现 4.5 的分频。

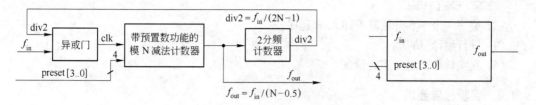

图 9-55　通用半整数分频器逻辑电路

9.4.3　实验内容

(1) 信号:输入 f_{in};输出 f_{out}。
(2) 参考设计(VHDL):

```
LIBRARY IEEE;
USE IEEE.STD_LOGIC_1164.ALL;
USE IEEE.STD_LOGIC_UNSIGNED.ALL;
ENTITY FENCOUNT IS
PORT(FIN:IN STD_LOGIC;
      PRESENT: IN STD_LOGIC_VECTOR(N DOWNTO 0);
      FOUT: BUFFER STD_LOGIC);
END FENCOUNT;
ARCHITECTURE BEHAVE OF FENCOUNT IS
  SIGNAL CLK, DIV2 : STD_LOGIC;
  SIGNAL COUNT: STD_LOGIC_VECTOR(N DOWNTO 0);
BEGIN
  CLK<=FIN XOR DIV2;
  X1  PROCESS(clk)
    BEGIN
    IF (CLK'EVENT AND CLK='1') THEN
      IF COUNT=(OTHERS=>'0') THEN
        COUNT<=PRESENT-1;
        Fout<='1';
      ELSE COUNT<=COUNT-1;
          FOUT<='0';
      END IF ;
    END IF;
    END PROCESS;
  X2 PROCESS(FOUT)
  BEGIN
   IF( FOUT'EVENT AND FOUT='1') THEN
```

```
        DIV2< = NOT DIV2;
     END IF;
  END PROCESS;
  END BEHAVE;
```

(3) 编写一个 3.5 分频器 VHDL 源程序。

(4) 进行编译、仿真。

(5) 在实验箱上进行实验验证。

9.4.4　实验报告要求

(1) 叙述设计电路的工作原理,并画出整个电路的结构框图。

(2) 编写 VHDL 源程序。

(3) 画出仿真波形图。

(4) 实验过程中出现过什么问题,如何解决的。

9.5　模数可变的加法计数器设计

9.5.1　实验目的

(1) 熟悉 Quartus Ⅱ 的 VHDL 文本设计流程全过程。

(2) 熟悉 IEEE.STD_LOGIC_UNSIGNED 的使用。

(3) 熟悉时序电路的设计方法。

9.5.2　实验内容

(1) 输入:时钟信号,模式选择控制 M2,M1,M0;

输出:16 位五进制、十进制、十二进制、二十四进制、三十六进制、一百进制、三百六十五进制和三千六百五十进制(由 M2,M1,M0 控制)。

(2) 参考设计:

```
LIBARAY IEEE;
USE IEEE.STD_LOGIC_1164.ALL;
USE IEEE.STD_LOGIC_UNSIGNED.ALL;
  ENTITY CHAIN IS
    PORTCLK : IN STD_LOGIC;
        M : IN STD_LOGIC_VECTOR(2 DOWNTO 0);
        Q : BUFFER STD_LOGIC_VECTOR(15 DOWNTO 0);
  END CHAIN ENTITY;
  ARCHITECTURE BEHAV OF CHAIN IS
  BEGIN
    PROCESS(CLK, M)
    BEGIN
    IF CLK'EVENT AND CLK = '1' THEN
      IF M = 0 THEN
        IF Q< 5 THEN   Q< = Q+1;
```

```
          ELSE Q< = (OTHERS = '0');
          END IF;
      IF M = 1 THEN
              IF Q<10 THEN Q< = Q+1;
          ELSE Q< = (OTHERS = '0');
          END IF;
    IF M = 2 THEN
        IF Q<12 THEN Q< = Q+1;
        ELSE Q< = (OTHERS = '0');
        END IF;
    IF M = 3 THEN
        IF Q<24 THEN Q< = Q+1;
        ELSE Q< = (OTHERS = '0');
        END IF;
    IF M = 4 THEN
        IF Q<36 THEN Q< = Q+1;
        ELSE Q< = (OTHERS = '0');
        END IF;
    IF M = 5THEN
        IF Q<100 THEN Q< = Q+1;
        ELSE Q< = (OTHERS = '0');
        END IF;
    IF M = 6 THEN
        IF Q<365 THEN Q< = Q+1;
        ELSE Q< = (OTHERS = '0');
        END IF;
    IF M = 7 365THEN
        IF Q<5 THEN Q< = Q+1;
        ELSE Q< = (OTHERS = '0');
        END IF;
    ELSE Q< = (OTHERS = '0');
    END IF;
EDN IF;
END PROCESS;
END BEHAV ARCHITECTURE;
```

9.5.3 设计任务

(1) 用非 IF 语句完成上述设计。

(2) 设计一个 BCD 码输出的二十四进制计数器。

9.5.4　实验要求

(1) 在实验箱上验证参考设计的功能。

(2) 编写 8.12 中各个 VHDL 源程序。

(3) 记录系统仿真、硬件验证结果。

(4) 记录实验过程中出现的问题及解决的办法。

9.6　数字钟设计

9.6.1　实验目的

(1) 掌握 BCD 码十进制、六十进制、二十四进制计数器的设计方法。

(2) 掌握 CPLD/FPGA 的层次化设计方法。

(3) 学习 VHDL 基本逻辑电路的综合设计应用。

9.6.2　设计分析

数字钟的主要功能:

(1) 具有时、分、秒计数显示功能,其中,时可以是十二进制,也可以是二十四进制,分、秒均为六十进制。输出均应是 BCD 码。计数器应有清零、调时、调分的功能。

(2) 有驱动 7 段共阴极 LED 数码管的 7 段译码输出和片选信号输出。

(3) 在分位计数到 59 min 时,秒位为 51 s、53 s、55 s、57 s 时,产生低音的报时驱动信号,59 s 时为高音。

9.6.3　实验内容

(1) 叙述设计电路的工作原理,并画出整个电路的结构框图。

(2) 编写 VHDL 源程序。

(3) 进行编译、仿真。

(4) 在实验箱上进行实验验证。

9.6.4　实验报告要求

(1) 叙述设计电路的工作原理,并画出整个电路的结构框图。

(2) 编写 VHDL 源程序。

(3) 画出仿真波形图。

(4) 实验过程中出现过什么问题,如何解决的。

9.7　脉宽数控调制信号发生器设计

9.7.1　实验目的

(1) 理解用 FPGA 实现脉宽数控调制信号发生器的原理。

(2) 学习 VHDL 程序中数据对象、数据类型、顺序语句、并行语句的综合使用。

9.7.2 设计分析

实现脉宽数控调制信号发生器的方案可以是多种的。其中一种是由两个完全相同可自加载的 8 位加法计数器组成,其输出信号的高/低电平脉宽可分别由两组 8 位预置计数器进行控制。其逻辑框图如图 9-56 所示。两同步计数器的置数控制由输出控制,D 触发器的一个重要作用是均匀输出信号的占空比、提高驱动能力。

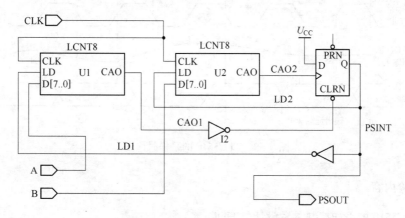

图 9-56 脉宽数控调制信号发生器逻辑电路

9.7.3 实验内容

(1) 编制 VHDL 源程序。
(2) 进行编译、仿真。
(3) 在实验箱上进行实验验证。

9.7.4 实验报告要求

(1) 叙述设计电路的工作原理,并画出整个电路的结构框图。
(2) 编写 VHDL 源程序。
(3) 画出仿真波形图。
(4) 实验过程中出现过什么问题,如何解决的。

9.8 高速 A/D 采样控制电路设计

9.8.1 实验目的

(1) 熟悉状态及在设计中的应用;
(2) 熟悉高速 A/D TLC5510 的应用。

9.8.2 设计分析

对于高速信号,普通的单片微机是无能为力的。例如,高速 A/D 转换器 TLC5510,其精度为 8 位,转换速率为 20MSPS(每秒采样 20M 次)。TLC5510 的引脚如图 9-57 所示。引脚功能:

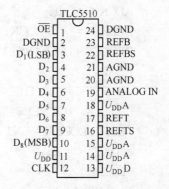

图 9-57 TLC5510 引脚图

　　CLK:时钟信号输入;ANALOG IN:模拟信号输入;$D_1 \sim D_8$:转换数据输出;REFT、REFB、REFTS、REFBS 参考电压基准输入;OE:输出使能,低电平有效;DGND:数字地;U_{DDD}数字电源输入端;DGND 数字电源地端;U_{DDA}模拟电源输入端。TLC5510 的采样时序图如图 9-58 所示。由时序图可以看出:在每个采样脉冲的下降沿开始采一次样,2.5 个采样周期后输出采样结果(数字量)。

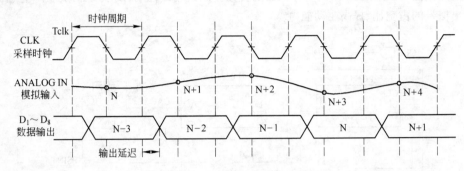

图 9-58　TLC5510 的采样时序图

9.8.3　实验内容

(1) TLC5510 的采样控制参考设计(VHDL)。

```
LIBRARY IEEE;
USE IEEE.STD _ LOGIC _ 1164.ALL;
ENTITY TLC5510 IS
PORT(RST,CLK: IN STD _ LOGIC;
     ADCK,ADOE,DCLK: OUT STD _ LOGIC;
     D:IN STD _ LOGIC-VECTOR(7 DOWNTO 0);
     DATA:OUT STD _ LOGIC-VECTOR(7 DOWNTO 0));
END TLC5510;
ARCHITECTURE ADCCRT OF TLC5510 IS
     SIGNAL LOCK :STD _ LOGIC
  BEGIN
  LOCK< = CLK;
  ADCK< = CLK;
  DCLK< = NOT LOCK;
  PROCESS(LOCK,RST)
  BEGIN
   IF RST< = '0' THEN
    DATA=(OTHERS= >'0');
   ELSIF LOCK'EVENT AND LOCK= '1' THEN
    DATA< = D;
   END IF;
  END PROCESS;
  ADOE< = '0';
```

ENDADCCRT；

（2）编制用状态机法实现控制的 VHDL 源程序(可参考图 9-59)。

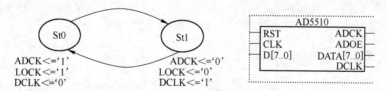

图 9-59   TLC5510 的采样控制状态图

（3）进行编译、仿真。

（4）在实验箱上进行实验验证。

9.8.4   实验报告要求

（1）叙述设计电路的工作原理,并画出整个电路的结构框图。

（2）编写 VHDL 源程序。

（3）画出仿真波形图。

（4）实验过程中出现过什么问题,如何解决的。

附 录

附录 A 常用电子元件及特性

一、常用二极管、三极管

表 A-1 常用二极管主要参数表

部 标 型 号	参考旧型号	最高反向电压 /V	最大整流电流 /mA	最高工作频率 /MHz	正向电压 /V
2AP1		20	16	500	
2AP2		30	18	500	
2AP3		30	25	500	
2AP4		50	16	500	
2AP5		75	16	500	
2AP6		100	12	500	
2AP7		100	12	500	
2AP8		20	35	500	
2AP9		15	5	500	
2CZ54C	2CP1	100	500		1
2CZ54D	2CP2	200	500		1
2CZ54E	2CP3	300	500		1
2CZ54F	2CP4	400	500		1
2CZ52C	2CP5A	100	100		1
2CZ52D	2CP6B	200	100		1
2CZ52E	2CP6C	300	100		1
2CZ52F	2CP6D	400	100		1
2CZ52H	2CP6E	500	100		1
2CZ52K	2CP6F	600	100		1
2CZ83C	2CP21	100	300		1.2
2CZ83D	2CP22	200	300		1.2
2CZ84E	2CP23	300	300		1.2
2AP28		100	16	100	
1N4001		100	1000		0.8
1N4002		100	1000		0.8
1N4003		200	1000		0.8
1N4004		400	1000		0.8
1N4005		600	1000		0.8
1N4006		800	1000		0.8
1N4001		1000	1000		0.8
PS200		50	2000		1.2
PS600A		50	6000		0.9
IN4148		100	300	反向恢复时间 4 ns	
1N5408		1000	3000		
1N5817		20	1000		0.45~0.65
PBYR3045WT		45	30000		<0.6

表 A-2　常用稳压二极管主要参数及对照表

部标型号	参考旧型号	额定电压 /V	最大整流电流 /mA	最大耗散功率 /mW
2CW72	2CW1	7～8.5	33	250
2CW73	2CW2	8～9.5	29	250
2CW74	2CW3	9～10.5	26	250
2CW75	2CW4	10～12	23	250
2CW7677	2CW5	11.5～14	20	250
2CW50	2CW9	1～2.5	100	250
2CW51	2CW10	2～3.5	71	250
2CW52	2CW11	3.2～4.5	55	250
2CW53	2CW12	4～5.5	45	250
2CW54	2CW13	5～6.5	38	250
2CW55	2CW14	6～7.5	33	250
2CW56	2CW15	7～8.5	29	250
2CW57	2CW16	8～9.5	26	250
2CW58	2CW17	9～10.5	23	250
2CW59	2CW18	10～12	20	250
2CW6061	2CW19	11.5～14	18	250
2CW62	2CW20	13.5～17	15	250
2CW63	2CW20A	16.5～20.5	12	250
2CW65	2CW20B	20～24.5	10	250
2CW102	2CW21	3.2～4.5	220	1000
2CW103	2CW21A	4～5.5	180	1000
2CW104	2CW21B	5～6.5	150	1000
2CW105	2CW21C	6～7.5	130	1000
2CW106	2CW21D	7～8.5	115	1000
2CW107	2CW21E	8～9.5	105	1000
2CW108	2CW21F	9～10.5	95	1000
2CW109	2CW21G	10～12	80	1000
2CW1100111	2CW21H	11.5～14	75	1000

表 A-3　常用三极管主要参数

部标型号	$V_{(BR)(ceo)}$/V	P_{CM}/mW	f_p/kHz	I_{CM}/mA	f_T/MHz
3AX21A	12	150			
3AX21B	18	150			
3AX21C	24	150			
3AX21D	12	150			
3AX21E	12	150			
3AX51A	≥30	100		100	≤500 MHz
3AX51B	≥30	100		100	≤500 MHz
3AX51C	≥30	100		100	≤500 MHz
3AX51D	≥	100		100	≤500 MHz

续表 A-3

型　号	V_{CBO}	V_{CEO}	V_{EBO}	f_T/MHz	I_C/A	P_C/mW	β
3DG6A		15		100	0.02	100	40
3DG6B	30	20		150	0.02	100	40
3DG6C	30	20		250	0.02	100	40
3DG6D		30		150	0.02	100	40
3DG12A		30		100	0.3	700	
3DG12B		45		200	0.3	700	
3CG12		15		50	0.2	500	
9011	−45	30		150	0.3	300	54～198
9012	60～100	20		150	−0.5	625	64～202
9013	60～100	20		150	0.5	625	64～202
9014	60～100	45		150	0.1	450	60～1000
9015	60～100	45		100	−0.1	450	60～600
9016	60～100	20		500	0.025	400	55～200
9018	60～100	15		700	0.05	400	40～200
8050		25	6		1.5	1000	85～300
8550		−25	−6		−1.5	1000	85～300
TIP31	60～100	5	3		0.5	40000	
TIP32	60～100	5	3		−0.5	40000	
TIP41	60～100	5	3		0.5	65000	
TIP42	60～100	5	3		−0.5	65000	
TIP122	60～100	5			5.0	65000	1000
TIP127	60～100	5			5.0	65000	1000
2N2222		60			0.8	500	100～300
2N3904		60		250	0.2	625	>100
2N3906		60		300	0.2	0.2	>100
2N5551		160		100	0.6	0.6	

表 A-4　常用场效应晶体管

型　号	U_{DS}	沟　道	I_D/A	P/W	T_{on}/T_{off}	R_{ON}/Ω
IRF830	500	N	4.5	75	23/23 ns	1.5
IRF840	500	N	8	125	35/30 ns	0.85
IRF460	500	N	21	300	120/98 ns	0.27
APM4953	−30	P(Dual)	4.9	2	16/38 ns	0.053～0.080

二、常用集成电路及参数

(一) 常用数字集成电路外引线排列图及功能表

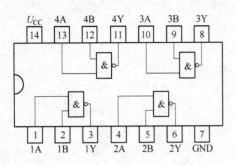

图 A-1　CT74LS00 四 2 输入正与非门

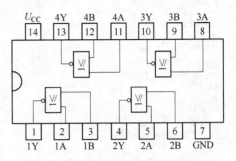

图 A-2　CT74LS02 四 2 输入正或非门

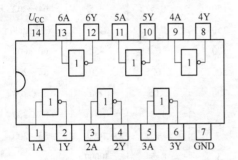

图 A-3　CT74LS04 六反相器

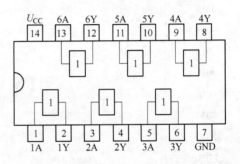

图 A-4　CT74LS07 六缓冲器/驱动器

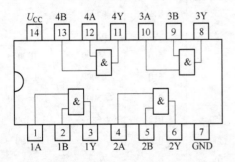

图 A-5　CT74LS09 四 2 输入正与门

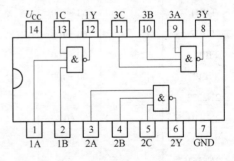

图 A-6　CT74LS10 三 3 输入正与非门

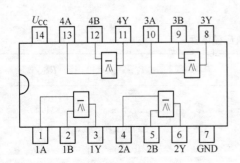

图 A-7　CT74LS32 四 2 输入正或门

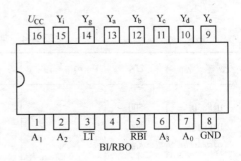

图 A-8　CT74LS48BCD 七段译码器/驱动器

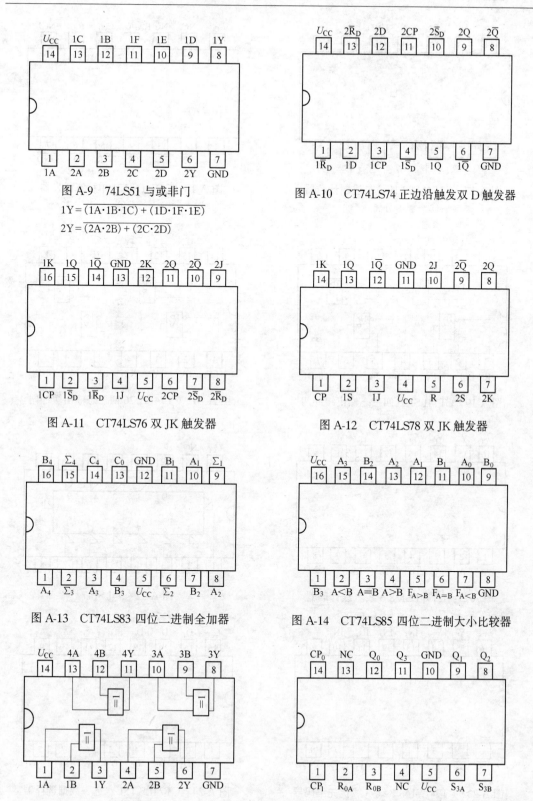

图 A-9　74LS51 与或非门

$$1Y = \overline{(1A \cdot 1B \cdot 1C) + (1D \cdot 1F \cdot 1E)}$$

$$2Y = \overline{(2A \cdot 2B) + (2C \cdot 2D)}$$

图 A-10　CT74LS74 正边沿触发双 D 触发器

图 A-11　CT74LS76 双 JK 触发器

图 A-12　CT74LS78 双 JK 触发器

图 A-13　CT74LS83 四位二进制全加器

图 A-14　CT74LS85 四位二进制大小比较器

图 A-15　74LS86 2 输入四异或门

图 A-16　CT74LS90 十进制计数器(2 分额、5 分额)

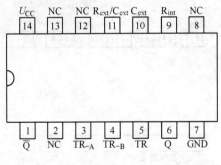

图 A-17　CT74LS93 四位二进制计数器

（2分额、8分额）

图 A-18　CT74LS 121 单稳态触发器

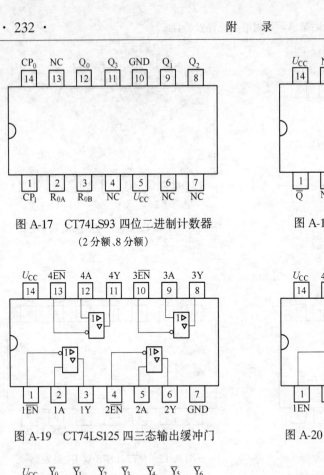

图 A-19　CT74LS125 四三态输出缓冲门

图 A-20　CT74LS126 四三态输出缓冲门

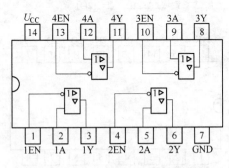

图 A-21　CT74LS138 3 线-8 线译码器

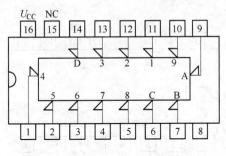

图 A-22　74LS147

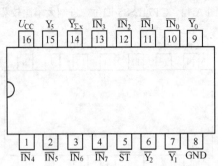

图 A-23　CT74LS148 8 线-3 线优先编码器

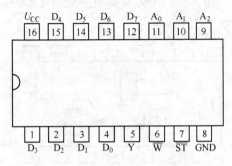

图 A-24　CT74LS 151 八选一数据选择器

/多路转换器

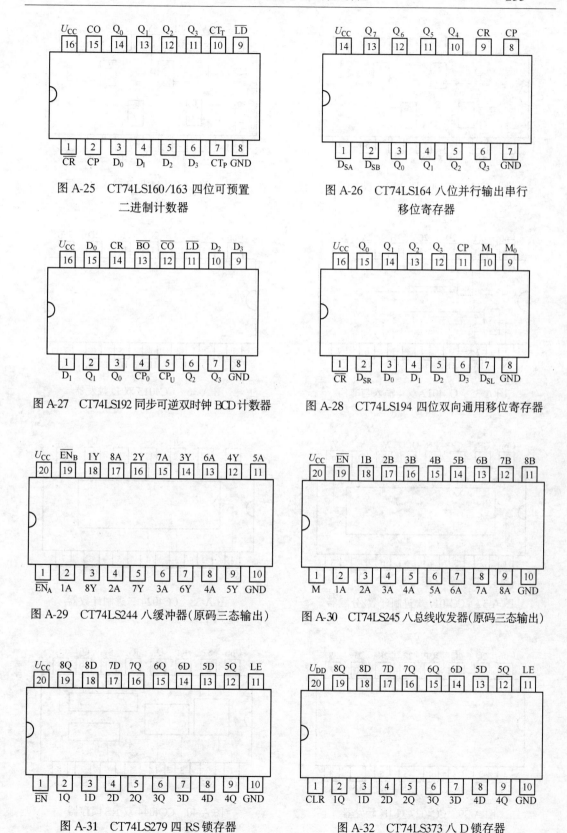

图 A-25　CT74LS160/163 四位可预置
二进制计数器

图 A-26　CT74LS164 八位并行输出串行
移位寄存器

图 A-27　CT74LS192 同步可逆双时钟 BCD 计数器

图 A-28　CT74LS194 四位双向通用移位寄存器

图 A-29　CT74LS244 八缓冲器（原码三态输出）

图 A-30　CT74LS245 八总线收发器（原码三态输出）

图 A-31　CT74LS279 四 RS 锁存器

图 A-32　CT74LS373 八 D 锁存器

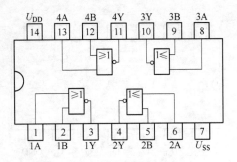

图 A-33　CC4001 四 2 输入或非门

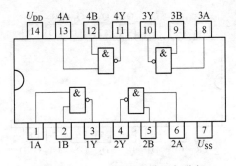

图 A-34　CC4011 四 2 输入与非门

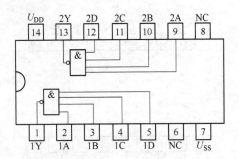

图 A-35　CC4012 双 4 输入与非门

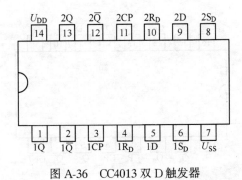

图 A-36　CC4013 双 D 触发器

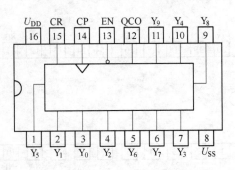

图 A-37　CC4017 十进制计数/分配器

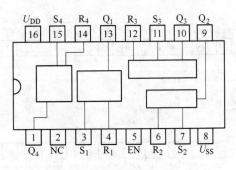

图 A-38　CC4024 二进制计数器

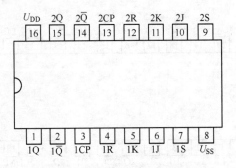

图 A-39　CC4027 双 JK 触发器

图 A-40　CC4044 双 RS 锁存器

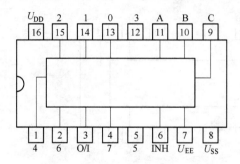

图 A-41　CC4051 八通道模拟开关

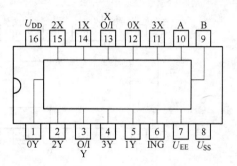

图 A-42　CC4052 双四选一模拟开关

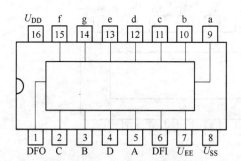

图 A-43　CC4055 BCD-7 段译码/驱动器

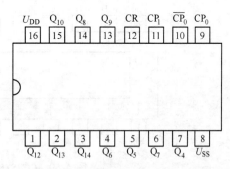

图 A-44　CC4060 14 级串行二进制
计数/分频/振荡器

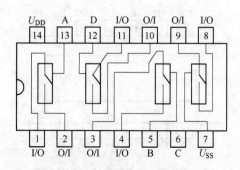

图 A-45　CC4066 4 双向模拟开关

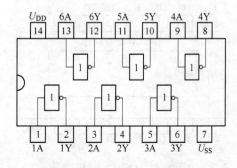

图 A-46　CC4069 六反向器

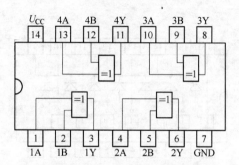

图 A-47　CC4070 四异或门

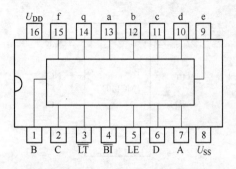

图 A-48　CC4511 BCD-7 段锁存/译码/驱动器

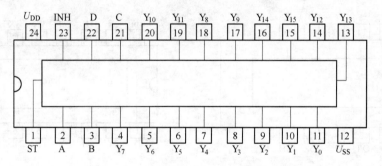

图 A-49　CC4514 4-16 线译码器(高有效)

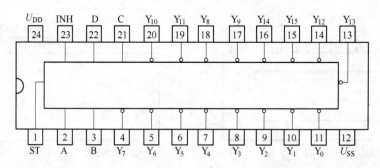

图 A-50　CC4515 4-16 线译码器(低有效)

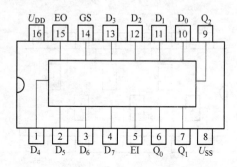

图 A-51　CC4532 编码器

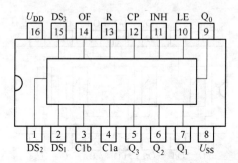

图 A-52　CC4553 三位十进制计数器

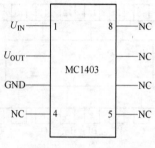

图 A-53　MC1403

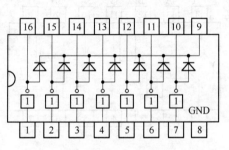

图 A-54　MC1413

（二）常用模拟集成电路

1. FX555 时基电路

该电路与国外 μA555、CA555、SE555、NE555、MCJ555 等型号相似。

用途：FX555 半导体集成时基电路，可供仪器仪表，自动化装置以及各种民用电器时间定时，时间延迟器等电子控制电路所用的时间功能电路，亦可做单稳态、多谐振荡器，脉冲检测器，脉冲宽度和位置的调制电路以及报警器等。用途较广，是一种新颖的模拟数字混合集成电路。

封装形式及外引线排列：采用 8 引线双列直插式封装。如下表所示。

功　能	地	触　发	输　出	复　位	控　制	阈　值	阈　值	U_{CC}
引出端	1	2	3	4	5	6	7	8

2. FX556 双时基电路

该电路由两个独立的 555 定时电路组成，是一个能产生准确时间延迟和振荡的高稳定控制器。可以直接代替各种 555 双时基电路。具有定时控制范围宽，工作周期可调，与 TTL 电路相容等特点。

用途：广泛用于精密定时器，脉冲发生器，时间延迟器和脉宽调制器等电路中。在工业、自动化、通讯中应用广泛。

封装及外引线排列：采用 14 引线双列直插式封装。如下表所示。

功能	放电(1)	阈值(1)	控制(1)	复位(1)	输出(1)	触发(1)	地	触发(2)	输出(2)	复位(2)	控制(2)	阈值(2)	放电(2)	U_{CC}
引出端	1	2	3	4	5	6	7	8	9	10	11	12	13	14

电特性 $U_{CC} = +5 \sim +15$ V，$T_a = 25℃$。

参数名称	符　号	单　位	测试条件	最　小	典　型	最　大
静态电流	I_{CC}	mA	$U_{CC} = 15$ V，$R_L = \infty$		10	11
触发电压	U_{TI}	V	$U_{CC} = 15$V	4.8	5	5.2
触发电流	I_{TU}	μA			0.1	0.5
阈值端电压	I_{TH}	μA			0.03	0.1
控制端电平	U_C	V	$U_{CC} = 15$ V	9.6	10	10.4
复位电压	U_L	V		0.4	0.5	1
时间误差	Δt	%			0.5	1.5
输出低电平	U_{OL}	V	$U_{CC} = 15$ V $I_{O+} = 10$ mA，$I_{O-} = -200$ mA		0.1/2.5	0.15
输出高电平	U_{OH}	V	$U_{CC} = 15$ V $I_{O+} = 200$ mA/$I_{O-} = -100$ mA	13	12.5/13.3	
输出上升时间	T_f	ns			100	
输出下降时间	T_τ	ns			100	

3. CW7805 三端电压稳压器

该电路性能、结构与 μA78M05 完全一致。电路有不影响负载调整率的过流保护，调整管安全工作区保护及芯片过热保护等特点。广泛用于各种无线电设备、仪器仪表中作固定稳压源，适当外接元件还可构成输出电压,电流可调的稳压器外引线排列,如图 A-55 所示。电特性 $U_i = 11$ V, $I_o < 500$ mA, $C_i = 0.33\ \mu$F, $C_o = 0.1\ \mu$F。如下表所示。

参数名称	单位	测试条件		最小	典型	最大
输出电压	V			4.75	5.0	5.25
线性调整率	mV	8 V$< U_i < 25$ V, $I_o = 200$ mA			5.0	60
负载调整率	mV	5 mA$< I_o < 500$ mA			20	60
静态电流	mA				4.5	6.0
输出噪声电压	μV	10 Hz$< f < 100$ Hz			8	40
纹波抑制比	dB	$f = 120$ Hz　9 V$< U_i < 19$ V	$I_o = 100$ mA	59		
			$I_o = 300$ mA	59	80	
短路电流	mA	$U_i = 3.5$ V			300	500
输出峰值电流	A			0.4	0.7	1.4

4. CW7905 三端负压稳压器

该电路与国外 μA79M05 完全一致。电路设置不影响负载调整率的过流保护,调整管工作安全区保护及芯片过热保护。广泛用于各种无线电设备、仪器、仪表中作固定稳压源,适当外接元件还可构成输出电压、电流可调的稳压器。外引线排列,如图 A-56 所示。

5. CW117/217/317 三端可调集成稳压器

该电路是单片式三端可调正电压稳压器,在输出电压为 $1.2 \sim 32$ V 范围内连续可调;能提供 1.5A 的输出电源。应用时只需外接两个电阻和一个电位器就可调到所要求的输出电压值,稳压器内部设有过流保护、芯片过热保护和安全工作区保护装置。

极限参数:最大输入电压 35 V,最大功率耗散 15 W,工作结温范围 $0 \sim +125℃$。

外引线排列:如图 A-57 所示。

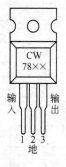 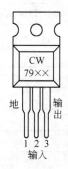 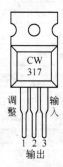

图 A-55　CW7805 的外引线排列　　图 A-56　CW7905 的外引线排列　　图 A-57　CW317 的外引线排列

电特性　$U_i = 11$ V, $I_o < 500$ mA, $C_i = 0.33\ \mu$F, $C_o = 0.1\ \mu$F。如下表所示。

参数名称	单位	测试条件	最小	典型	最大
输出电压	V		1.2		3.7
线性调整率	mV	$3.0 \leqslant U_i - U_o \leqslant 40$		10	40
负载调整率	mV	10 mA$< I_o < I_{max}$		5.0	25
静态电流	mA			3.5	10

续表

参数名称	单 位	测试条件	最 小	典 型	最 大
输出噪声电压	μV	$10\,Hz < f < 100\,Hz$		0.003	
纹波抑制比	dB	$U_o = 10\,V, f = 120\,Hz$	66	80	
短路电流	A				0.6
输出峰值电流	A				2.2

6. CF741 通用型运算放大器

该电路与国外 LM741 型电路完全一致,是当今最通用的集成运算放大器之一。共模、差模输入电压范围宽,无阻塞,输出端有短路保护,设有外调零端等特点。

用途:广泛用于模拟计算、自动控制、仪器、仪表通讯及空间电子设备。

封装及外引线排列:8 引线双列直插式封装。如下表所示。

功 能	调 零	反相输入	同相输入	U_-	调 零	输 出	U_+	NC
引出端	1	2	3	4	5	6	7	8

电特性　　$U_+ = +15\,V, U_- = -15\,V, T_a = 25℃$。

参 数 名 称	符 号	单 位	测试条件	最 小	典 型	最 大
输入失调电压	U_{IO}	mV	$R_2 \leqslant 10\,k\Omega$		1.0	5.0
输入失调电流	I_{IO}	nA			20	200
输入偏置电流	I_{IB}	nA			30	500
输入电阻	R_I	MΩ		0.5	2.0	
输入电压范围	U_{IX}	V		± 12	± 13	
大信号电压增益	A_D	dB	$R_2 \geqslant 2\,k\Omega, U_o = \pm 10\,V$	80	100	
输出电压幅度	U_{OPP}	V	$R_2 \geqslant 2\,k\Omega$	± 10	± 13	
共模抑制比	K_{CMR}	dB	$R_2 \leqslant 10\,k\Omega, U_{CM} = \pm 10\,V$	70	90	
电源电压抑制比	K_{SVR}	dB	$R_2 \leqslant 10\,k\Omega$	77	96	
上升时间	T_R	μS	单位增益		0.3	
压摆率	S_R	V/μS	单位增益		0.5	
电源电流	I_E	mA			1.7	2.2
功耗	P_C	mW			50	85

7. CF747 双运算放大器

该电路与国外 LM747 型电路相同,是由两个 CF741 组成的双运算放大器。具有增益高,无阻塞,功耗低,共模、差模输入电压范围宽,输出端有短路保护,内部有频率补偿等特点。

用途:该电路是国际上较通用的双运算放大器之一,广泛用于模拟运算、多谐振荡器、自动控制、通信及空间电子设备中。封装及外引线排列:采用 14 引线双列直插式封装。如下表所示。

功能	反相输入(1)	同相输入(1)	调零(1)	U_-	调零(2)	同相输入(2)	反相输入(2)	调零(2)	U_{+2}	输出(2)	NC	输出(1)	U_{+1}	调零(1)
引出端	1	2	3	4	5	6	7	8	9	10	11	12	13	14

电特性　$U_+ = +15\,\text{V}, U_- = -15\,\text{V}, T_a = 25℃$。

参数名称	符号	单位	测试条件	CF747		
				最小	典型	最大
输入失调电压	U_{IO}	mV	$R_1 \leqslant 10\,\text{k}\Omega$		1.0	5.0
输入失调电流	I_{IO}	nA			20	200
输入偏置电流	I_{IB}	nA			80	500
输入电阻	R_I	MΩ		0.3	2.0	
输入电压范围	U_{IX}	V		±12	±12	
大信号电压增益	A_D	dB	$R_L \geqslant 2\,\text{k}\Omega, U_0 = \pm 10\,\text{V}$	30	100	
输出电压幅度	U_{OPP}	V	$R_L \geqslant 2\,\text{k}\Omega$	±10	±13	
共模抑制比	K_{CMR}	dB	$R_L \leqslant 10\,\text{k}\Omega, U_{CM} = \pm 12\,\text{V}$	70	90	
电源电压抑制比	K_{SVR}	dB	$R_L \leqslant 10\,\text{k}\Omega$	77	96	
上升时间	T_R	μs	单位增益		0.3	
压摆率	S_R	V/μs	单位增益		0.5	
功耗	P_C	mW			50	85

8. CF324 单(双)电源运算放大器

该器件与国外 LM324 系列相同,是在同一个基片上构成 4 个性能相同又互相独立(除电源以外)的高增益运算放大器。每一放大器都有一个内部补偿电容,为单位增益提供频率补偿。当采用 5 V 供电时功耗小,适用于电池供电。

用途:可用作加法器、多谐振荡器、变换放大器、多路放大器、直流电路等。

封装及外引线排列:采用标准 14 角双列直插式封装。如下表所示。

接　法	输　入		U_+	端　出	地(U_-)
	反相端	同相端			
一运放引出端	2	3	4	1	11
二运放引出端	6	5	4	7	11
三运放引出端	9	10	4	8	11
四运放引出端	13	12	4	14	11

电特性　$U_+ = 5\sim 30\,\text{V}, T_\tau = 25℃$。

参数名称	符号	单位	测试条件	CF324		
				最小	典型	最大
输入失调电压	U_{IO}	mV	$U_+ = 5\,\text{V} \to U_{max}$		3	7
输入失调电流	I_{IO}	nA			2	50
输入偏置电流	I_{IB}	nA			−20	−250
电源电流	I_E	mA		10	20	
大信号电压增益	A_D	dB	$U_+ = 15\,\text{V}, R_L \geqslant \text{k}\Omega$	20	100	
输出高电平	U_{OH}	V		27	28	
输出低电平	U_{OL}	V			5	20
共模抑制比	K_{CMR}	dB		65	80	
电源电压抑制比	K_{SVR}	dB			120	

附录 B　SOPC 实验开发系统

北京百科融创 RC-SOPC-1 型 EDA/SOPC 实验箱外形,如图 B-1 所示。

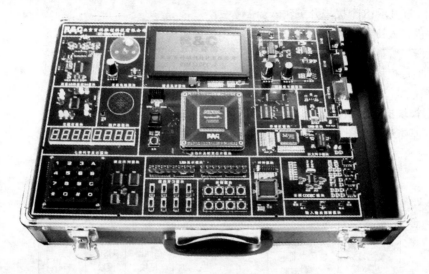

图 B-1　RC-SOPC-1 型 EDA/SOPC 实验箱外形

一、适用范围

　　EDA/SOPC 实验箱是集 EDA 和 SOPC 开发为一体的综合性实验箱,它可以独立完成几乎所有的 EDA 设计,也可以完成大多数的 SOPC 开发。

二、系统简介

　　系统采用 Altera 公司的 Cyclone 系列的 12 万门 FPGA 为核心,整个系统采用模块化设计,各个模块之间可以自由组合,使得该实验箱的灵活性大大提高。同时实验箱还提供了丰富的接口模块,供人机交互,从而大大增加了实验开发者开发的乐趣,满足了普通高等院校、科研人员等的需求。

　　该系统可以使用 VHDL 语言、Verilog HDL 语言、原理图输入等多种方式,利用 Altera 公司提供的 QuartusⅡ及 Nios 软件进行编译,下载,并通过 EDA/SOPC 实验箱进行结果验证。实验箱提供多种人机交互方式,如键盘阵列、按键、拨挡开关输入;7 段码管、大屏幕图形点阵 LCD 显示;串口通信;VGA 接口、PS2 接口、USB 接口、Ethernet 接口等。利用 Altera 公司提供的一些 IP 资源和 Nios 32 位处理器,用户可以在该实验箱上完成不同的 SOPC 设计。

　　EDA/SOPC 实验箱提供的资源有:

　　Altera 公司的 EP1C6Q240C8,12 万门级 FPGA,另外可选配更高资源的 FPGA。

　　FPGA 配置芯片采用可在线变成的 EPC2,通过 JTAG 口和简单的跳线即可完成设计的程序固化。

　　1 个数字时钟源,提供 48 MHz、12 MHz、1 MHz、100 kHz、10 kHz、1 kHz、100 Hz、10 Hz、2 Hz 和 1 Hz 等多个时钟。

　　1 个模拟信号源,提供频率和幅度可调的正弦波、三角波和方波。

　　两个串行接口,一个用于 SOPC 开发时的调试,另一个可以完成其他的通信。

1 个 VGA 接口;1 个 PS2 接口,可以接键盘或鼠标。

1 个 USB 接口,利用 PDIUSBD12 芯片实现 USB 协议转换。

1 个 Ethernet 接口,利用 RTL8019 芯片实现 TCP/IP 协议转换。

基于 SPI 接口的音频 CODEC 模块。

1 个输入、输出探测模块,供数字信号的观察。

16 个 LED 显示;8 个拨挡开关输入。

8 个按键输入;1 个 4×4 键盘阵列。

8 个 7 段码管显示;1 个扬声器模块。

1 个交通灯模块;1 个直流电机模块。

1 个高速 AD 和 1 个高速 DA;240×128 大屏幕图形点阵 LCD 显示。

存储器模块提供 256K×32 Bit 的 SRAM 和 2M×8 Bit 的 FLASH ROM。

实验箱基本布局如图 B-2 所示。

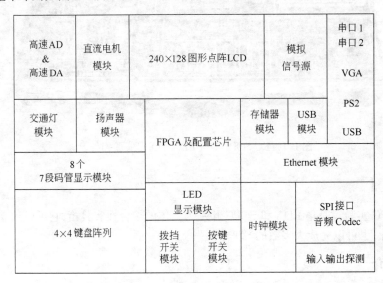

图 B-2　EDA/SOPC 试验箱系统布局

三、部分模块简要介绍

(一) FPGA 模块

FPGA 采用 Altera 公司提供的 Cyclone 系列的 EP1C6Q240C8,该芯片采用 240 脚的 PQFP 封装,提供 185 个 I/O 接口。该芯片拥有 5980 个 LEs;20 个 M4K RAM Block;总共可以提供 92160 Bit 的 RAM;另外芯片内部还自带有 2 个锁相环,可以在高速运行的时候保证系统时钟信号的稳定性。

FPGA 与实验箱上提供的各个模块都已经连接好,这样就避免了实验过程中繁琐的连线以及由于连线造成的不稳定的后果。

(二) 配置模块

本实验箱的配置芯片采用可在线多次编程的 EPC2,该芯片通过 JTAG(与 FPGA 公用,通过跳线选择)下载,即可完成 FPGA 设计的固化。这样就避免了用户需要多条电缆或者需要编程器才能完成固化的麻烦,同时也方便了用户只需一条下载电缆即可完成 FPGA 的配置和 EPC2 的编程。

（三）时钟模块

时钟的产生由有源晶振产生 48 MHz 的时钟信号,再由 CPLD 分频完成多种时钟信号的产生。时钟信号已经在系统板上连接到 FPGA 的全局时钟引脚(PIN_28),只需要通过时钟模块的简单跳线,即可完成 FPGA 时钟频率的选择。

（四）USB 模块

USB 模块采用 Philips 公司的 PDIUSBD12 芯片,它通常用作微控制器系统中实现与微控制器进行通信的高速通用并行接口。它还支持本地的 DMA 传输。

PDIUSBD12 完全符合 USB1.1 版的规范,它还符合大多数器件的分类规格:成像类、海量存储器件、通信器件、打印设备以及人机接口设备。另外该芯片还集成了许多特性,包括 SoftConnect^{TM}、GoodLink^{TM}、可编程时钟输出、低频晶振和终止寄存器集合,所有这些特性都为系统显著节约了成本,同时使 USB 功能在外设上的应用变得容易。

（五）存储器模块

实验箱上提供了 256K×32Bit 的 SRAM 和 2M×8 Bit 的 FLASH ROM,其中 SRAM 主要是为了在开发 SOPC 是存放可执行代码和程序中用到的变量,而 FLASH 则是用来固化调试好的 SOPC 代码等。SRAM 选用两片 ISSI 公司的 IS61LV25616(256K×16 Bit)进行数据线并联从而扩展为 256K×32 Bit 的存储区;FLASH ROM 采用的是 AMD 公司的 AM29LV017D,其容量为 2Mbyte。

（六）Ethernet 模块

Ethernet 模块采用的 TCP/IP 转换芯片为 RTL8019AS 芯片,该芯片是一款高集成度、全双工以太网控制器,内部集成了三级省电模式,由于其便捷的接口方式,所以成了多数系统设计中的首选。RTL8019AS 支持即插即用标准,可以自动检测设备的接入,完全兼容 Ethernet Ⅱ 以及 IEEE802.3 10BASE5、10BASE2、10BASET 等标准,同时针对 10BASET 还支持自动极性修正的功能,另外该芯片还有很多其他功能,此处不再赘述。

（七）高速 AD& 高速 DA

本实验箱中采用的高速 AD 为 TLC5510,TLC5510 是一个 8 位高速 AD,其最高转换速率可到 20MSPS,单 5 V 供电,被广泛地应用在数字电视、医疗图像、视频会议等高速数据转换的领域。

本实验箱中采用的高速 DA 位 TLC5602,该芯片也是一个单 5 V 供电的 8 位高速 DA,其最高转换速率可到 33 M,足以满足一般数据处理的场合。

（八）240×128 图形点阵 LCD

本实验箱所用的图形点阵 LCD 为 240×128 点,可以用来显示图形、曲线、文本、字符等等。显示模块内藏有 T6963C 控制器,在该液晶显示模块上已经实现了行列驱动器及显示缓冲区 RAM 的接口,同时也硬件设置了液晶的结构:单屏显示、80 系列的 8 位微处理器接口、显示屏长度为 30 个字符、宽度为 16 个字符等。

四、系统特点

整个平台采用模块化设计,各种模块可以自由组合,同时提供丰富的扩展接口,非常适合于高端 FPGA 开发和 IP Core 的设计验证,以及本科生、研究生进行 FPGA 及 SOPC 中级、高级学习与设计。

（一）IP Core 和软件可移植性强

FPGA 设计的,在源代码不变的情况下可以使用 Altera 和 Xilinx 的开发工具进行综合、布线,还可以在做很小改动的情况下使用 ASIC 工具进行综合,因而大大扩大了使用范围。与此相比,Altera 的 NIOS CPU、配套 IP Core 及 SOPC builder 开发环境只能用在 Altera 的 FPGA 上,而 Xilinx 的 MicroBlaze 和 EDK 开发环境只能用在 Xilix 的 FPGA 上。

(二) 配套资料丰富

硬件有完善的原理图设计说明,IP Core 有完善的接口和功能描述,仿真、综合从单个 IP Core 到系统级都有详细的步骤说明,操作系统有详尽的编译、下载、调试说明。

(三) 配有完善详尽的学习教程

针对高校的实际情况,设计了一套从简到难、从硬件到 IP Core 到软件、从单个 IP Core 到 SOC(system on chip),从测试软件到操作系统调试的完整教程,帮助学生快速、全面的学习基于 FPGA 的嵌入式系统的概念、设计方法、调试步骤。与 Altera 或者 Xilinx 的集成开发系统相比,更加侧重于学习。

(四) IP Core 可维护性好

本系统采用的 IP Core,如 CPU、总线、外围设备等都有 RTL 级的 Verilog/VHDL 代码,所以可以随意进行仿真、改动和调试,对于出现的 BUG 可以迅速进行改正。与 Altera 或者 Xilinx 的集成开发系统相比,虽然性能差一些,但是便于使用者了解底层的设计和运行情况,可以学到更多的知识。

(五) 外围器件丰富

板上配有一般嵌入式系统常用的外围器件,比如高速 A/D、高速 D/A、基于 SPI 接口的音频 CODEC 模块、直流电机、SDRAM、FLASH、SRAM、JTAG 调试接口、串口、以太网、USB、LCD 显示器、键盘/鼠标接口、8 段 LED、按钮、拨码开关等,可以直接作为一个完整的嵌入式系统进行使用,或者作为一个产品的 IP Core 和软件的验证平台。

(六) I/O 扩展能力强

FPGA 的所有 I/O 管教都引出到扩展插座上,可以根据特殊需要制作扩展板实现其他功能。

参 考 文 献

1 康华光主编.电子技术基础(模拟部分)第三版.北京:高等教育出版社,1998

2 康华光主编.电子基础(数字部分)第三版.北京:高等教育出版社,1998

3 陈大钦主编.电子技术基础实验.北京:高等教育出版社

4 梁宗善主编.电子技术基础课程设计.武汉:华中理工大学出版社,1997

5 谢自美主编.电子线路设计、实验、测试.武汉:华中理工大学出版社,1994

6 沈雷主编.CMOS 集成电路原理及应用.北京:光明日报出版社,1983

7 郝鸿安编著.常用数字集成电路应用手册.北京:中国计量出版社,1987

8 郝鸿安编著.常用模拟集成电路应用手册.北京:人民邮电出版社,1991

9 孙肖子、田根登、徐少莹、李要伟编著.现代电子线路和技术实验简明教程.北京:高等教育出版社,2004

10 陈尚松、雷加、郭庆编著.电子测量与仪器.北京:电子工业出版社,2005

11 王振宇主编.实验电子技术.北京:电子工业出版社,2004

12 钱恭斌、张基宏编著.Electronics Workbench——实用通讯与电子线路的计算机仿真.北京:电子工业出版社,2001

13 李玲远、刘时进、李忠明、田原编著.电子技术基础教程(实验部分).武汉:湖北科学技术出版社,2000

14 李广军、孟宪元编著.可编程 ASIC 设计及应用.成都:电子科技大学出版社,2000

15 黄正谨、徐坚、章小丽、熊明珍编著.CPLD 系统设计技术入门与应用.北京:电子工业出版社,2002

16 谭会生、张昌凡编著.EDA 技术及应用.西安:西安电子科技大学出版社,2004

17 潘松、黄继业编著.EDA 技术实用教程.北京:科学出版社,2004

18 潘松、黄继业、曾毓编著.SOPC 技术实用教程.北京:清华大学出版社,2005

冶金工业出版社部分图书推荐

书　名	作　者	定价(元)
自动检测和过程控制(第4版)(本科国规教材)	刘玉长　主编	50.00
电力系统微机保护(第2版)(本科教材)	张明君　等编	33.00
单片机应用技术实例(本科教材)	邓　红　等编	29.00
电路理论(第2版)(本科教材)	王安娜　等编	36.00
Red Hat Enterprise Linux 服务器配置与管理(高职高专教材)	张恒杰　主编	39.00
电机拖动基础(本科教材)	严欣平　等编	25.00
电工与电子技术(第2版)(本科教材)	荣西林　等编	49.00
电力拖动自动控制系统(第2版)(本科教材)	李正熙　等编	30.00
电路实验教程(本科教材)	李书杰　等编	19.00
计算机网络实验教程(本科教材)	白　淳　等编	26.00
电工与电子技术学习指导(本科教材)	张　石　等编	29.00
单片机实验与应用设计教程(第2版)(本科教材)	邓　红　等编	35.00
单片微机原理与接口技术(本科教材)	孙和平　等编	49.00
智能控制原理及应用(本科教材)	孙建民　等编	29.00
可编程序控制器及常用控制电器(本科教材)	何友华　主编	30.00
冶金过程检测与控制(第2版)(职业技术学院教材)	郭爱民　主编	30.00
参数检测与自动控制(压加专业职教教材)	李登超　主编	39.00
电气设备故障检测与维护(工人培训教材)	王国贞　主编	28.00
热工仪表及其维护(工人培训教材)	张惠荣　主编	26.00
起重运输设备选用与维护(高职高专教材)	张树海　主编	38.00
轧制过程的计算机控制系统	赵　刚　等编	25.00
冶金原燃料生产自动化技术	马竹梧　编著	58.00
炼铁生产自动化技术	马竹梧　编著	46.00
冶金企业管理信息化技术	漆永新　编著	56.00
电子商务基础(高职高专教材)	李　哲　等编	25.00
单片机原理与接口技术(高职高专教材)	张　涛　等编	28.00
带钢冷连轧计算机控制	孙一康　编著	36.00
带钢热连轧的模型与控制	孙一康　编著	38.00
基于神经网络的智能诊断	虞和济　等编	48.00
工业企业电气调整手册	刘春华　主编	165.00
过程检测控制技术与应用	朱晓青　主编	34.00
工厂供电系统继电保护及自动装置	王建南　主编	35.00
工业测控系统的抗干扰技术	葛长虹　编著	39.00
维修电工技能实训教程(高职高专)	周辉林　主编	21.00